수소 모빌리티 입문

김홍집, 유상석, 정남기, 이규복, 김병재, 이경민, 정 현, 박승환

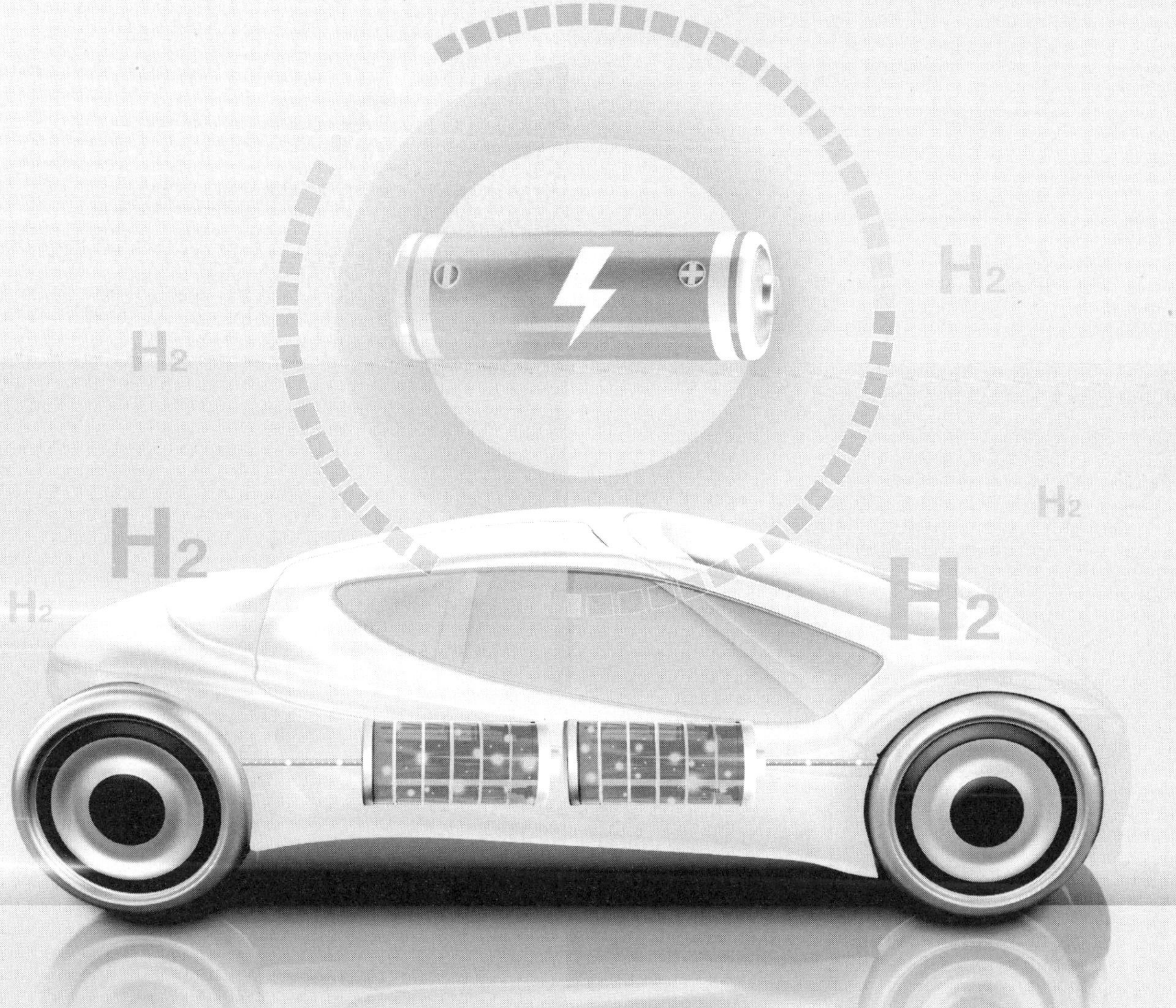

충남대학교출판문화원

수소 모빌리티 입문

지은이 김홍집, 유상석, 정남기, 이규복, 김병재, 이경민, 정 현, 박승환
발행일 1판1쇄 2022년 2월 1일 1판2쇄 2022년 10월 15일 **발행인** 이진숙
펴낸곳 충남대학교출판문화원 **주소** 대전광역시 유성구 대학로 99
전화 042-821-6045 **홈페이지** http://www.cnupress.co.kr **E-mail** cnupress@cnu.ac.kr

ISBN 979-11-6503-142-8 93550
정가 25,000원

머리말

본 입문서는 다양한 전공의 전문 교수님들이 각 분야에서 필요한 기초지식에서부터 실용적인 수준의 지식까지 체계적으로 학습할 수 있도록 충실하게 구성하였다. 먼저 1장에 수소 모빌리티가 대두되기 시작한 배경에 대한 설명으로 에너지 자원과 친환경 자동차에 대한 기본적인 설명을 서술하였다. 2장에서는 이러한 수소 모빌리티가 원활하게 운영되기 위하여 수소를 추출하고 생산할 수 있는 기술들을 설명하였고, 3장에서는 수소 연료전지 시스템 구축을 위한 소재 관련 기술을 학생들이 학습할 수 있도록 하였다. 4장에서는 이렇게 구성되는 수소 모빌리티 시스템의 구동부를 체계적으로 설명하였고, 5장에서는 연료와 관련하여 액화 수소 및 기화 과정 등에 대한 상변화 해석 기술에 대하여 서술하였다. 또한 6장에서는 수소 연료전지 시스템에서 수소 개질을 위한 촉매 변환시스템에 대한 교육을 위해 관련 기술을 기술하였다. 최근 선박 산업에서도 친환경 선박을 개발하려는 노력이 대두되고 있으며 특히 수소를 연료로 하는 추진선을 개발하려는 사업이 진행되고 있다. 이와 관련된 기술 동향과 사업 관련 내용을 7장에 서술하였다. 8장에서는 마지막으로 이러한 수소 모빌리티 관련 산업이 활발하게 발전하기 위한 수소산업에 대한 전망과 이를 위한 인공지능 관련 기술의 접목에 대해 기술하였다. 이러한 내용을 통해서 현재 새롭게 떠오르는 수소 모빌리티에 관한 정보들을 체계적으로 다양한 관점에서 살펴볼 수 있을 것으로 예상되며, 향후 융합적인 연구 개발을 위해 초심자가 쉽게 접하고 정보를 습득할 수 있는 입문서로서 역할을 충분히 할 수 있을 것으로 판단한다.

차 례

I

에너지 자원과 친환경 자동차

유상석

1. 에너지 자원과 기후 변화

(1) 화석 연료

18세기에 시작된 산업 혁명은 기존에 가내 수공업을 대량 생산 체제로 바꾸는데 기여했을 뿐 아니라, 에너지 측면에서도 화석 연료 중심으로 에너지 원이 바뀌는 일대 혁명이었다. 산업혁명에서부터 시작된 화석 연료의 사용은 19세기와 20세기를 거치면서 전 지구적인 에너지 원으로 성장하였고, 드디어 21세기에는 그 부존양과 고갈을 걱정해야 하는 상황에 까지 이르렀다.

대표적인 화석 연료는 석유, 천연가스, 석탄 등이 있으며 석유는 에너지원으로 쓰일 뿐만 아니라 각종 석유화학 산업의 원료로도 사용되고 있다. 이들 에너지원들은 현재 열과 일을 생산하기 위한 수단으로 사용되고 있으며 수요에 따라 전기 에너지로 변환되기도 한다.

화석 연료로부터 에너지를 얻는 현재 인류의 생존 방식은 최근 큰 위협으로 다가오고 있는데 화석 연료의 연소에 의한 문제이다. 여기에, 부존 자원의 한계 상 고갈이라고 미래도 다가올 것으로 보인다.

에너지경제연구원 2020년 에너지 통계 연보에 따르면 가채 매장량을 기준으로 화석연료 중 석유는 49.9년, 천연가스는 49.82년, 석탄은 132년 사용이 가능한 것으로 예측되고 있다. 물론 이러한 예상은 현재의 산업 현황을 기준으로 만들어 진 것으로, 향후 중국, 인도, 동남아 신흥 공업국들의 성장은 에너지 고갈을 앞당기는 원인을 제공할 것으로 보인다[1].

현 시점에서 화석 연료는 우리의 일상 생활부터 산업까지 모든 부분에서 필수적인 에너지원을 제공하고 있다. 최근에 소개되는 신에너지와 재생에너지를 제외하고는 화석 연료의 에너지를 이용해, 열 및 전기, 그리고 기계적 일들을 만들어낸다.

화석 에너지를 이용한 에너지 변환은 3세기(18세기~21세기)에 걸쳐 거대한 변화를 이끌어 냈으며, 눈부신 기술의 발전은 열효율과 출력으로 확인할 수 있다. 열효율이란, 열기관에 의해 발생된 일과 투입된 에너지와 백분율을 의미하며, 산업 혁명을 촉발시켰던 Newcomen의 증기 기관이 0.5%였는데, 현재 최고 기술 수준의 복합 화력

발전이 64%에 달한다1). 동력의 경우 고대부터 현재까지 다양한 동력들이 우리의 삶을 영위하는데 활용되었으며, 초기에 이용하던 수차는 200W 정도였던데 비해 현재 세계 최대 석탄 화력 발전소는 3900MW의 출력을 낼 수 있는 것으로 알려져 있다.

[표 Ⅰ-1] 동력원의 역사와 출력

동력원	출력 (kW)
수차(AD 0)	0.2
말 한마리	0.7457
Newcomen 증기 기관(1712)	4
Fourneyron 수력 터빈(1832)	30
Parson 증기 터빈(1900)	10^3
Smith-Putnam 풍력 터빈(1942)	1.3×10^3
Boeing 747 가스 터빈(1969)	6×10^4
Sizewell B 원자력 발전소(1992)	1.2×10^6
Draz 석탄 화력 발전소(1986)	3.9×10^6

표 I-1에도 보여 지듯이, 화석 연료를 사용하는 거대한 화력 발전소는 화석 연료의 연소를 통해 연료의 화학적 에너지를 열에너지로 바꾸고 이것을 다시 기계적 에너지로 바꾸어 외부출력을 생산한다.

예제

공동주택($100m^2$)의 가구당 평균 전력 사용량이 계속 증가하고 있다. 최근 전기기기들의 사용 빈도도 높아지고 냉장고, 세탁기, 미디어 기기 등도 대용량화되어 가면서, 가구당 표준 전략 요구량도 약 5kW(H) 정도 소요된다고 한다. 만약 540MW(P)의 전력을 생산하는 복합 화력 발전소를 가정하자. 생산 전력으로 전기를 공급할 수 있는 가구수를 구하라.

$$\text{N=P}N = \frac{P}{H} = \frac{540{,}000kW}{5kW} = 108{,}000$$

즉 108,000가구에 전력을 공급할 수 있다.

(2) 온실 효과

화석 연료의 화학적 에너지를 기계적 에너지로 변환하는 과정에는 연소라고 하는 과정이 포함된다. 원래 화석연료 연소는 단순히 열에너지를 얻기 위한 수단이었지만, 산업 혁명 이후 물이라고 하는 매개체를 이용해 열에너지를 상변화 에너지로 바꾸고 이를 다시 피스톤을 움직이는 기계적 에너지로 바꾸게 되면서부터 화석 에너지의 화학적 에너지는 기계적 에너지로 변환될 수 있게 되었다.

연소 현상은 크게 화학 반응에 대한 이해와 열 과 에너지, 유체의 흐름 등 에 대한 이해가 필요한데, 여기서는 화학 반응에 대해서만 언급하고자 한다. 즉, 화학 반응으로 투입되는 화석 연료는 CxHy의 형태로 구성되어 있는데, 여기에 공기를 혼합하여 반응을 진행시키면 완전 연소의 경우 이산화탄소와 수증기, 그리고 미반응 가스들이 생성물로 나오게 된다.

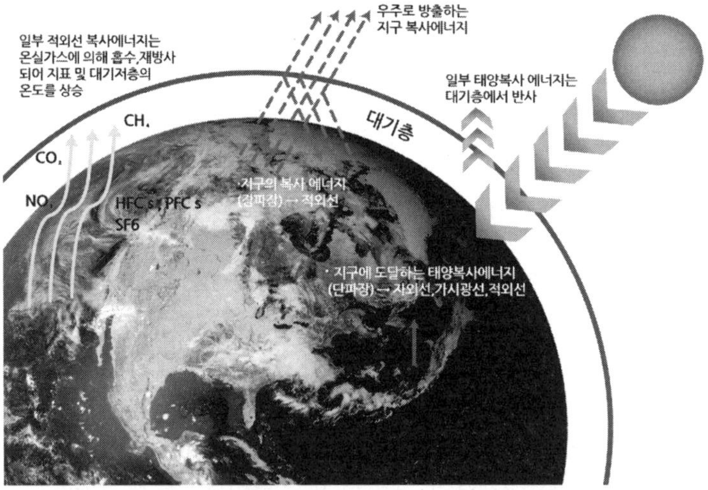

[그림 Ⅰ-1] 태양 복사와 온실 효과

이러한 화학 반응 생성물 중 이산화탄소는 온실가스로 분류되고 있으며 온실 가스는 온실 효과를 일으키는 것으로 알려져 있다. 온실 효과는 태양 복사가 대기를 구성하는 가스에 으해 일부 재반사되어 지표면으로 다시 입사되는 것을 의미하는데, 특히 온실 가스는 지구 복사를 막으면서, 재반사를 활성화시켜 지표면의 온도가 크게 상승하게 된다. 대표적인 온실 가스는 CO_2, CH_4, HFC, PFC, SF_6, NO_2 등이며, 이중 CO_2(이산화탄소)는 화석연료의 연소에 의해 발생된다.

그림 I-2는 하와이 Manua에서 측정된 대기 중 이산화탄소의 농도를 보여주고 있다. 1960년대 315ppm으로 시작해서 2000년 380ppm까지 이산화탄소 농도가 거의 선형적으로 증가하는 것을 알 수 있다. 만약 여러분이 공업화가 진행된 지역에 살고 있다고 하면, 대기 중의 평균 이산화탄소 농도는 아마도 숲과 산으로 둘러싸여 있는 지역보다 높을 것이다. 즉, 대기 중 이산화탄소의 농도는 도시화되고 산업화 되어 있는 지역이나 그 일대에서 측정하게 되면 상대적으로 높게 나올 수 있다. 사실 이산화탄소의 비중은 공기보다 무겁기 때문에, 이산화탄소가 발생하면 종국에는 지표면으로 깔려 내려가는 경향이 있다고도 볼 수 있다. 하와이의 경우 산업화의 영향으로부터 멀어진 태평양 한가운데 섬이기 때문에 이지역에서 측정된 이산화탄소 농도는 지구 평균 대기의 이산화탄소 농도로 볼 수 있다.

이러한 이유로 하와이는 기상 관측에서 중요한 데이터를 제공해 주고 있는데 그림에서 보여지는 이산화탄소의 선형적인 증가는 매우 중요한 결과로 인식될 수 밖에 없다. 즉 전세계적으로 산업화가 가속화 되고 있는 현실에서 대기 중 이산화탄소의 급격한 증가는 피할 수 없는 현실이 되고 있는 것이다.

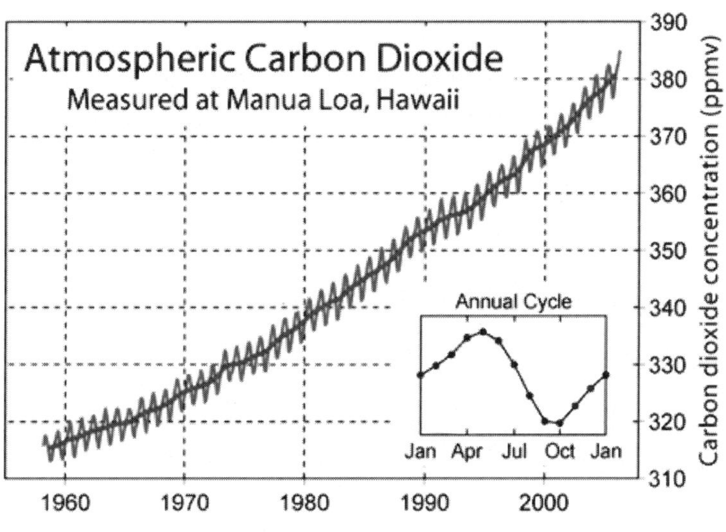

[그림 Ⅰ-2] 하와이 마누아에서 측정된 년도별 이산화탄소 농도

이러한 이산화탄소의 대기 중 농도 증가는 세계적 기후 변화의 원인이 될 뿐만 아니라 이에 따라 지표면의 평균 온도도 높아지게 된다. 그림 I-3은 지표의 평균 온도 변화를 보여주고 있다. 그림에서 보여 지듯이 신흥 공업국들의 산업화가 급속도로 진행되는 1980년부터 지속적으로 평균 온도가 높아지는 것을 볼 수 있다.

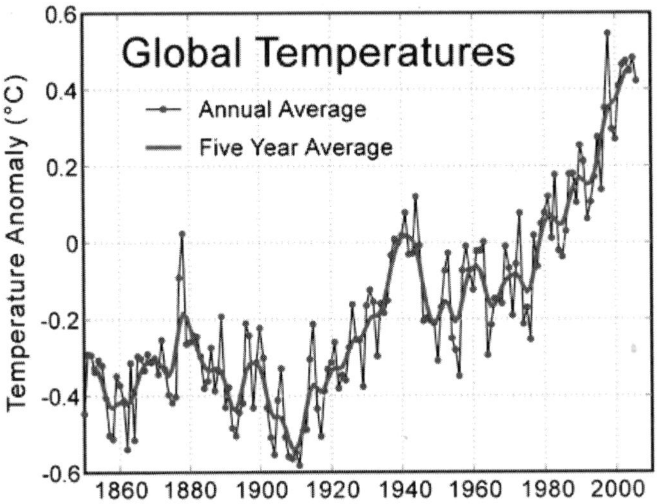

[그림 Ⅰ-3] 지표의 평균 온도

(3) 기후 변화 협약

기후 변화가 인간의 생활에 즉각적으로 영향을 주기 때문에, 각국은 기후 변화 해결을 위한 공동 대응 노력을 진행 중에 있다. 기후 변화에 관한 최초의 국제 회의는 1979년에 열린 "인간 활동에 의한 잠재적 기후 변화를 예측, 방지하기 위한 세계기후 회의"이다. 이후, WMO(세계기상 기구)와 UNEP(유엔 환경계획)이 1985년 첫 회의를 개최한 이후 1988년 IPCC(기후변화에 의한 정부간 패널)가 조직되었으며, 1992년 리우 지구 환경 선언에서 154개국에 의해 유엔기후변화협약(UNFCC, UN Framework Convention on Climate Change)이 채택 되었다. 기후 변화 협약은 온실가스(CO_2, CH_4, HFCs, PFCs SF_6, NO_2 6개 가스)의 배출을 억제하여 기후의 안정성을 확보하기 위한 협약이다[2].

UNFCC는 1992년 채택된 후 50개의 조인국에 의해 1994년 3월 21일 발효되었으며, 전체 이행 당사국들이 모이는 정기적인 당사국회의(COP)를 개최하여 이행 현황을 점검하고 있다. 2021년 현재 181개국이 가입하여 170여개의 국제협약 중 가장 규모가 큰 협약으로 우리나라는 1993년 12월 14일 47번째로 가입하였다.

전 지구적인 협약이 이루어지는 과정은 다음과 같다[2].

유엔기후변화협약(UNFCCC)

1992년 6월 브라질 리우데자네이루에서 개최된 유엔환경개발회의에 유엔기후변화협약(UNFCCC: United Nations Framework Convention on Climate Change)을 채택하고, 협약 부속서 1의 42개국(Annex I)에 대해 2000년까지 온실가스 배출 규모를 1990년 수준으로 안정화시킬 것을 권고 하였다. 부속서 1에 포함되지 않은 개도국은 온실가스 감축관련 일반적 의무 부과 및 협약 부속서 2(Annex Ⅱ)에 포함된 24개 선진국에 대해 개도국의 기후변화 적응과 온실가스 감축을 위해 재정과 기술을 지원하는 의무를 규정함. 의사결정기구는 당사국총회(COP: Conference of Parties)이다.

부속서 1 국가: OECD, 동유럽(시장경제전환국가) 및 유럽경제공동체(EEC) 국가, 우리나라를 포함한 비(非)부속서1(non-Annex I) 국가들은 감축의무를 부담하지 않는 개도국에 속함

부속서 2 국가 : 호주, 오스트리아, 벨기에, 캐나다, 덴마크, 핀란드, 프랑스, 독일, 그리스, 아이슬란드, 아일랜드, 이탈리아, 일본, 룩셈부르크, 네덜란드, 뉴질랜드, 노르웨이, 포르투갈, 스페인, 스웨덴, 스위스, 터키, 영국, 미국 + EEC

교토의정서(Kyoto Protocol) 채택

1997년 일본 교토 당사국총회(COP3)에서 선진국들의 수량적인 온실가스 감축의무를 규정하였다. 기후변화의 주범인 6가지 온실가스(이산화탄소, 메탄, 이산화질소, 수소불화탄소, 과불화탄소, 육불화황)를 정의하고, 부속서 1 국가들에게 제1차 공약기간(2008-2012년)동안 온실가스 배출량을 1990년 수준 대비 평균 5.2% 감축하는 의무를 부과함. 비부속서 1 국가들은 온실가스 감축과 기후변화 적응에 관한 보고, 계획 수립,

이행 등 일반적 의무를 요구하였다. 더불어 청정개발체제(CDM, Clean Development Mechanism), 배출권거래제(ETS, Emission Trading Scheme) 및 공동이행제도(JI, Joint Implementation)를 도입하여, 온실가스를 비용 효과적으로 감축하고 개도국의 지속가능한 발전을 지원할 수 있는 계기를 마련하였다.

참고

CDM(Clean Development Mechanism)

정의: CDM(Clean Development Mechanism : 청정개발체제) 사업은 지구 온난화 현상을 완화시키기 위해 선진국과 개도국이 공동으로 추진하는 온실가스 감축사업이다. CDM사업을 통해, 선진국은 개도국에서 온실가스를 줄일 수 있게 되어 자국의 감축비용을 최소로 낮출 수 있고 개도국은 친환경 기술에 대한 해외 투자를 받게 되어 자국의 개발을 지속가능한 방향으로 유도할 수 있다. CDM사업을 통해 기업들은 감축실적 크레디트(Certified Emission Reductions : CERs)를 획득하여 감축의무 대상국에 판매할 수 있다.

사업을 추진하기 위해서는 두 단계 사업평가를 받아야 한다. 사업계획 단계에서 타당성확인(Validation)을 받아야 하고 사업 이행 과정에서 감축실적에 대한 검증(Verification)을 받아야 한다. 이러한 평가를 수행하는 전문기관을 CDM운영기구(Designated Operational Entity)라고 하며 UN기후변화협약 당사국총회에서 지정한다.

사업 특징:

1) 사업 수행 이득이 소요 비용보다 작아서 상업적으로 추진이 불가능한 사업이지만 선진국이 개발도상국에서 사업을 추진 시 온실가스 배출감축실적을 인정 받고, 이를 판매할 수 있으며, 더불어 환경비용을 고려할 경우 상업성이 확보된다.

2) CDM 사업은 사업이 수행되는 전 기간 동안 추가성이나 사업수행에서 비롯되는 환경영향 관련 자료 및 베이스 라인 관련 자료를 일반 대중에게 공개하여 투명성을 확보하여야 하며, 환경적으로 안전하고 이로운 기술 및 지식(environmentally safe and sound technology: EST)을 UNFCC의 개발도상국으로 이전하기 위해 노력을 기울여야 한다.

[한국에너지공단, CDM인증센터[3]]

POST - 2012 협상 실패 및 교토의정서 제2차 공약기간 설정

2007년 제13차 당사국총회(COP13, 발리)에서는 교토의정서에 불참한 선진국과 개도국까지 참여시키는 Post-2012 체제를 2009년 제15차 당사국총회(COP15, 코펜하겐)에서 출범시키기로 합의하였으나 핵심쟁점의 간극을 좁히지 못하고, Post-2012 체제의 출범이 좌초됨. 이후 당사국들은 선진국과 개도국들이 2020년까지 자발적 온실가스 감축 약속을 이행하는 '칸쿤 합의(Cancun Agreement, COP16, 칸쿤)'를 결정하였다. 2012년 당사국 총회(COP18, 도하)에서는 교토의정서 2차 공약기간을 2013년부터 2020년으로 바꾸는 개정안(Doha Amendment) 채택하였으나, 미국, 일본, 러시아, 캐나다, 뉴질랜드 등이 제2차 공약기간 불참 선언으로, 참여국 전체 배출량이 전 세계 배출량의 15% 불과하였다.

POST - 2020 신기후협상 개시

2011년 제17차 당사국총회(COP17, 더반)는 2020년 이후 모든 당사국을 참여시키는 신기후변화체제 수립을 위한 '더반플랫폼(Durban Platform)' 출범을 합의하였다. 2012년 초부터 Post-2020 체제 협상이 시작되었고 2013년 제19차 당사국총회(COP, 바르샤바)에서 당사국들은 지구 기온 상승을 산업화 이전 대비 2oC 이내로 억제하기 위해 필요한 2020년 이후의 '국가별 기여 방안(INDCs, Intended Nationally Determined Contributions)'을 결정 후, 2015년 제21차 당사국총회(COP21, 파리) 이전에 제출하기로 하였다. 2014년 12월 페루 리마에서 개최된 당사국총회(COP20)에서는 국가별 기여 방안(INDC) 제출 절차 및 일정을 규정하고, 기여공약에 반드시 포함되어야 할 정보 등에 관한 '리마선언(Lima Call for Climate Action)'이 채택되고, 2015년 합의문(2015 Agreement)의 주요 요소(element)가 제시되었다.

파리협정(Paris Agreement) 채택

2015년 제21차 당사국총회(COP21, 파리)에서는 2020년부터 모든 국가가 참여하는 신기후체제의 근간이 될 파리협정(Paris Agreement)이 채택되었다. 파리협정은 지구 평균기온 상승을 산업화 이전 대비 2℃ 보다 상당히 낮은 수준으로 유지하고, 1.5℃로 제한하기 위해 노력한다는 전 지구적 장기목표 하에 모든 국가가 2020년부터 기후행동에 참여하며, 5년 주기 이행점검을 통해 점차 노력을 강화하도록 규정하였다. 파리협정은 또한, 모든 국가가 스스로 결정한 온실가스 감축목표를 5년 단위로 제출하고 국내적으로 이행토록 하고 있으며, 재원 조성 관련, 선진국이 선도적 역할을 수행하고 여타 국가는 자발적으로 참여하도록 하고 있다. 협정은 기후행동 및 지원에 대한 투명성 체제를 강화하면서도 각국의 능력을 감안하여 유연성을 인정하고 있으며, 2023년부터 5년 단위로 파리 협정의 이행 및 장기목표 달성 가능성을 평가하는 전 지구적 이행점검(global stocktaking)을 실시한다는 규정을 포함하고 있다.

[그림 Ⅰ-4] 기후변화 관련 국제사회 논의 일지(매일경제, 2015년 12월 13일)

[표 Ⅰ-2] 주요 온실가스 배출원과 지구 온난화 지수

동력원	주요배출원(CDM 대상 사업)	GWP (지구온난화 지수)
CO_2 (이산화탄소)	연료사용, 산업공정, 신재생에너지	1
CH_4 (메탄)	폐기물, 농업, 축산, 매립장	21
N_2O(산화질소)	산업공정, 비료사용, 질산/카프로락탐/아디피산	310
HFCs(수소불화탄소)	반도체 세정용, 냉매, 발포제 사용	140~11,700
PFCs(과불화탄소)	반도체 제조용	6,500~9,200
SFs(육불화황)	LCD, 반도체공정, 자동차 생산공정, 전기절연체, 세정 가스사용	23,900

참고

지구온난화 지수(GWP)

지구온난화지수(GWP: Global Warming Potential)는 이산화탄소가 지구 온난화에 미치는 영향을 기준으로 다른 온실가스가 지구온난화에 기여하는 정도를 나타낸 것이다. GWP계산 시에는 이산화탄소 1kg이 흡수할 수 있는 태양 에너지 양을 기준으로 하고, 각각의 온실가스가 태양 에너지 흡수할 수 있는 능력을 이산화탄소의 흡수 능력으로 나누어 결정한다. 즉, 단위 질량당 온난화 효과를 지수화 한 것이라고도 볼 수 있다. 이산화탄소를 1로 볼때 메탄은 21, 아산화질소는 310, 수소불화탄소는 1,300, 육불화황은 23,900이다. 교토 의정서는 온실 가스 배출량 계산에 지구온난화 지수를 사용하고 있다.

[위키피디아, www.wekipedia.org]

2. 친환경 자동차 기술

(1) 수송 기계의 대기 오염 물질 배출

수송 기계(mobility)는 우리가 통상적으로 이용하는 자동차를 비롯해, 기차, 배, 항공기 까지 모든 운송 수단을 포함한다. 현재 우리가 알고 있는 수송 기계는 왕복동형 피스톤 기관이나 가스 터빈을 동력원으로 이용하고 있으며 모두 탄화 수소계 연료의

연소로부터 동력을 얻고 있다. 수송 기계의 발달로 인해, 제일 먼저 인지된 위기는 각종 수송기계로부터 배출되는 배기가스 중 대기 오염 물질에 의한 공기 오염이었다.

특히, 전세계적으로 연간 약 1억대 가까이 판매되는 자동차의 경우는 매우 심각한 대기 오염원으로 1980년대 말부터 90년대까지 미국 캘리포니아에서 관측된 스모그 현상은 바로 이 자동차로부터 배출된 미반응 연소 가스에 의한 것으로 알려져 있다. 선진국 중에서도 미국 그리고 그 중 특히 캘리포니아 주는 농업을 주 산업으로 하여 미국 내 농산물 생산의 주요 거점 주이면서 기후가 온화하여 인구 밀도도 매우 높은 주이다. 인구 밀도가 높다보니 차량 보유가 1800만대 이상으로 매우 많기 때문에, 내연기관 자동차로부터 배출되는 대기 오염 가스에 의해 대기 오염이 큰 문제이다. 특히, 지형적인 특성 상 대기의 확산 이 원활하지 않아 광화학 스모그가 자주 발생 한다. 이에 따라 캘리포니아 주정부는 주 환경청(CARB, California Air Resource Board)을 중심으로 자동차 배기가스 규제에 선제적으로 대응하는 법안을 만들게 되었다.

[표 Ⅰ-3] 미국/캘리포니아의 배출가스 정책

년도	캘리포니아	미국 연방 정부
1966년	세계 최초 배출가스 규제(농도 규제)	
1968년		세계 최초 배출가스 규제(농도 규제)
1971년	NOx 규제	
1973년		NOx 규제
1982년	디젤 입자상 물질 규제(0.6g/mi), NOx 0.4g/mi	디젤 입자상 물질 규제(0.6g/mile)
1988년	디젤 입자상 물질 규제 강화(0.08g/mi)	
1991년		대형디젤 입자상 물질 규제 강화(0.25g)
1993년	1단계 규제 강화 -HC 0.39 → 0.25g/mi -CO 7.0 → 3.40g/mi -NOx 0.4 → 0.4g/mi	대형 디젤버스 입자상 물질 규제 0.1g/bhp-hr
1994년	2단계 규제 강화 -HC 0.125g/mi 고장진단장치 설치 의무화	1단계 규제 강화 CO 7.0 10g/mi (-7°C) 대형 디젤 입사장 물질 규제 0.1g/bhp hr 고장진단장치 설치 의무화
1996년	천연가스 / 메탄올 자동차 연간 16만대 보급	10만 mile 규제 -CO 4.2g/mi -HC 0.31g/mi -NOx 0.6g/mi
1997년	2단계 규제 강화 HC 0.075g/mi	
1998년	전기자동차 등 무공해 자동차 보급 (현재보다 80% 이상 공해가 적은 자동차 보급)	
2001년		-7ioC CO 3.4g/mi 전기자동차 보급
2004년		2단계 규제 강화 0.125 NMHC, 1.7 CO, 0.2 NOx

미국의 자동차 배출가스 관리는 규제측면에서나 관리측면에서 세계적으로 가장 엄격하다. 즉 자동차 생산전 단계부터 자동차 사용 후 폐차 될 때까지 관리하고 있으며, 차량 시제품 생산부터 배출가스 인증을 받아야 하며, 인증 신청시 그 자동차의 초기 배출가스 성능과 8만km 주행 시 배출가스 관련 부품의 노후에 따른 배출 가스 관련 방지 장츠에 관한 제반 정보를 제시하여 그 자동차가 5년(8만km) 사용 하여도 배출가스 허용 기준을 만족시킬 수 있다는 기술적인 평가를 거쳐 인증을 받는다. 여기에 양산 차량도 샘플링 테스트를 통해 환경청에 지속적으로 보고하며, 배출가스 규제를 환경청(EPA, Environment Protection Agency)에서 정기적으로 관리하며, 만약 완성차 회사의 문제로 배출가스 과다 배출이 발생되면 즉각 시정 하도록 조치하고 있다.

연간 수십만대가 이러한 리콜 조치로 인해 차량 배기 가스 완화 조치를 시행할 정도로 미국의 배기가스에 의한 대기 오염 관리는 매우 엄격하게 진행되고 있다고 할 수 있다. 미국 뿐 아니라 일본, EU등도 유사한 배기 가스 규제 기준을 가지고 있으며, 이는 인체에 유해한 오염 가스를 줄이기 위한 노력이라고 할 수 있다. 배기 가스 오염원에 대한 각국 정부의 규제로 인해 완성차 업체들이 별도의 대기 오염 가스 저감 장치를 부착하면서 해결되고 있다.

[그림 Ⅰ-5] 유럽의 자동차에 의한 광화학 스모그

(2) 연료 고갈과 온실가스

수송 기계에 있어서 또 다른 현안은 탄화수소계 연료의 고갈 문제와 함께 유가의 가파른 상승으로 소비자의 차량 운영비용의 증가를 초래하고 있으며, 내연기관에서 완전 연소 시에도 발생될 수 밖에 없는 이산화탄소 배출은 또다시 자동차 산업에 중대한 위험 장벽으로 인식되고 있다. 이 중에서도 연소 반응에 의해 발생한 이산화탄소는 기후 변화의 주요한 원인이기 때문에 다시 자동차 산업을 문제의 본질로 인식하기에 충분했다.

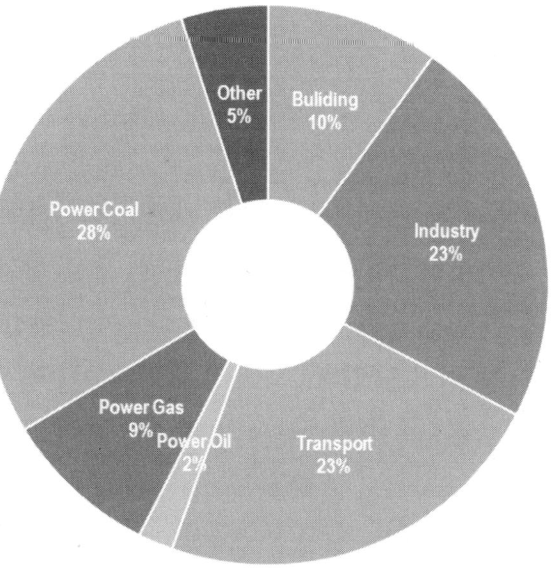

[그림 Ⅰ-6] 2019년 산업 분야별 이산화탄소 배출량(www.iea.org)

그림 I-6은 세계 에너지 기구(International Energy Agency)에서 발간한 산업 분야별 이산화탄소 배출량 비율이다. 현재 배출 수준을 보면, 전세계 이산화탄소 배출량의 23%가 수송 분야에서 배출되는 것을 알 수 있다. 산업 전 분야에서 배출되는 양이 23%인 것과 비교해 본다면 수송 분야 이산화탄소 배출 규모는 매우 큰 것을 알 수 있다.

탄화 수소계 연료의 고갈과 기후 변화 문제를 해결하기 위한 방법은 무엇일까? 연료의 고갈은 사실 미래의 어느 시점에는 반드시 일어날 수 밖에 없는 것이다. 하지만,

최소한 미래의 일을 늦추는 것은 가능하다. 즉, 탄화 수소계 연료의 사용량을 줄이게 되면 고갈 시점은 조금 더 먼 미래로 갈 것이다. 이러한 관점에서 열역학적 효율은 매우 중요하다. 열역학적 효율은 투입된 에너지 대비 산출된 일을 의미하며 전 지구적으로 사용되고 있는 일이 일정하다면, 투입된 에너지가 작아야 효율이 우수해진다. 즉, 열효율이 높아진다는 것은 탄화수소계 연료의 사용량이 감소한다는 것을 의미한다.

같은 관점에서 투입된 연료가 작아지면 반응에 의해 발생되는 이산화탄소의 양 또한 작아진다. 그러므로, 이산화탄소 배출을 줄이고 자원 고갈을 늦추기 위해서는 우리가 사용하는 각종 동력원의 효율을 높이는 것이 매우 중요하다.

$$\eta_{th} = \frac{W_{net}}{E_{in}}$$

배기 가스 중 대기 오염 가스의 저감은 주로 자동차 배기관에 별도의 환경 정화 장치를 설치하는 것에 의해서 달성될 수 있었던데 비해, 효율 향상(연비 향상)과 이산화탄소 저감은 본질적인 엔진 개조가 수반되어야 한다. 연비 향상으로 불리는 내연기관 효율 향상 기술은 정해진 거리를 주행하는데 소모되는 연료량을 줄이고자 하는 것이다. 연비를 향상시키기 위해서는 우선 엔진이 고효율로 작동되어야 한다. 연비가 중요하지 않던 시대에는 주로 자동차의 출력을 높이기 위한 노력이 많았다. 이 시대에는 고출력을 내기 위해 다양한 종류의 엔진을 채택하고 엔진 출력을 높이기 위한 과급기 도입 등이 중요했지만, 차량에서 연비가 중요해 지기 시작하면서부터는 엔진 자체의 효율을 높이는 것과 더불어 동적으로 거동되는 환경하에서도 최적 효율에서 작동되게 하기 위한 기술들도 다양하게 개발되고 있다.

엔진의 기계적 특성을 극복하고 동적 거동 조건(급가속, 급감속 등)에서도 고효율 운전을 한다는 것은 현실적으로 불가능하다. 즉 현실적으로 기계적 특성 개선만으로 연비를 향상시킨다는 것은 한계가 있다는 것이 명확하다. 하지만, 이러한 동적 거동 조건에 별도의 동력원을 보조적으로 활용할 수 있다고 하면 분명 다른 결과를 얻을 수 있을 것이다.

2차 전지 기술이 급속히 발전하면서 이러한 일이 가능해지게 되었다. 엔진의 최적 효율 운전과 부득이한 동적 운항 구간에 대한 보상이 별도의 동력원으로부터 이루어지면서 동력원에 대한 패러다임도 변하게 되었다. 2차 전지를 저 효율 구간 운전에 사용하고, 엔진을 항상 고효율 구간에서 운전될 수 있도록 하는 이런 하이브리드 기술은 현재 가장 일반화가 빠르게 진행되는 기술이다.

하이브리드 기술을 채택하는 도요타의 Prius나 현대의 Ioniq의 경우에는 1 liter 당 약 24 km를 달릴 수 있는 수준이다. 하이브리드 자동차는 배터리와 엔진으로부터 출력을 얻는데, 엔진이 저효율 운전되는 구간에서는 배터리 출력에 의존하고, 엔진이 고효율 운전되는 구간에서는 엔진 출력에 의존하며, 최대 출력이 요구되는 구간에서는 두 동력원으로부터 동시에 출력을 얻는 방식을 채택하고 있다.

기존 가솔린이나 디젤 기관의 효율이 1liter당 18km미만이었던 것에 비하면, 18km/liter를 기준으로 하더라도 약 30% 이상의 연비 개선이 가능한 것을 알 수 있다(2). 보다 다양한 연비 비교는 미국 에너지성(Department of Energy) 산하 기관인 환경보호청(Environment Protection Agency, EPA)에서 운영하는 연비 비교 사이트(www.fueleconomy.gov)에서 확인할 수 있다.

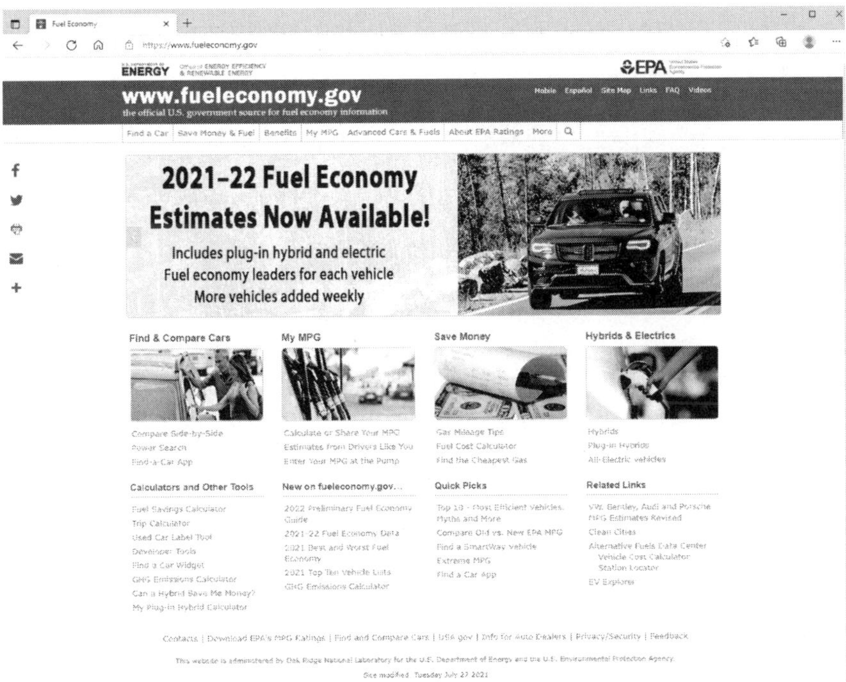

[그림 Ⅰ-7] 환경 보호청의 연비 비교 사이트 [4]

(3) 친환경 자동차 기술

미래의 수송 기계들이 이산화탄소 배출에서 자유로우면서 또 자원 고갈을 지연시키기 위한 연비 향상 기술 개발을 지속적으로 진행하고 있지만, 기존 내연 기관 기반의 하이브리드만을 가지고 미래의 이산화탄소 저감 목표를 만족시킬 수 있을까? 그리고 미래 세대 언젠가는 자원이 고갈될 것이 자명한데 이런 미래의 운송 수단은 어떻게 해야 할까?

이러한 질문에 답하기 위해 나온 기술들을 우리는 친환경 자동차라고 부른다. 친환경 자동차는 탄화 수소계 연료를 기반으로 한 현재의 수송 기계들의 한계를 극복하기 위해 기존 패러다임을 넘어서서 새롭게 패러다임의 전환을 이끈 기술이다. 현재까지 전세계적으로 소개된 대표적인 친환경 자동차는 태양광 자동차, 배터리 전기차, 그리고 수소 전기차 등이다. 압축 공기만을 이용하는 하이브리드 자동차도 소개되고 있기는 하지만, 대량 생산 체제를 갖추고 양산 시장을 열고 있거나, 시장에 소개 되기 시작하는 친환경 자동차는 태양광 자동차, 배터리 전기차, 수소 전기차 등이라고 할 수 있다.

친환경차는 자동차 산업 패러다임 전환의 한 축을 담당하고 있으며 특히 환경 문제에 대한 관심이 높아짐에 따라 최근 그 중요성이 더 강조되고 있다. 최근 수송 분야에서의 이산화탄소 배출 저감의 중요성이 더 높아짐에 따라, 유럽에서는 내연기관차 판매 금지 조치(노르웨이, 네덜란드, 영국, 프랑스 등), 디젤차 운행 제한 (독일 슈르트가르트,프랑스 파리)과 함께 친환경차 의무판매제 (미국 캘리포니아州, 캐나다 퀘벡州 등) 등이 가속화 되고 있다. 이러한 기존 수송 기술의 대전환을 성공적으로 이끌 기 위해 필수적인 기술이 친환경자동차 기술이라고 할 수 있다.

그림 I-8은 2020년이후 각국에서 채택하고 수송 부문에서의 이산화탄소 저감을 위한 규제 기준(연비 규제, 온실가스 배출량 규제)을 보여주고 있다. 연비 규제는 1 liter 또는 gallon당 차량의 주행 거리를 의미하고, 온실가스(이산화탄소) 배출량 규제는 연료 분사 후 연소에 의해 발생한 배기 가스 배출량 규제를 의미하는 것으로 둘은 동일한 규제를 의미한다.

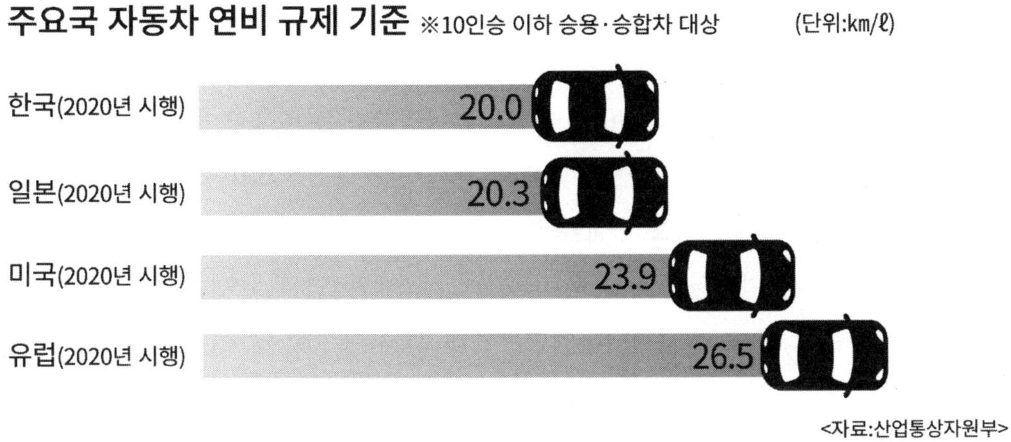

[그림 Ⅰ-8] 주요국 자동차 연비 규제 기준

참고로, 2021년식 가솔린 엔진을 탑재한 소나타의 연비(1.6 터보)가 약 13.8km/liter(복합, 도심+고속도로)인 점을 감안하면 세계 각국은 이산화탄소 저감을 위해 자동차 회사들에 매우 높은 기술 수준의 기술 개발을 요구하고 있다는 것을 알 수 있다.

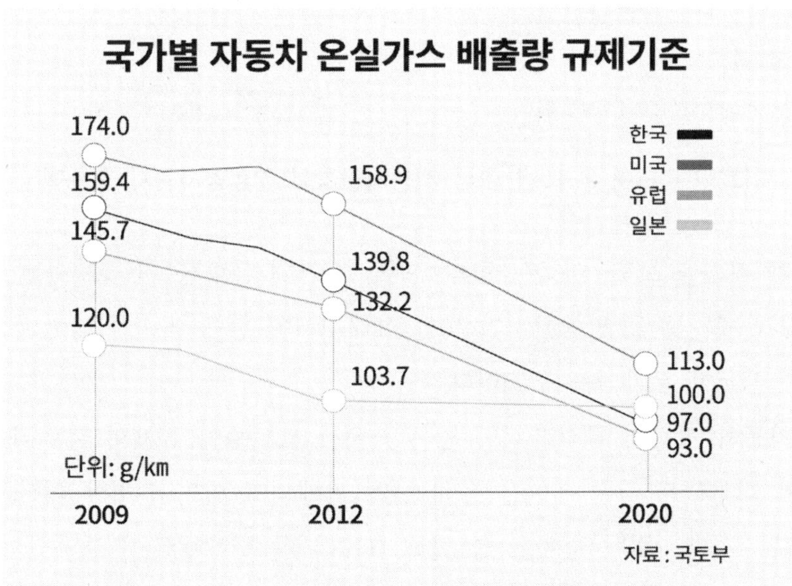

[그림 Ⅰ-9] 국가별 자동차 온실가스 배출량 규제기준

유럽에서는 연비 규제 대신 이산화탄소 배출물 저감을 선호하고 있다. 그림 I-9는 주요국의 이산화탄소 배출량 규제 목표를 보여주고 있다. 온실가스(이산화탄소) 배출량의 경우도 2021년 현재 소나타(1.6 터보)의 이산화탄소 배출량이 약 120g/km로 가솔린 엔진을 탑재한 경우 배출 가스 규제 기준을 만족하기 어렵다는 것을 알 수 있다.

만약 상기와 같은 배출가스 규제와 연비 규제를 지키지 않는다면 어떻게 될까? 전 세계 주요 선진국은 자동차 회사들이 배출가스 규제와 연비 규제를 지키지 않는다면 벌금을 부과하는 정책을 추진 중에 있다. 아래 그림은 2025년 미국과 유럽의 배출가스 규제 기준과 벌금 부과 방식을 보여주고 있다.

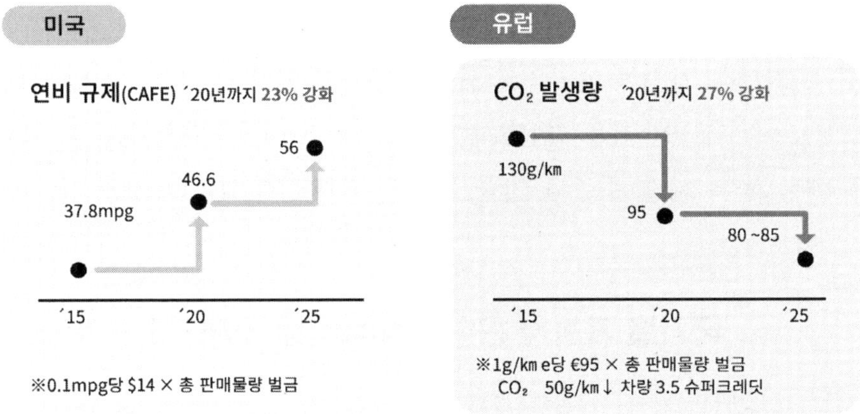

[그림 I-10] 2015년 한국 자동차공학회 친환경자동차 로드맵

벌금 부과 기준을 보면, 미국/유럽의 경우 총 판매 물량을 기준으로 벌금을 부과하고 있다. 즉 규제 기준을 만족시키지 못한 상태에서는 판매 대수가 많아지면 많아질수록 더 많은 벌금이 부과되는 구조이다.

친환경 자동차 시장의 급격한 성장은 상기에서 보여주는 규제와 관련이 있다. 대부분의 자동차 회사들은 기술 개발을 통해 현재 판매되고 있는 연비와 이산화탄소 배출량 감소를 추진하고 있다. 하지만, 총 판매 대수 기준으로 벌금이 부과되기 때문에 친환경 자동차를 1대 팔 때 마다 이산화탄소 무배출 차량이 판매되기 때문에 벌금을 부과 받지 않을 가능성이 높아지게 된다. 다음의 예제는 이산화탄소 총량 규제에 대응하기 위한 기업들의 기술 개발이 어떤 방향으로 진행되어야 하는지를 보여준다.

예제

100대의 자동차를 유럽에 판매하는 자동차 회사가 2025년 배기 가스 규제 기준(80g/km를 기준으로 함)을 맞추는 방법

방법 1: 2020년 차량 1대 당 95 g/km 이산화탄소를 배출하는 자동차 100대에 이산화탄소 저감을 위한 기술을 적용하는 방법

$$Total\ CO2 = 95g/km \times 100 = 9500g/km$$
$$E_{CO_2} = 95g/km/car \times 100car = 9500g/km$$
$$E_{CO_2} = 80g/km/car \times 100car = 8000g/km$$

이산화탄소 저감 기술 적용으로 1500g/km(15g/km)의 이산화 탄소 저감 필요함.

방법 2: 95g/km 연비를 부과하는 자동차는 현행 기술을 적용하고 친환경 자동차를 판매하는 경우는 배기 가스 총량 규제 기준을 만족하는 수준까지는 현행 기술로 개발한 자동차 판매

$$\frac{8000g/km}{95g/km/car} = 84.2car$$

즉 84대의 차량은 현행 기술을 적용한 차량으로 생산하고, 16대의 이산화탄소 무배출 차량을 판매하면, 배기가스 총량 규제를 만족할 수 있다.

이상의 예에서 보여 지듯이 벌금이라는 것은 자동차 회사들에게는 순수한 손실이지만, 친환경 자동차의 개발은 향후 새로운 시장 창출 일 뿐만 아니라, 미래의 규제에 선제적으로 대응할 수 있다는 것을 보여 준다. 미국, 유럽, 일본 등의 선진 자동차 기업들은 신시장 창출을 위해 친환경 자동차 기술 개발을 추진 중에 있다. 이미 일부 친환경 자동차들은 초도 시장을 빠르게 확대해 나가고 있으며 2050년까지 이러한 시장 확대는 계속 진행될 것으로 보인다. 일부 친환경차 기술들은 아직 상용화에 시간이 필요한 기술도 있지만 지금과 같이 배터리 전기차와 수소전기차가 시장을 확대 시키면서 가격 경쟁력을 얻게 되면 미래의 시장을 위해 도전할 것으로 보여진다. 대표적인 친환경 자동차는 태양광 자동차, 배터리 전기차, 그리고 수소 전기차를 들 수 있다.

태양광 자동차

Aptera는 2021년 2월부터 대량 생산 체제를 갖추고 태양광/이차 전지 하이브리드 자동차를 생산하겠다고 발표했으며, 주 전원은 2차 전지 배터리이지만, 지붕에 태양광 패널을 설치해 700W의 전력 생산을 할 수 있다고 발표하고 있다. 주요 제원은 제작사 홈페이지에서 찾을 수 있으며, 배터리 탑재 용량에 따라 1000시간까지 운전이 가능하다고 한다.

[그림 Ⅰ-11] Aptera 태양광 하이브리드 자동차(http://www.Aptera.us)

배터리 전기차

2차 전지 배터리 만을 이용해 동력을 공급하는 배터리 전기차는 하이브리드 자동차가 아니다. 하이브리드 자동차는 2종 이상의 동력원으로부터 출력을 얻는 방식으로서, 배터리 전기차는 순수 배터리 만을 채용하기 때문에 단일 동력원으로부터 출력을 얻고 있다고 할 수 있으며, AC 모터를 통해 자동차를 구동한다.

표 I-4에는 2020년 현재 전세계 자동차 회사 중 전기차를 생산하는 기업과 생산 차종에 대한 정보를 표시하였다. 전기차의 경우 기존 내연기관 자동차와 달리 차종과 용도에 따라 다양한 주행거리와 출력을 보여주고 있다. 즉, 집 근처 단거리 이동 수단부터 중 장거리 이동 수단에 이르기까지 다양한 제원으로 개발이 되고 있으며 또 충전 시간 또한 다양하다는 것을 알 수 있다.

전기차 시장은 이제 막 시장이 열리고 있는 상황에서 초기 사용자(early adapter)들의 선호도와 기술 개발 한계의 교차점에서 차의 재원이 정해지고 있으며 향후 기술 개발이 계속 진행되면서, 현재보다 표준화되고 정형화된 제원으로 정리가 되어 질 것으로 보여진다.

[표 Ⅰ-4] 전세계 완성차 업체의 양산형 전기차 [참고: 완성차 업체 사이트 제원 정리]

완성차 업체 (국가)	모델명	주행거리 (km)	최대 출력 (kw)	배터리 용량 (kwh)	급속충전 시간(분)
Volkswagen(독)	ID. 4	487	129	77	40
BMW(독)	i3	300	125	4224	40
BMW(독)	ix3	600	370	100	40
Daimler-Benz(독)	EQC 400 4MATIC	309	300	80	40
Audi(독)	R8 e-tron quattro	500	280	95	40
Tesla(독)	Model S Long Range	671	398	100	34
Tesla(미)	Model 3	446	211	78	34
Tesla(미)	Model Y Long Range	508	254	75	34
GM(미)	Bolt EV	414	150	66	60
Ford(미)	Mustang Mach E	434	254	98.8	45
Jaguar(미)	I-pace S	376	290	90	45
Renault (프)	TWIZY	100	-	6.1	N/A
Renault (프)	ZOE	400	80	54.5	100
Nissan (일)	Leaf	231	110	40	30
BYD (중)	E6	400	90	80	120
SAIC (중)	IM	874	400	93	72
HMC (한)	Soul EV	450	100	39.2	30
HMC (한)	IONIQ EV	311	100	38.3	54
HMC (한)	Kona EV	415	147	64	54

수소 전기차

배터리 전기 자동차는 충전을 통해 배터리에 에너지를 저장한 후 동력이 요구될 때

이를 공급해 준다. 수소 전기차도 동력이 요구될 때 전기를 공급해 주는 방식은 같지만 연료를 싣고 다닌다는 점은 기존 배터리 전기차와 다르다.

수소 전기차는 연료인 수소를 고압 압력 용기에 충전 후 동력이 요구될 때 이를 연료전지로 공급하여 전력을 생산하는 방식으로 자동차를 구동한다. 기존 내연 기관 대비 동급 출력을 낼 수 있을 뿐 아니라 저소음, 고효율 작동이 가능하고 배기 가스 배출물이 초순수(demineralized water)이기 때문에 환경 오염으로부터 자유롭다. 더불어 친환경 자동차이기 때문에 연비 및 배출 가스 규제에 대응할 차세대 운송 수단으로 볼 수 있다.

다시 말하면, 수소 전기차는 배터리 전기차와 비교해 봤을 때 구동 방식은 모터 구동 방식으로 동일하지만, 충전된 수소 가스로부터 연료전지라고 불리는 발전기를 통해서, 전기를 생산한 후 이 전기로 모터를 구동한다고 하는 점이 다르다. 즉 배터리 전기차는 전기가 소모되면 전기를 충전해야 하지만, 수소 전기차는 수소 가스를 충전해야 한다. 여기에 기존 내연기관과 유사하게 연료 공급계통, 공기 공급계통, 열관리 계통 등은 기존 자동차 산업에서 사용하던 것과 유사한 공급계 설비들이 필요하다.

즉, 기존 산업의 대체가 가능하다는 장점이 있기 때문에 내연 기관을 동력원으로 채용하던 자동차 산업을 자연스럽게 미래형 자동차로 넘어가게 할 수 있는 장점이 있다.

연습문제

1. 기후 변화에 대한 영향을 미치는 6대 온실 가스 중에 이산화탄소 저감이 중요한 이유는 무엇인가?

2. 온실 가스에 의한 기후 변화를 지구 복사 기구를 이용해서 설명하시오.

3. CDM 사업을 통해 선진국이 자국의 경제적 손해 없이 기후 변화에 기여 할 수 있다고 한다. 어떤 경제적 이득이 있는지 CDM 산업의 메커니즘을 기술하시오.

4. 만약 유럽의 이산화탄소 배출 규제가 65g/km로 바뀐다면 차량 100대를 기준으로 요구되는 친환경 자동차 대수를 산출하시오

5. 태양광 자동차, 배터리 전기차, 수소 전기차 등 친환경 자동차 각각의 장단점을 비교하라. (자료 조사 필요)

6. 연비가 10km/liter 인 자동차와 20km/liter인 자동차 두종류를 생각하자. 가솔린 유가는 1500원/liter이고 년간 12,000km를 주행을 한다면 두 차의 년간 유류비 차이는 얼마인가?

참고문헌

[1] 에너지통계연보, 2020, 에너지경제연구소

[2] http://www.mofa.go.kr (대한민국 외교부)

[3] 에너지관리공단 CDM 인증센터(www.koreacdm.com)

[4] http://www.fueleconomy.com

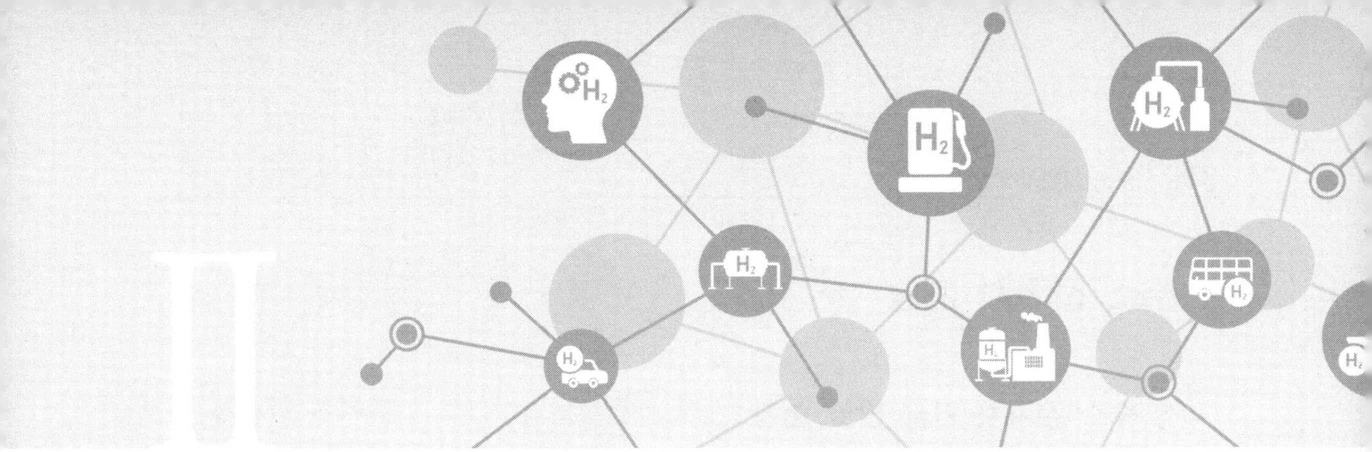

II

수소 전기 자동차 기술

유상석

1. 수소 전기차 현황

(1) 수소 전기차 기술 발달 현황

최초의 수소 전기차는 1959년 Allis-Chalmers Farm tractor로 15 kW급 연료전지 시스템을 탑재하여 운행하였다. 1966년에는 미국의 General Motor가 첫 번째로 도로 주행이 가능한 연료전지 자동차를 소개하였다. 당시 Electrovair라고 하는 Silver-Zinc(은-아연) 배터리를 탑재한 세단을 소개하였는데 연비와 1회 충전 주행 거리에 대한 한계로 인해, 시장의 관심을 받지 못했다. 이를 해결하기 위해, GM에서는 수소 연료전지 기반의 Elecgtrovan을 개발하였으며 액화 수소와 액화 산소를 연료전지에 공급하고 전력을 생산하는 방식을 취했다 액화 상태의 수소와 산소를 탑재해야 하기 때문에 적재 공간의 한계로 인해 일반 세단에는 탑재가 어려워 밴 형태의 자동차에 탑재하게 되었다 이 차는 이온교환막 연료전지(Proton Exchange Membrane Fuel Cell, PEMFC)를 탑재하고 있었으며 최고 속도는 70mph, 1회 충전으로 120miles(201km)의 주행이 가능했다

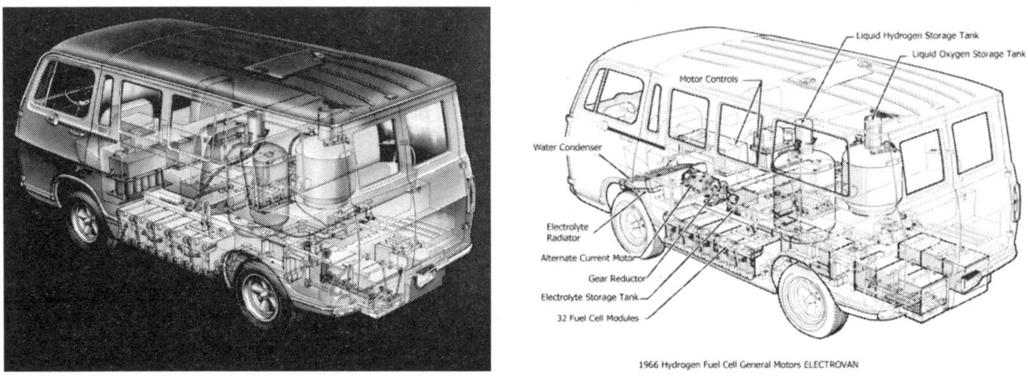

[그림 Ⅱ-1] GM Electrovan (1966) [1]

1966년 연료전지 자동차는 공간적으로 제약이 많아서, 단 1대의 시험 차량만을 제작하고 역사 속으로 사라졌다 이로부터 약 30년 뒤인 1994년부터 독일의 Daimler Benz는 수소 전기차를 개발하기 위한 노력을 진행하였다 새로운 자동차 프로젝트 명은

NECAR(New Electric Car)였는데, 1994년에 대중에 발표하였다. 이 자동차는 Ballard (캐나다의 PEMFC기업)사의 50kWe 급 연료전지 시스템을 탑재하였으며, NECAR-1은 300bar 급의 고압 수소 탱크를 채택하였고 최고 속도 56mph(90km/h)로 달릴 수 있고 1회 충전으로 81mile(130km) 주행이 가능했다. NECAR-1은 GM의 Electrovan과 마찬가지로 연료 저장 시스템이 너무 커서 차량의 짐칸 전체를 사용하는 바람에 적제 공간이 없었을 뿐 아니라 밴으로 개발되었음에도 불구하고 탑승석 좌석은 2 자리밖에 확보할 수 없었다. 2년 뒤에 소개된 NECAR-2는 기술 진보를 이루어 연료전지 시스템의 중량을 1/3로 줄일 수 있었으나, 여전히 수소 연료의 적재 공간은 해결하지 못했다.

1996년부터 1999년 사이 글로벌 자동차 기업들은 수소 전기차에 관심을 보이기 시작했다. 미국 캘리포니아 환경 담당 이사회(California Air Resoruce Board, CARB)를 중심으로 내연 기관 자동차의 배기가스가 결국 광화학 스모그 및 대기 오염의 원인이며 이를 큰폭으로 줄여는 것을 통해 대기 오염을 개선해야 한다는 공감대가 형성되었다. CARB는 자동차 기업들에게 ZEV(Zero Emission Vehicle)로 알려진 무공해차의 개발을 요구했다. ZEV의 판매를 촉진하기 위한 강제 조항들도 만들기 시작했다. 즉, 당해연도 판매 댓수 중 CARB에서 정한 양 만큼 ZEV 판매가 안 되는 기업들은 차년도 판매 대수에서 올해 미 판매된 ZEV 대수를 뺀 만큼이 최대 판매 대수가 된다는 조례를 만들었다.

(2) 주요 완성차 업체의 수소 전기차 개발

① General Motors(GM)

GM은 1997년 신트라(Sintra)라는 수소차 모델을 개발 한 후 2002년 미국 GM은 북미 국제모터쇼에서 플랫폼 타입의 컨셉트카 ‘오토노미, AUTOnomy’를 공개했으며, 스케이트보드 섀시 형태의 플랫폼형 차체와 바퀴에 위치시킨 모터, 핸들과 페달이 아닌 전자제어식 운전시스템 등 기존 내연기관차 패러다임과 완전히 다른 형태를 제안하여 시장의 주목을 받았다.

[그림 Ⅱ-2] GM Autonomy 컨셉트카

GM은 실제 Equinox를 샤시로 채택한 수소 전기차 실증 차를 운행하며 시장 참여를 꾸준히 타진하고 있다.

② Ford

Ford는 2000년 초반 완성차 기업들이 모두 수소차 개발에 뛰어 들던 시기에 수소차의 미래를 비관적으로 전망했다. 대신 2000년대 초반 Ford는 만약 미래에 수소 산업이 시장을 지배한다면, 수소 내연기관이 대안이 될 수 있다고 주장하며 수소 내연기관 출시를 위한 기술 개발에 몰두 했다. 하지만 내연기관의 근본적인 한계인 매연 문제와 함께 기체 수소의 연소로 인해 체적 효율이 낮아져 실제 구동효율이 매우 낮아진다는 기술적 한계를 극복하지 못했다. 2008년에는 드디어 독일의 Daimler와 수소 전기차 기술 개발을 위한 공동 출자 회사를 설립하였을 뿐 아니라, 2013년 르노와 닛산까지 공동 출자 회사에 참여시켜 공동 기술 개발을 진행하였다. 아직 시장에 출시가 되지는 않았지만 이 네회사는 각각 공동 출자 회사의 기술을 바탕으로 포드(차량 기술), 닛산(배터리), 르노(양산 가격 저감), Daimler(연료전지 시스템) 에 특화해서 기술을 완성하고 향후 시장 출시 시점에서 각자의 기술을 공동 사용하기로 하였다.

③ 도요타

일본의 경우는 정부가 적극적으로 시장 참여자를 지원해 주어 세계 시장에서 경쟁력을 갖추도록 하는 특징이 있다. 도요타는 1992년 수소 연료전지 시스템 개발에 착수하고 1996년에 첫 수소 전기차를 시장에 공개하였다. 2002년에 Toyota는 미국과 일본에 FCHV(Fuel Cell Hybrid Vehicle)을 임대(leasing)하는 시장을 열었다. 90kW급 연료전지 스택과 Nickel-Metal 배터리를 채택한 이 수소 전기차는 SUV기반으로 제작되었는데, 저속에서는 배터리 출력 만으로 주행하고, 고속에서는 두 동력원으로부터 동시에 출력을 얻었다. 이 수소차는 고압 수소 탱크를 탑재하고 있었으며, 충전 압력은 350bar 충전 체적은 약 115liter이며, 최고 속도는 100mpg(160 km/h)에 1회 충전으로 155mile(약 250km) 주행이 가능했다.

도요타의 수소 연료전지 시스템은 고압 연료전지 시스템을 채택하고 있어서 전체 시스템을 좁은 공간에 집적시키는 게 가능하다. 이러한 장점을 바탕으로 기존 SUV중심의 기술 개발에서 방향을 전환해서 2014년 미라이라는 차명의 세단을 시장에 출시하게 되었다. 미라이는 출시 이후 일본 정부의 적극적인 지원으로 2014년부터 2018년까지 세계시장 1위를 지킬 수 있었으며 BMW와는 전략적 제휴 관계를 맺고 자사의 연료전지 시스템을 공급하고 있다.

④ 혼다 자동차

혼다 자동차는 2016년 클래러티 수소 세단을 출시한 이후 꾸준한 기술 개발을 통해 시장 확대를 도모하고 있다. 가압형 스택과 독특한 냉각 유로 채널 설계, 다중 셀 냉각 방식 등 세계 최초로 기술을 적용하였으며 세단의 좁은 공간을 최대한 활용하기 위해 가압 시스템을 고집하고 있다. 도요타보다 먼저 세단 모델 개발 및 출시를 하였으나, 양산에서는 도요타가 먼저 성공하였다. 이외 다양한 기업들의 수소 전기차 개발 이력을 표에 표시하였다.

[표 Ⅱ-1] 전세계 연료전지 차량 실증 사례

년도	기업	모델	형식	FC출력	주행거리	최고속도	수소충전압
2002	Toyota	FCHV	Hybrid	90	180	96	350
2002	Daimler	A-Class-F-Cell	Hybrid	85	90	887	700
2002	Ford	Advanced Focus FCV	Hybrid	85	180	n/a	350
2002	GM	Advancde HydroGen3	Fuel Cell	94	170	100	700
2002	Nissan	X-Trail	Hybrid	75	n/a	78	350
2004	Hyundai	Tucson	Hybrid	80	185	93	350
2004	Kia	Sportage	Fuel Cell	80	185	93	350
2006	GM	Equinox FCEV	Hybrid	93	200	100	350
2007	Honda	FCX Clarity	Fuel Cell	100	354	100	350
2008	Kia	Borrego/Mojeve FCEV	Fuel Cell /Super Cap.	115	426	93	700
2008	Toyota	FCEHV-adv	Hybrid	n/a	97	n/a	350
2009	Daimler	B-Class F-Cell	Fuel Cell	90	239	105	n/a
2011	Hyundai	Tucson IX	Hybrid	100	403	n/a	700
2012	Hyundai	ix35	Hybrid	100	365	100	350

⑤ 현대 자동차

2013년 2월 현대차는 세계 최초로 수소전기차를 대량 생산에 성공하였으며, 그 후 다수의 글로벌 완성차 업체가 수소 전기차 양산을 진행 또는 계획 중이며 2021년 현재, 전세계적으로 수소전기차를 양산하는 기업은 혼다 자동차, 도요타 자동차, 현대 자동차 등 3곳으로 그 중 국내 기업인 현대 자동차가 기술적으로 가장 앞선 모델을 시장에 출시하였다.

2013년 현대차에서 양산형 수소전기차 SUV모델 인 "투싼 ix"를 출시하였으며, 탑재된 수소 연료전지 엔진은 '14년 12월 미국의 자동차 전문 미디어 '워즈오토(Ward's Auto)'가 선정하는 '2015 세계 10대 최고 엔진'에 선정되었다. 당시 워즈오토는 최고 기

출력의 파워트레인이 탑재된 투싼 ix는 전 세계 친환경차 기술 수준의 새로운 도약을 알리는 중요한 모델이라고 평가했다. 여기서 파워트레인이란 자동차의 동력발생부터 동력전달까지를 담당하는 기관을 지칭하는 용어로 일반적으로 엔진, 변속기, 기어, 축, 바퀴 등을 포함한 동력 전달계를 의미한다. 현재 국내 수소 전기차 양산 업체인 현대자동차의 경우 완성차 기준 국산화율이 95% 수준(국토교통부 '18.2.6, 국제수소에너지 산업포럼 발표자료)으로 가격 경쟁력을 갖추기 위한 여건이 조성되어 있는 것으로 보여진다.

[그림 Ⅱ-3] 세계최초 양산 수소전기차 현대 투싼 ix

2019년 NEXO 모델에서는 기존 ix 보다 연비가 향상되고 항속 거리가 약 2배로 증가하였다. 또한, 수소 저장 용기의 수소 저장률(Weight percent)이 5.9%로 일본의 승용 수소차 미라이보다 우수할 뿐만 아니라 SUV인 점을 감안하면 연비는 미라이보다 크게 앞서는 것으로 보여 진다. 제원 상 특징으로는 시스템 효율은 부분 부하에서 60.4%까지 향상되었고 출력 밀도는 3.1kW/Liter, 동력계통 체적을 18% 저감했다. 기존 2개의 크기가 다른 수소 탱크(총 140liter)를 채용하는 대신 동일한 체적의 수소 탱크 3개(156liter)를 채택하고 있다. 최고 속도 177km/h를 달릴 수 있으며 출발후 100km/h 도달 시간이 9초가 소요된다.

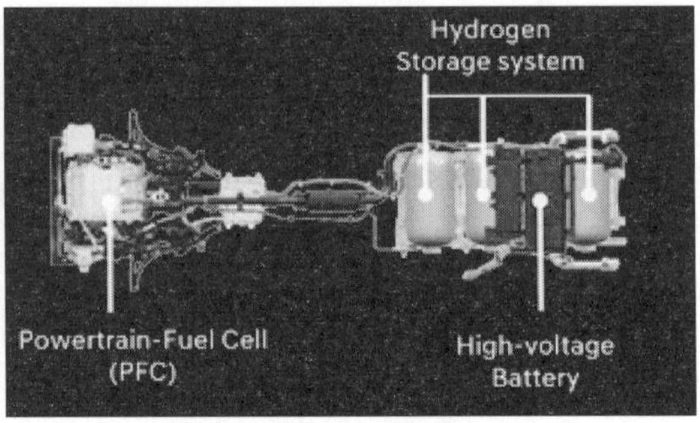

[그림 Ⅱ-4] 현대자동차 수소 전기차(NEXO), 참고:제작사 홈페이지

(3) 수소 상용차 기술

승용 수소 전기차는 대략 1.4~1.5톤 범위의 중량으로 설계가 되는 반면, 수소 버스와 상용트럭은 12~15톤 내외의 중량으로 설계된다. 승용차가 소비자 수용성을 만족시킬 출력이 150마력급이라고 볼 때, 수소버스와 차량은 300~500마력까지 더 높은 출력을 요구한다. 수소 상용차와 버스에 대한 높은 기술 수준은 향후 시장 형성을 위해 반드시 돌파해야 할 장벽이며, 상용 트럭은 현대자동차, 도요타, Nikola 등에서 기술 개발을 진행 중에 있다.

수소 버스 실증은 유럽이 앞서가고 있으며, 일본 도요타는 2017년 3월에 양산형 수소 전기버스인 Sora를 도쿄 올림픽에 투입하기 위해 시내버스 노선에서 실증을 진행했다.

[그림 Ⅱ-5] 양산형 수소전기버스 도요타 Sora

독일의 다임러벤츠는 도심용 수소전기버스 Citaro Fuel Cell-Hybrid 모델을 시험 운용하여 상용화 컨셉을 실증하였으며, 도요타는 2017년 3월, 세계최초 양산형 수소전기버스인 미라노스(miranos)의 시범운행을 시작하였으며, 2018년 3월 일본 최초의 수소전기버스 인증을 받은 소라(sora)를 도쿄 시내버스로 투입하였다.

[표 Ⅱ-2] 현대차 수소전기버스 제원

	개발시기	연료전지	수소탱크 압력(bar)	구동(휠모터)
1세대	´06년	80kW(2개)	350	240kW(1개)
2세대	´09년	100kW(2개)	350	100kW(3개)
3세대	´17년	100kW(2개)	700	120kW(2개)

자료 : 언론보도 재구성

국내의 현대차는 2004년부터 수소전기버스를 개발하여, 현재 시범 운행 및 일부 노선 투입 중이며, 3세대 수소전기버스((충전 용량 25kg, 1회 충전 시 최대 713km 주행 가능)를 평창 올림픽에 투입하여 성공적으로 운행하였으며, 2020년부터 4세대 수소전기버스 양산하고 있다.

[그림 Ⅱ-6] 울산의 정규노선 운행 수소전기버스(출처: 연합뉴스)

2019년부터 수소 경제 로드맵 발표와 함께, 수소 버스 보급을 활성화 하기 위해 보조금 제도가 운영되기 시작한 이래로 2021년 7월까지 101대가 넘는 수소 버스가 전국 지자체에 운행 중에 있다. 수소 버스는 특히 창원 과 부산 두 지역에서 48대를 현재 운행 중에 있으며, 서울 인천 등 수도권에서도 수소버스가 시범 운영 중에 있다.

[표 Ⅱ-3] 수소 버스 보급 현황 (2021년 7월 현재)

지역	경남& 울산	전북권	충남권	서울	인천	울산	광주	세종
보급대수	48	16	13	9	7	6	6	1

우리가 대중교통으로 이용하는 일반적인 시내 버스의 하루 주행 거리는 대략 300~400km이고 평균 수명이 약 10년 이다. 친환경 버스에 대한 수요를 고려하여 현재 다수의 지자체들이 수소 버스를 채택하고 시범 운행 중에 있으며, 기술적 완성도와 안전성 등 소비자 수용성을 만족하게 되면 보다 많은 수소 버스를 볼 수 있을 것이다. 기존 전기 버스 대비 수소 버스의 장점은 1충전 후 주행 거리 및 충전 시간으로 볼 수 있다. 4세대 수소 버스의 수소 충전량은 35 kg 정도이며, 충전 시간은 최대 30분 이내이다. 동일한 제원의 전기버스이 충전시간이 급속 충전의 경우에도 1시간 이상 인 점을 고려하면 왜 지자체들이 수소 버스에 더 관심을 기울이고 있는지 예상할 수 있을 것이다.

2. 수소 전기차용 연료전지 시스템

(1) 수소 전기차 구동 원리

엔진이나 배터리를 탑재한 차량과 달리 수소전기차는 수소 연료전지 시스템을 탑재하여 구동하는 자동차이다. 더불어 수소 전기차는 소형 이차 전지 배터리를 탑재하고 있으며 이차 전지로부터 보조적인 동력을 얻어 주 동력원의 고효율 운전을 하는 하이브리드 기술을 채택하고 있다. 배터리 전기차와 비교하면 계절에 관계없이 일정하고 긴 항속거리를 가질 수 있다는 것이고, 엔진 하이브리드와 비교하면 연비가 더 우수하다고 할 수 있다.

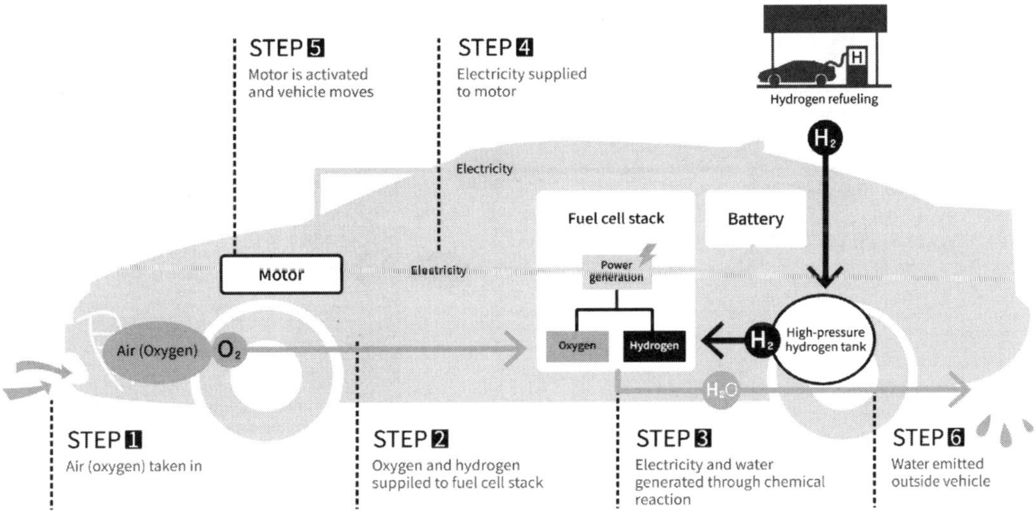

[그림 Ⅱ-7] 수소 전기차 작동 원리

그림 II-7은 수소 전기차의 구동 원리를 보여주고 있다. 수소 전기기차는 연료전지 스택으로부터 발생한 전력과 배터리 전력을 이용해 모터를 구동시킨다. 스택의 작동을 위해서는 수소와 공기 공급이 필요하며, 배터리와 연료전지 스택으로부터 발생되는 전력을 효과적으로 제어하여 모터에 필요한 전력으로 변환해 주는 장치가 필요하다.

수소 연료전지 시스템은 수소 연료전지 스택, 공기 공급장치, 연료 공급 장치, 열관리 장치 등을 기본 장치로 하고 있으며, 수소 전기차는 배터리와 수소 연료전지 스택으로부터 필요한 출력을 발생시키고 이를 구동 모터를 전송하여 주행한다.

(2) 수소 연료전지의 작동 원리

연료전지는 수소와 산소의 전기화학반응에 의해서 전기를 생산하며, 전기외에 부산물로 물과 열만이 부산물로 생성된다. 연료전지는 연료(주로 수소)가 공급되는 연료극(Anode)과 산화제(주로 공기)가 공급되는 공기극(Cathode), 양 전극사이로 이온이 이동하는 전해질(Electrolyte), 각 전극에 가스를 공급하기 위한 분리판(bipolar plate)으로 구성된다. 그림 II-8에는 수소와 공기를 사용하는 연료전지의 작동원리를 나타내었고, 그림 II-9에는 단위전지의 실제 구성 요소를 보여주고 있다.

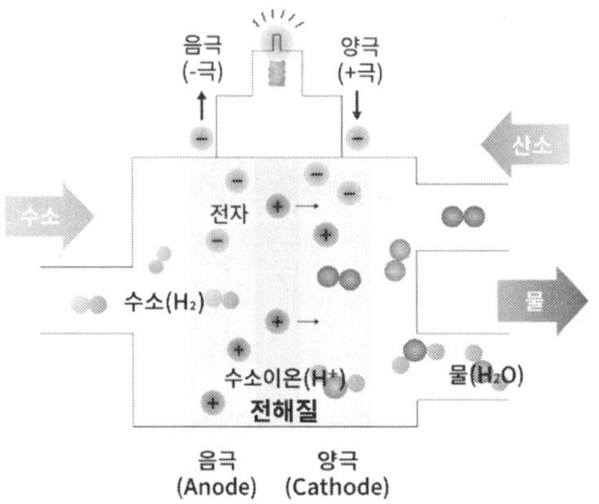

[그림 Ⅱ-8] 연료전지 작동원리

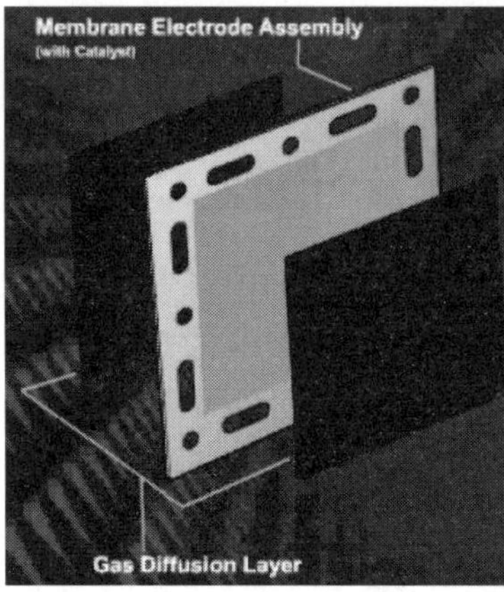

[그림 Ⅱ-9] 연료전지 단위전지

연료전지의 Anode(연료극)에서는 한 개의 수소분자가 두 개의 수소이온으로 이온화되며, 전해질 막을 통하여 Cathode(공기극)로 이동한다. 이온화반응에서 해리된 전자는 외부회로를 통해 Cathode로 이동하면서 전기적인 일을 수행하게 된다. Cathode에서는 공급된 산소가 수소이온과 전자를 만나 물을 생성하는 반응이 일어난다. 각 전극에서 일어나는 화학반응식은 아래와 같다.(아래 반응식은 고분자 연료전지에 국한되는 것으로서 다른 연료전지의 화학반응식은 다음 장에 정리하였다.)

Anode : $H_2 \rightarrow 2H^+ + 2e^-$

Cathode : $2H^+ + 2e^- + 1/2O_2 \rightarrow H_2O$

Total 반응 : $H_2 + 1/2O_2 \rightarrow H_2O$

위 화학반응에 의해서 단위전지에서는 1V 미만(대략 0.65~0.75 V 정도)의 전기가 발생되며, 이를 실제 시스템에 사용하기 위하여 단위전지를 여러 장 적층하여 사용하는데, 이를 연료전지 스택(stack)이라 부른다. 그림 II-10에 연료전지 스택의 모습을 나타내었다.

[그림 Ⅱ-10] 이온 교환막 연료전지 스택

연료전지는 사용 목적에 따라 가정용, 건물용, 발전용, 수송용 등으로 구분하며, 전기 화학 반응 방식에 따라도 구분이 가능하며 가장 일반적으로는 각 연료전지의 작동원리가 전해질에 의해 구분되기 때문에 표 II-4와 같이 전해질 별로 구분한다.

[표 Ⅱ-4] 연료전지 종류별 특성과 장단점

연료전지 종류	전해질	작동온도(°C)	장/단점	
알카라인 연료전지 (AFC)	KOH	60～80	장점	높은 전류밀도
			단점	전해질이 CO_2 와 반응 순수 수소필요. 백금촉매 사용
인산형 연료전지 (PAFC)	$H3PO_4$	200	장점	비교적 고온에서 작동
			단점	전해질이 증발하는 문제 심각
용융탄산염 연료전지 (MCFC)	Li/K or Li/Na	650	장점	CO도 연료로 사용 가능 반응온도 고온이므로 효율 높음.
			단점	전해질이 액상 --> 실링문제
이온교환막 연료전지 (PEMFC)	Polymer	70	장점	빠른 시동성
			단점	높은 연료순도 (CO<10ppm)
직접메탄올 연료전지 (DMFC)	Polymer	40~80	장점	액체 연료 사용 PEMFC와 거의 유사함
			단점	전압이 낮음(메탄올 cross-over)
고체산화물 연료전지 (SOFC)	YSZ	700~1000	장점	고효율, CO도 연료로 사용
			단점	제작이 어려움(실링, 분리판 부식)

표 II-4에서 작동 온도를 보면, 이온교환막 연료전지 (PEMFC), 알카라인 연료전지, 직접 메탄올 연료전지 등은 100℃ 미만의 저온에서 작동된다. 연료전지는 일종의 반응기 이기 때문에 작동온도까지 온도를 올리는데는 시간이 많이 소요된다. 즉, 작동 온도가 낮아야 수송용과 같이 즉각 주행이 가능한 장치에 동력원으로 사용이 가능하다.

이 중 알카라인 연료전지는 촉매 가격이 저가이고, 효율 특성도 좋은 것으로 알려져 있다. 하지만, 대기 중에 존재하는 CO_2와 전해질 KOH가 반응을 해서 탄산염인 CO_3^{2-}가 석출되게 된다. 즉, 전해질 속에 존재해야 할 KOH가 이산화탄소와 반응을 함으로써 전해질의 기능을 할 수 없는 단점이 있다.

이러한 이유로 우주선에 탑재되던 1세대 연료전지인 AFC는 차량용으로 탑재되기에는 부적합하다고 할 수 있다. 또한 연료 보관과 운반이 용이한 직접 메탄올 연료전지의 경우에는 효율이 PEMFC보다 통상 20% 이상 낮기 때문에 건설용 및 소형 모바일 기기용으로 개발이 되기는 했지만, 역시 수송용 동력원으로 채택되지 못했다.

이온교환막 연료전지(PEMFC)의 경우 고효율 운전이 가능하고 빠른 시동 특성을 가지고 있기 때문에 개발 초기부터 수송용으로 적용하기 위한 연구들이 진행되어 왔다.

표 II-5에는 수소 연료전지의 화학 반응에 대해 정리하였다. 화학 반응식은 전해질을 통과하는 이온에 따라 달라지기 때문에 각각의 연료전지의 화학 반응은 수소를 연료로 사용하는 점에서는 동일하지만, 전해질을 통과하는 이온들은 다양한 종류들이 생성되는 것을 볼 수 있다.

[표 Ⅱ-5] 연료전지의 화학반응

연료전지 종류	전도이온		화학반응식
알카라인 연료전지 (AFC)	OH^-	anode	$H_2 + 2OH^- \rightarrow 2H_2O + 2e^-$
		cathode	$1/2O_2 + H_2O + 2e^- \rightarrow 2OH^-$
		total	$H_2 + 1/2O_2 \rightarrow H_2O$
인산형 연료전지 (PAFC)	H^+	anode	$H_2 \rightarrow 2H^+ + 2e^-$
		cathode	$2H^+ + 2e^- + 1/2O_2 \rightarrow H_2O$
		total	$H_2 + 1/2O_2 \rightarrow H_2O$
용융탄산염 연료전지 (MCFC)	CO_3^{2-}	anode	$H_2 + CO_3^{2-} \rightarrow H_2O + CO_2 + 2e^-$
		cathode	$CO_2 + 1/2O_2 + 2e^- \rightarrow CO_3^{2-}$
		total	$H_2 + 1/2O_2 + (CO_2) \rightarrow H_2O + (CO_2)$
고분자 연료전지 (PEMFC)	H^+	anode	$H_2 \rightarrow 2H^+ + 2e^-$
		cathode	$2H^+ + 2e^- + 1/2O_2 \rightarrow H_2O$
		total	$H_2 + 1/2O_2 \rightarrow H_2O$
직접메탄올 연료전지 (DMFC)	H^+	anode	$CH_3OH + H_2O \rightarrow CO_2 + 6H^+ + 6e^-$
		cathode	$3/2O_2 + 6H^+ + 6e^- \rightarrow 3H_2O$
		total	$CH_3OH + H_2O + 3/2O_2 \rightarrow CO_2 + 3H_2O$
고체산화물 연료전지 (SOFC)	O^{2-}	anode	$H_2 + O_2^- \rightarrow H_2O + 2e^-$
		cathode	$1/2O_2 + 2e^- \rightarrow O^{2-}$
		total	$H_2 + 1/2O_2 \rightarrow H_2O$

(2) 수소 전기차용 연료전지 시스템

수소 전기차에 탑재되는 연료전지 시스템은 이온교환막 연료전지 시스템이다. 이온교환막 연료전지는 크게 이온교환막 전해질과 전극(연료극과 공기극), 그리고 집전체인 분리판(bipolar plate)으로 이루어져 있다. 연료극과 공기극의 두 전극을 고분자 전해질 막과 일체형으로 제작한 것을 막-전극 접합체(MEA, membrane-electrode assembly)라고 하는데, MEA의 성능은 연료전지의 성능에 있어 매우 중요하다.

MEA에서 전기화학반응이 일어나 전류를 생산하기 위해서는 반응물이 공급되고 생성물인 물이 제거되어야 하며 전자가 외부 회로를 통해 이동할 수 있기 위해서는 집전체가 있어야 한다. 이러한 역할 수행하는 것이 분리판이며 분리판과 전극하시에는 물질전달을 고르게 하기 위하여 기체확산층(GDL, gas diffusion layer)을 삽입한다. 또한 기체 밀봉을 위해 가스켓을 사용한다.

차량용 연료전지 시스템은 상기와 같은 단위 연료전지를 다수 적층한 연료전지 스택, 수소 공급계, 공기 공급계, 그리고 냉각 계통으로 구성된다. 연료전지 시스템의 각각의 구성 품의 주요 작동 원리와 특징은 다음과 같다.

① 연료전지 스택

연료전지 스택은 단위 연료전지를 요구되는 전력 수요에 맞추어 적층한 것이다. 통상 한 장의 연료전지에서 생산되는 전력이 200~300 W 정도가 생산되기 때문에, 100kW급 연료전지 시스템이 필요하다고 하면 300장~500장 정도의 단위 연료전지를 적층해야 한다.

단위 연료전지를 요구되는 전력에 맞추어 적층하고 나면, 양단에 강성이 좋은 면압판(EP,End Plate)을 이용해 지지시킨다.

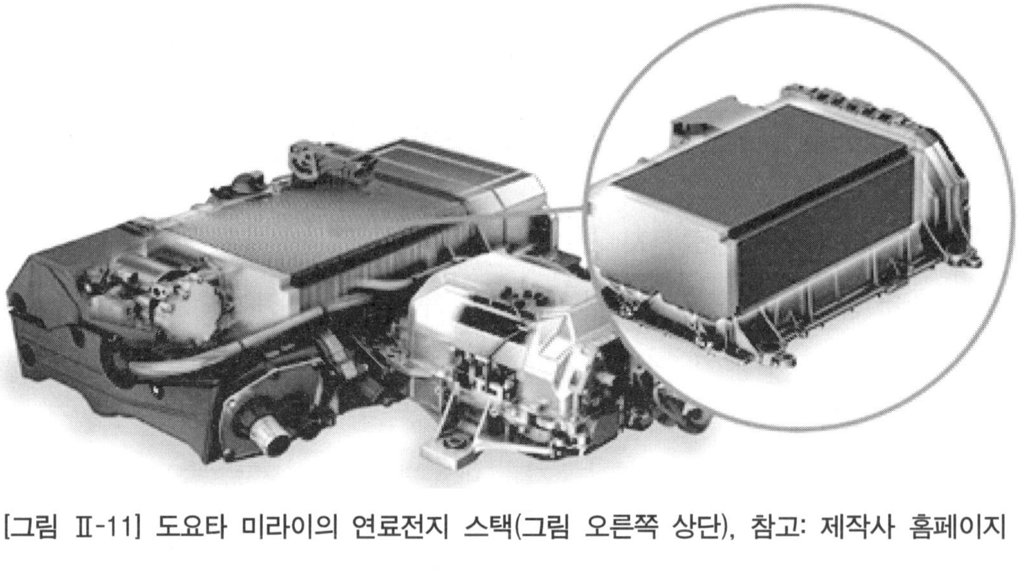

[그림 Ⅱ-11] 도요타 미라이의 연료전지 스택(그림 오른쪽 상단), 참고: 제작사 홈페이지

이렇게 지지된 연료전지 스택은 전기적으로는 직렬로 수백장의 전지를 통해 전류를 흘려주는 형태이다. 이에 비해 연료극과 공기극으로 공급되는 반응가스는 병렬 연결을 통해 공급되어야 하는 것이 또 다른 기술적인 어려움이다. 즉 전기적으로는 직렬 연

결, 에너지 공급 측면에서는 병렬 연결을 통해 반응기가 작동되는 구조이다.

여기에 수소/산소 화학 반응의 경우 발열 반응이기 때문에 열 발생이 심하다. 부하(전류 밀도)가 낮은 상황에서는 발열이 크지 않지만 전부하 조건(100kW급의 경우 100kW)에서는 전력량과 동일한 양의 열이 발생한다. 그러므로, 가스 공급 뿐 아니라 열 제거를 위한 별도의 기술도 연료전지 스택에 포함되어야 한다.

스택으로부터 열을 배출하기 위한 방법으로는 공랭식과 수냉식이 있으며 그림 II-12와 같다. 통상 5kW를 기준으로 냉각 방식을 구분하며 고출력(5kW 이상)이 필요한 수송용 연료전지에서는 수냉식을 적용한다. 즉, 고출력 연료전지에서는 연료극 분리판, 공기극 분리판 이외에 발열에 의한 손상과 성능 저하를 막기 위해 별도의 냉각을 위한 채널을 포함한 냉각판도 포함되어야 한다는 것이다.

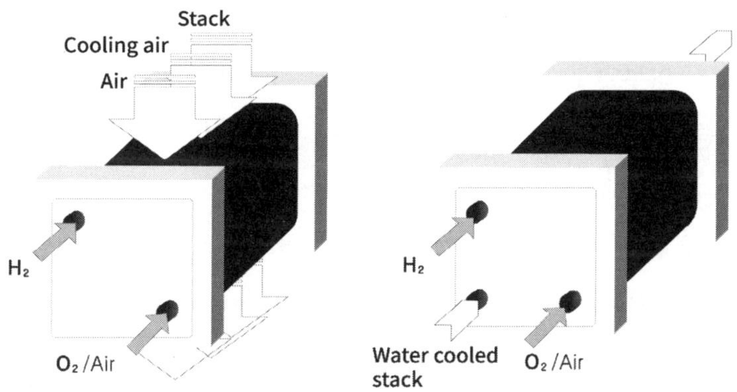

[그림 Ⅱ-12] 공랭식 스택과 수냉식 스택

그림 II-13에는 연료전지 스택에 적용되는 다양한 냉각 방법을 보여주고 있다. 그림(a)에 보여주는 방식은 별도의 냉각 방식을 사용하는 대신에 공기극쪽으로 과량의 찬 공기를 공급하여 냉각하는 방식이다. 이러한 방식은 공냉식 연료전지에서 사용되는 방식 중 하나로, 냉각을 위해 반응에 필요한 양에 약 5배~10배 사이의 많은 공기를 흘려주고 있다. 공기극으로 직접 냉각 공기를 추가 공급하기 때문에 냉각 제어에는 유리한 측면이 있지만, 과량의 공기가 유입되기 때문에, 공기 공급계의 기생 전력이 커지는 단점이 있다. 또한, 저온 외기가 다량으로 고온 반응하는 전지로 직접 전달되기 때문에 전지 내구성 저하가 가속화 될 수 있다.

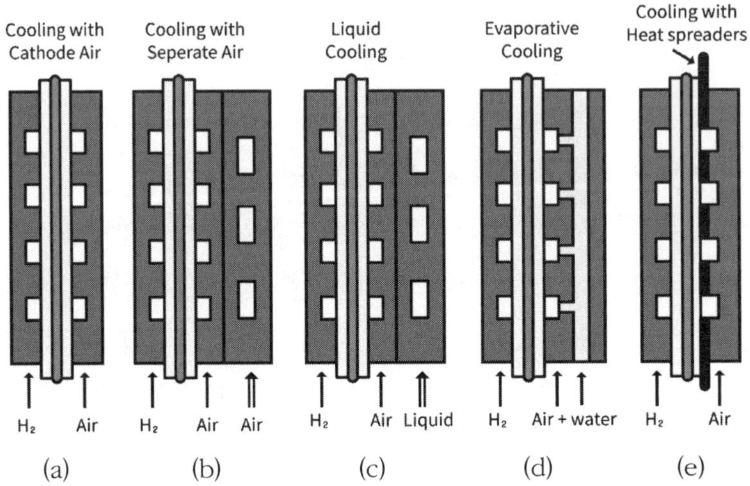

[그림 Ⅱ-13] 다양한 냉각 방법

두 번째 방식(그림 (b))은 첫 번째 방식과 유사하지만 간접식으로 냉각 공기를 공급해 주는 방식으로 외부로부터 유입되는 저온 공기에 의한 전지의 내구성이 저하되는 문제를 해결해 줄 수 있다. 기생전력의 경우는 직접 저온 공기 유입 방식보다 더 큰 단점이 있다.

그림 (c)는 냉각수를 이용한 냉각 방식이다. 냉각수용 별도의 채널을 공기극 분리판에 접합하여, 냉각하는 방식으로 열용량이 큰 물을 사용하기 때문에 발열이 큰 고성능 연료전지 스택에 적합한 방식이다. 고출력 연료전지 스택의 경우 냉각수 입출구단 온도 차가 작아서 다량의 냉각수 공급이 필요하다. 이 경우 냉각수 공급을 위한 기생 전력의 증가 뿐 만 아니라, 냉각 부하를 담당하는 방열기도 기존 차량용에 적용하던 기술을 적용할 수 없다.

고성능 연료전지 스택의 냉각을 보다 효과적으로 하기 위한 여러 가지 방법들이 논의되고 있다. 그 중 하나는 그림 (d)에 보여지는 반응수 증발잠열을 활용하는 방식이다. 반응수의 경우 전기 화학 반응을 통해 계속 생성되기 때문에, 이 반응수의 증발잠열을 통해 냉각을 하게 되면 냉각수 만으로 냉각하던 방식 대비 시스템 부피를 줄일 수 있을 뿐 아니라 냉각 성능이 개선된다.

직접 반응수 활용 방식의 경우 내부 분포나 기술적 한계들이 있기 때문에 간접적인 히트 파이프를 이용하면, 이러한 단점을 극복할 수 있다. 그림 (e)는 증발 냉각 방식을 이용하는 히트 파이프를 이용해 방열하는 방법을 보여주고 있다. 스택 구조가 복잡해지기는 하지만 냉각 성능은 크게 개선시킬 수 있는 방법이다.

그림 II-14는 그림 II-12에 대한 이해를 돕기 위한 그림이다. 공랭식 스택은 각각의 연료전지 셀과 셀 사이에 공기가 통과할 수 있는 충분한 개수의 공기 유동용 채널을 가지고 있다. 이에 비해 그림 II-15에 보여지는 수냉식의 경우는 별도의 냉각판을 포함하고 있으며 냉각 채널 설계 방법에 따라 수냉식 연료전지의 성능이 크게 영향을 받는다.

공랭식 스택의 냉각 방법

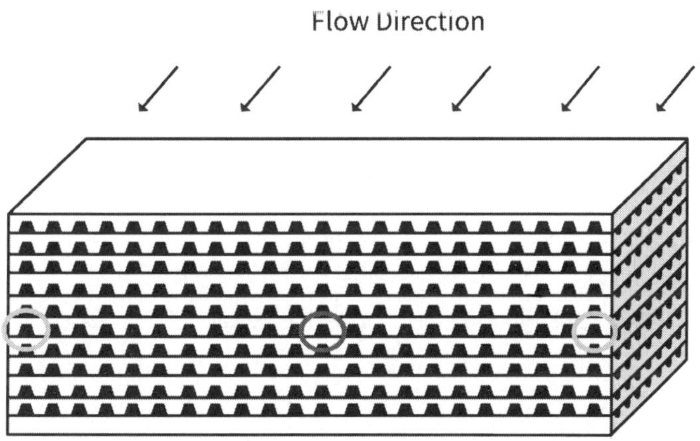

[그림 Ⅱ-14] 공랭식 스택의 냉각 방법

수냉식 스택의 냉각 방법

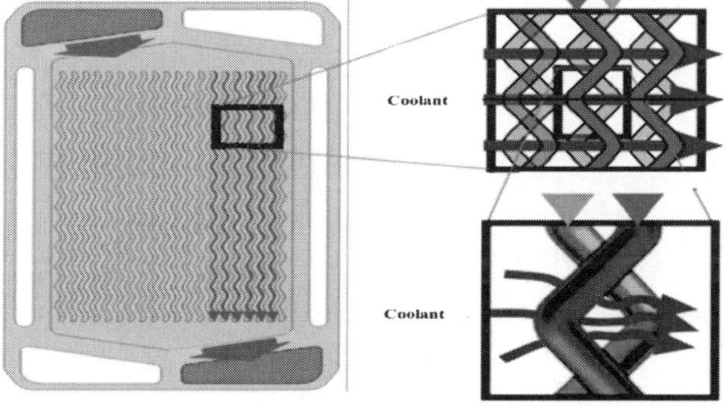

[그림 Ⅱ-15] 혼다 Clarity에 적용된 스택내 냉각 채널 (참조: 제작사 홈페이지)

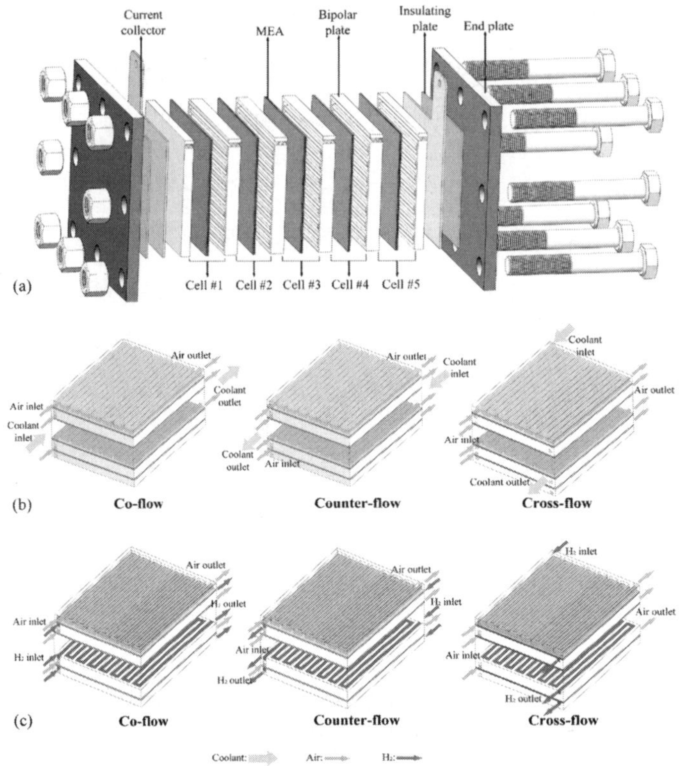

[그림 Ⅱ-16] 다양한 스택 냉각 방식 (Applied Energy, 2019, Cooling optimization)

냉각 채널과 단위 연료전지의 유동 구조(평행류, 대향류, 직교류) 또한 매우 중요하다. 이에 따라 단위 전지의 온도 분포가 달라지게 되고 가습 성능도 영향을 받기 때문에 유동 배열을 효과적으로 설계하는 것이 매우 중요하다. 그림 II-16에는 다양한 유동 배열에 따른 스택 냉각 방식을 보여주고 있다. 대표적인 냉각 방식은 평행류, 대향류, 직교류 등으로 이를 구현하기 위한 방법등이 도시되어 있다.

② 운전장치

운전장치는 수소 연료전지 스택의 주변장치를 말한다. 운전장치는 다시 스택의 운전을 위한 기계적 운전 장치(Mechanical Blanace of Plant, MBOP)와 전기화학 반응을 통해 발생된 전력을 운용하는 전기적 운전 장치(Electrical Banalce of plant, EBOP)로 구분된다.

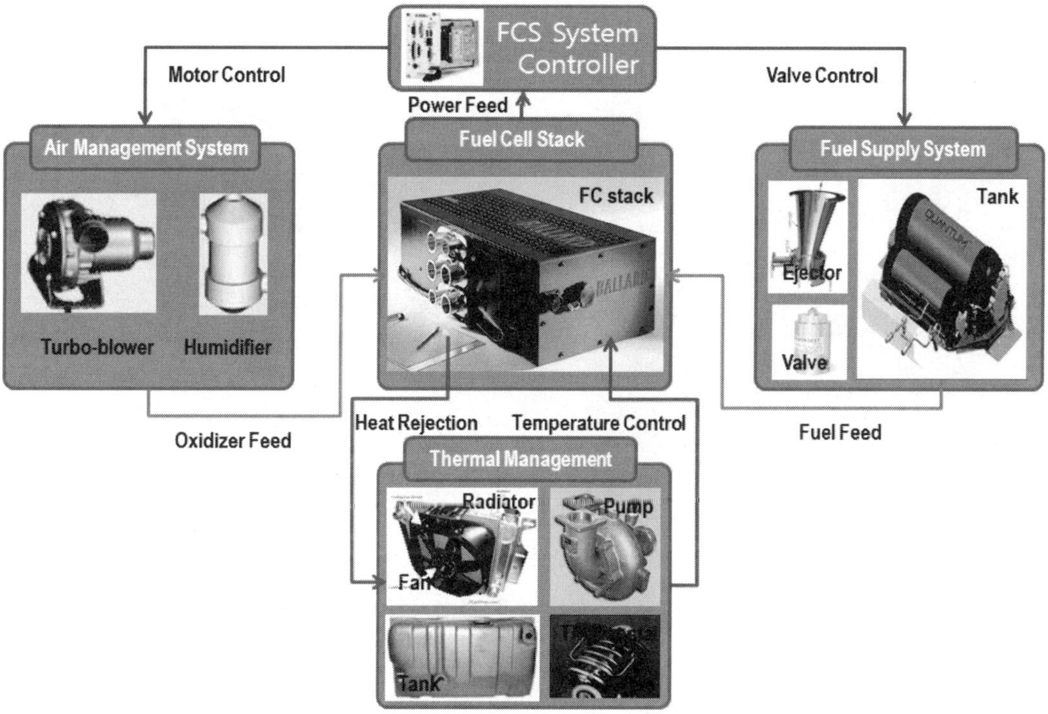

[그림 Ⅱ-17] 스택의 기계적 주변 장치

◆ 공기 공급 장치

공기 공급계는 연료전지 스택으로 공기를 공급하기 위한 장치로 통상 스택 생산 전력의 최소 7%~15%를 공기 공급 장치(블로워 또는 압축기)에서 소모한다. 따라서, 공기 공급계 설계시에는 기생전력을 최소화 하면서 스택이 최적 운전되도록 설계하는 것이 중요하다. 공기 공급계는 외기 중 불순물을 제거하기 위한 공기 필터, 공기를 공급하기 위한 블로워 또는 압축기, 단열압축에 의해 온도가 높아진 공기를 냉각하기 위한 인터 쿨러, 그리고 수분을 공급하기 위한 가습기 등으로 구성된다.

공기 공급을 위한 장치는 다시 고압용과 저압용으로 구분할 수 있으며, 고압용 공기 공급은 원심 압축기와 터빈을 결합한 터보 익스펜더를 활용한다. 이에 비해 저압용 스택에 공기를 공급하기 위해서는 블로워를 이용한다. 고압용 공기 공급계의 경우 압축기 운용에 따른 소요 동력이 크기 때문에 배기 가스 출구단에서 이를 보상하기 위해 터빈을 설치한다. 동축으로 연결된 터빈과 압축기는 일부 기생 전력을 회수할 수 있게 해 준다.

(a) 터보 익스펜더(Honeywell)

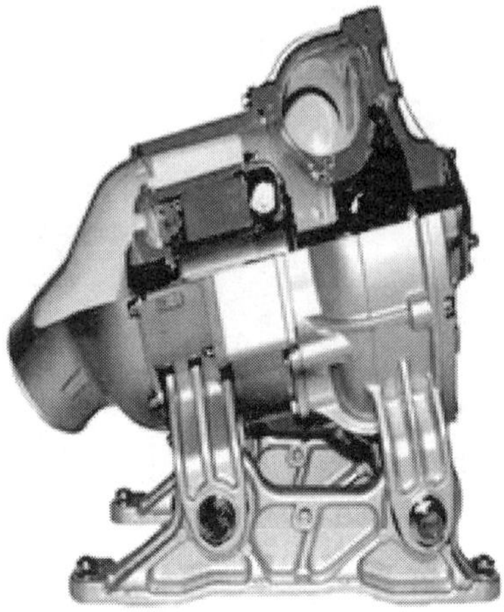

(b) 블로워(한온 시스템)

[그림 Ⅱ-18] 연료전지용 공기 공급 장치 (참조: 제작사 홈페이지)

공기 공급계용 공기 필터는 고성능 필터를 사용한다. 단위 연료전지의 촉매층이나 전해막 두께가 O(10mm)이고, 가스 확산층이나 단위 셀 구성품도 O(100mm)이기 때문에 입자가 큰 미세먼지가 단위전지로 유입되면 전지가 치명적인 손실을 입을 수 있기 때문에 필터는 mm 수준의 미세 먼지까지 차단해야 한다.

공기 공급계에 반드시 포함되어야 하는 또다른 구성품은 공기극 가스의 가습을 위한 가습기이다. 가습기는 연료전지 스택으로부터 전기화학반응에 의해 발생한 수분을 포함하여 배출되는 습공기로부터 수분을 추출하여 압축기/블로워로부터 유입되는 건공기를 가습시켜 주는 장치이다. 장치의 구조상 평판형 가습기와 원통-다관형 가습기로 구분할 수 있다.

차량용 연료전지 시스템에서는 가습 성능이 우수해야 스택의 운전 성능이 개선되기 때문에, 통상 밀집도가 좋은 원통-다관형 가습기를 채택한다. 하지만 다양한 수소 모빌리티에서는 가습 성능에 따라 평판형과 원통 다관형 중 용량에 따라 활용하고 있다.

(a) 평판형 가습기(Fumatech) (b) 원통다관형 가습기(Perma Pure)

[그림 Ⅱ-19] 연료전지용 공기 공급 장치 (참조: 제작사 홈페이지)

◆ 수소 공급 장치

수소 공급장치는 수소 저장 용기로부터 공급되는 고압 수소(통상 2MPa 수준)를 스택의 요구 압력과 유량에 맞추어 공급하는 가스 분사 장치와 수소 연료전지 스택으로부터 배출되는 미량의 수소를 회수하기 위한 장치, 그리고 연료극 출구단으로부터 배출되는 수분을 응축하여 외기로 배출하기 위한 배기수 처리 설비 및 수소 공급 배관을 말한다.

그림 II-19에는 수소 공급계를 포함하는 연료전지 시스템의 계통도를 보여주고 있다. 그림의 예는 고압형 연료전지 스택을 사용하는 시스템으로 수소 저장 용기(수소 탱크)로부터 공급되는 수소를 필터에서 불순물을 제거하고, 인젝터를 통해 스택에서 요구되는 유량으로 공급되도록 설계되어 있다. 인젝터는 2단으로 설계되어 있는데 Injector B는 시동 초기시 수소 양이 적어 외부로 유출이 안되는 경우 사용하는 인젝터이며, 주 인젝터는 Injector A이다.

인젝터를 거친 후 두 개의 분지부(Diverter)에서는 고압 이젝터와 저압 이젝터가 있는데 이 두 개의 이젝터는 스택 연료극 출구단으로부터 배출되는 미량의 수소를 재순환 시키는 장치이다. 이젝터에서는 저장용기로부터 공급되는 수소와 재순환되는 수소를 혼합하여 스택으로 공급해 주고 있으며, 이 때 과압이 생성되는 경우 이를 억제하는 과압 억제 밸브(Over-Pressure Cut-off Valve)가 별도로 설치되어 있다.

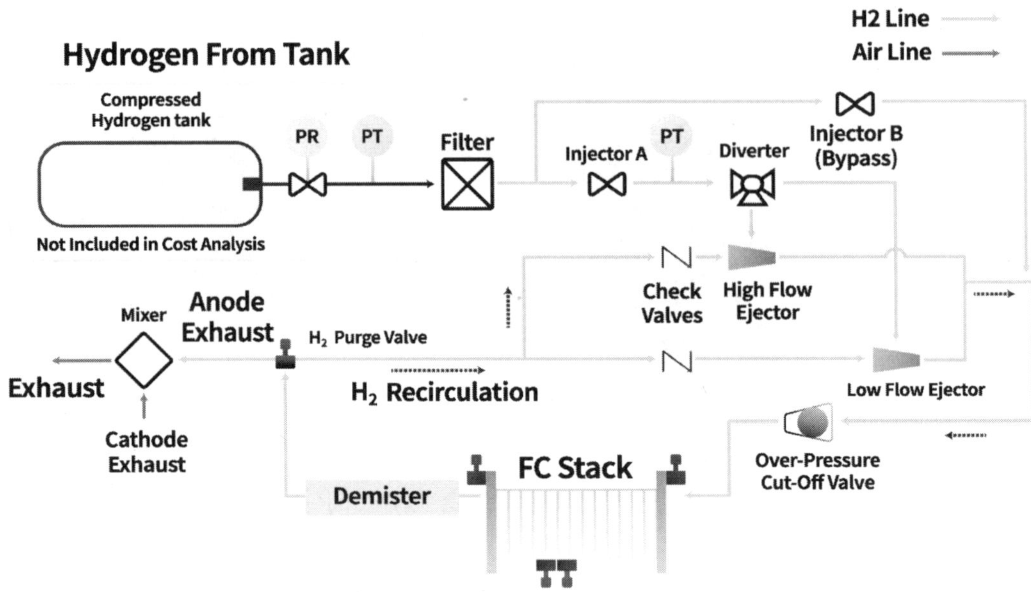

[그림 Ⅱ-20] 고압용 연료전지 시스템 장치 및 공급라인 계통도

스택의 출구단에서 보면, 수분을 제거하기 위한 응축수 처리 장치(Demister)가 있으며, 수소의 순도가 충분히 낮아지는 경우 외기로 배출하기 위한 퍼지 밸브(H2 Purge Valve)도 있다. 더불어, 수소의 순도가 충분히 낮아져서 퍼지하더라도 혹시 발생할 수 있는 안전상의 문제에 대응하기 위해 퍼지 즉시 공기극 배출 가스와 혼합시켜 중화시킨 후 외기로 배출 되도록 되어 있다.

◆ 열관리 장치

차량용 수소 연료전지 스택은 고출력 주행(급가속, 고속 주행, 고부하 주행 등)에 따라 방열이 매우 큰 것으로 알려져 있다. 스택 효율이 일반적인 내연기관 엔진보다 높기 때문에, 반응에 의한 전체 발열량은 엔진보다 낮으나, 냉각수에 의해 제거되어야 하는 발열량의 경우 스택보다 20~30%까지 많은 것으로 알려져 있다.

기존 내연기관에 적용하던 열관리 계통은 통상 라디에이터, 라디에이터 팬, 냉각수 펌프, 그리고 써모스탯(thermostat)으로 구성된다. 이런 구성 만을 생각한다면 기존 내연 기관에 적용되던 열관리 구성품을 그대로 수소 전기차에 적용하는 것도 가능해 보인다.

하지만, 실제 구성품 각각의 성능이 다음과 같이 차이가 나게 된다.

[표 Ⅱ-6] 내연기관과 수소 전기차 냉각 계통 비교

구성품	내연기관	수소 전기차(SUV급)
라디에이터(방열성능)	40~50 kW급	70~100 kW급
냉각수 펌프 (출력)	100~200 W (45 LPM 급)	400 W급 (120 LPM급)
라디에이터 팬 (출력)	200~400 W	1 kW 이상
바이패스 밸브	서모스탯, 50~60 °C 이상 온도에서 작동	3 방 밸브, 상시 작동

또한, 기존 내연기관용 열관리 계통이 엔진 축에 채결하여 운전하는데 비해 수소 전기차용 열관리 계통은 전력을 공급하여 모터를 구동하는 방식을 채택하고 있다. 따라서 기존 엔진 열관리가 수동적 열관리 방식인데 비해 전동 모터를 능동 제어하는 방식으로 스택 온도를 제어할 수 있다.

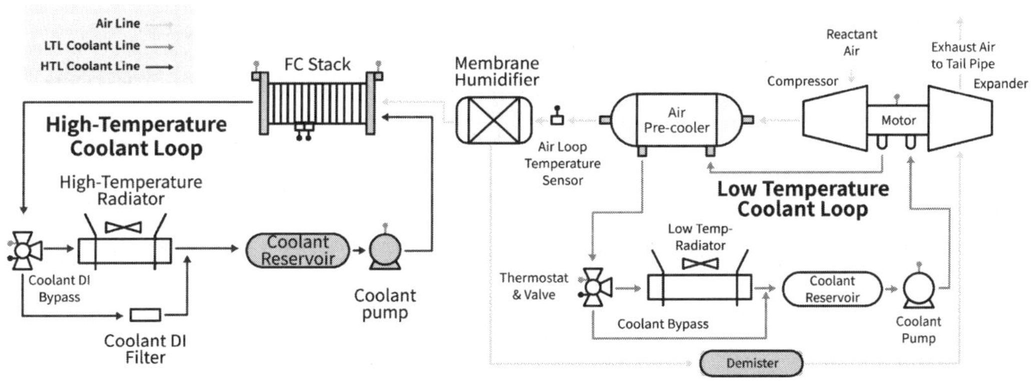

[그림 Ⅱ-21] 수소 연료전지 시스템용 냉각계통 흐름도

냉각 계통은 크게 세가지 역할을 한다. 첫 번째로 냉각수를 이용한 스택 온도 제어, 공기 공급계 온도 제어, 그리고 전장 부품 온도 제어이다. 그림 II-21에는 스택과 공기 공급계 온도 제어 루틴을 보여주고 있다. 스택 냉각 계통의 냉각수 바이패스는 스택 출구단 냉각수를 3방 밸브(3 Way Valve)를 통해 라디에이터 후단으로 보내는 방식으

로 진행되며 바이패스 밸브를 채용함으로써 보다 정밀한 온도 제어가 가능하다. 공기 공급계의 경우도 유사한 밸브(thermostat & valve)를 채용해 온도 제어를 할 수 있다.

③ 수소 저장 장치

연료전지 스택에 공급할 수소를 저장하는 장치로 내연기관차의 연료 공급 장치와 같은 기능을 수행하고 있으며, 수소 저장용 고압용기, 고압 밸브, 배관류로 구성된다. 또한 수소 저장 용기로 고압 수소를 충전 할 때 탱크 내부 온도와 압력, 충전 유량 등을 분석하는 충전 모니터링 시스템으로 구성된다.

가스 저장용 고압 용기는 그림 II-22와 같이 4가지 종류로 구분할 수 있다.

이 중 수소 전기차용 압력 용기는 통상 Type 3와 Type 4를 채택한다. Type 3의 경우 저장 압력이 400 bar 인 경우로 수소 전기차의 현재 연비 수준에서는 1회 충전 후 500km이상 주행하는 항속 거리를 맞추기 위해서는 최소 200 liter 이상의 탱크 용적이 필요하다. 반면 Type 4 용기를 채택하게 되면, 110~120 liter의 용적으로 요구되는 항속 거리의 주행이 가능하다. 더불어 Type 4 용기는 내부 용기와 외부 보강재료 모두 비금속 재질이기 때문에 안전 문제 발생 확률도 매우 낮다. 이러한 이유로 현재 판매되고 있는 수소 전기차는 모두 Type 4 저장 용기를 채택하고 있다.

저장 용기의 가스 주입부는 크게 고압 레귤레이터, 저압 레귤레이터, 안전 밸브 및 센서들로 구성된다. 이 중 고압 레귤레이터는 가스 충전시 압력 조절을 위한 레귤레이터이고, 저압 레귤레이터는 수소 연료전지 스택으로 가스를 공급하기 위한 압력 조절 기능을 갖고 있다. 그리고 외부 충격이나 급격한 온도 상승시 탱크 폭발 방지를 위한 안전 밸브(TPRD, Thermally Activated Pressure Relief Valve) 도 반드시 포함되어야 할 부품이다.

종류	Type 1	Type 2
형태		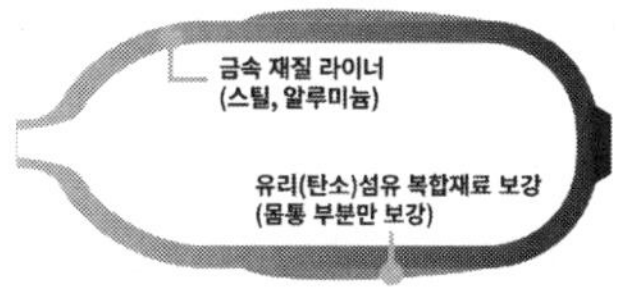
압력(bar)	200	300
구조	용기 전체가 금속재질 라이너로 구성	금속재질 라이너에 유리섬유 복합재료를 보강

종류	Type 3	Type 4
형태	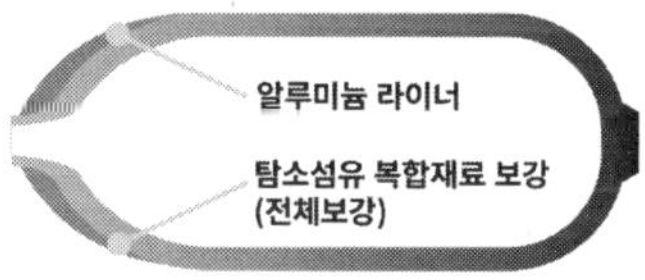	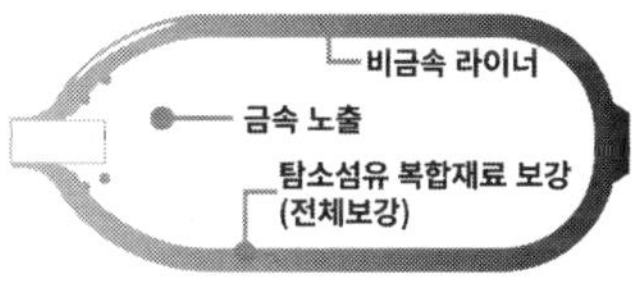
압력(bar)	400	700
구조	알루미늄 라이너 전체에 탄소섬유 복합재료를 보강한 형태	플라스틱과 같은 비금속 라이너에 탄소섬유 복합재료로 용기 전체를 보강한 형태

[그림 Ⅱ-22] 고압 가스 저장용 압력 용기

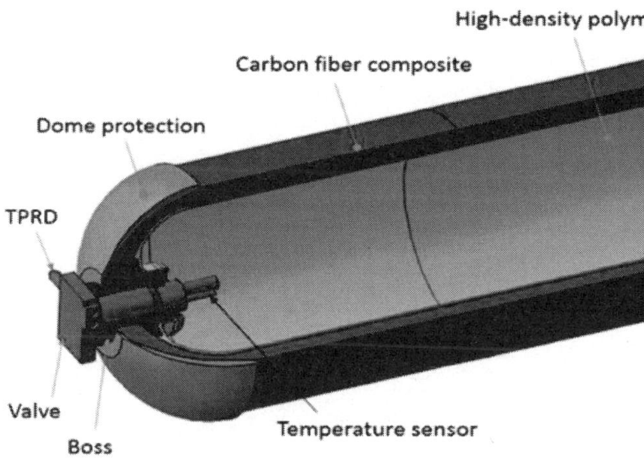

TPRD = Thermally Activated Pressure Relief Device
Credit: Process Modeling Group, Nuclear Engineering Division, Argonne National Laboratory (ANL)

[그림 Ⅱ-23] 수소 저장 용기의 구성품(www.toyota.com)

④ 전장 장치

스택으로부터 발생된 전력을 차량을 주행할 수 있도록 구동모터로 전달해 주기 위한 전력 변환기 와 구동모터를 의미 한다. 수소 전기차용 스택에서 생산되는 전압이 모터 구동에 요구되는 전압보다 낮기 때문에 보통 고전압으로 승압이 필요하다. 더불어, 이차 전지 배터리로부터의 들어오는 전력과 스택으로부터 들어오는 전력의 배분도 필요한데 이러한 두가지 기능을 위한 컨버터가 양방향 고전압 전력 변환 장치(BHDC, Bi-directional High Voltage DC-DC converter)이다.

또한, 차량의 각종 센서 및 부속 기기들에 소요되는 전력, 탑승공간에 소요되는 전력은 낮은 전압으로 작동되기 때문에 배터리와 스택의 고전압을 저전압(12~14V)로 낮추는 저전압 전력변환장치(LDC, Low Voltage DC-DC Converter)도 필요하다. 더불어 구동 모터를 작동시키기 위해서는 직류 전류를 교류로 변환시켜 줘야 하고 이를 위해 인버터(Inverter)도 필요하다.

연습문제

1. 수소 전기차용 수소 연료전지 시스템으로 MCFC나 SOFC를 사용할 수 있을지 타당성을 검토하라.

2. 수소 전기차와 배터리 전기차, 그리고 내연기관의 공통점과 차이점을 비교하시오.

3. 공기 공급계를 구성하는 부품 중 공기 필터의 용도를 설명하고, 필터 성능에 따른 연료전지 시스템의 영향을 설명하라.

4. 연료전지 시스템의 고압 시스템과 저압 시스템에 따라 구성품들은 어떻게 달라져야 하는지 비교 설명하라.

5. 연료전지용 냉각 시스템과 기존 내연 기관용 냉각 시스템을 다양한 성능적 특성의 차이가 있다. 만약 동일 차체를 채택한다면 연료전지 시스템을 탑재함에 따라 엔진룸 내의 냉각 시 일어나는 변화를 설명하라.

6. 대형 트럭에 필요한 전력을 만족시키기 위해서는 보통 배터리 전기차보다 수소 전기차가 더 적합하다고 한다. 이유를 설명하시오.

참고문헌

[1] www.autoconcept-reviews.com

[2] C. Lin, X. Yan, G. Wei, C. Ke, S. Shen, and J. Zhang, 2019, Optimization of configurations and cathode operating parameters on liquid cooled proon exchange membrane fuel cell stacks by orthogonal method, Applied Energy 253 113496

III

수소 연료전지 소재

정남기

1. 수소 연료전지 시스템 구성 요소 및 특징

(1) 단위전지 및 스택

연료전지는 이온을 전달하는 전해질의 종류에 따라 양이온 교환막 연료전지(Proton exchange membrane fuel cell, PEMFC), 음이온 교환막 연료전지(Anion exchange membrane fuel cell, AEMFC), 인산형 연료전지(Phosphoric acid fuel cell, PAFC), 고체 산화물 연료전지(Solid oxide fuel cell, SOFC), 용융탄산염 연료전지(Molten carbonate fue cell, MCFC) 등으로 나뉘며, 이 중 모빌리티용으로는 저온 작동이 가능하고 컴팩트한 구조를 가지며 상대적으로 내구성이 높은 양이온 교환막 연료전지(PEMFC)가 활용되고 있다. 이러한 양이온 교환막 연료전지 시스템을 구성하는 부품 중 전기를 직접 생산하는 역할을 하는 막전극접합체(Membrane electrode assembly, MEA)가 매우 중요하며, 수 백 개의 막전극접합체를 직렬로 연결하여 연료전지 스택을 구성하게 된다. 이 때 1개의 막전극접합체로 구성된 전지를 단위전지라 지칭하며 연료전지 소재에 대한 이해를 돕기 위해 이러한 단위전지 구조를 살펴보고자 한다.

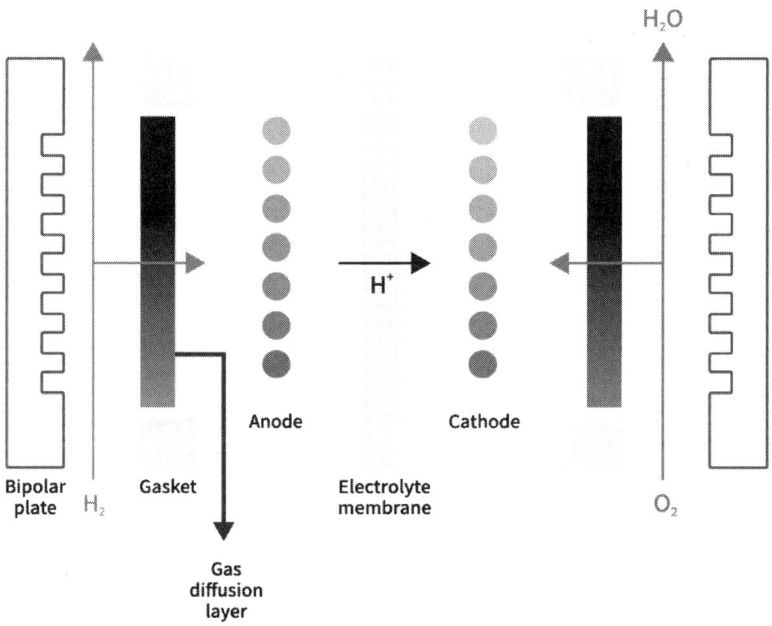

그림 Ⅲ-1. 양이온 교환막 연료전지의 단위전지 구조 모식도

먼저, 막전극접합체는 양이온 교환이 가능한 고분자 전해질 막, 촉매층, 기체확산층(Gas diffusion layer, GDL)이 일체형으로 결합되어 있는 층상형 구조를 가지며, 바이폴라 플레이트(Bipolar plate, BP)가 위치하여 단위전지를 완성하게 된다. 바이폴라 플레이트의 경우, 산화극과 환원극으로 각각 수소 및 산소(공기)가 외부로부터 유입되면서 동시에 미반응 기체와 물이 외부로 배출될 수 있도록 일정 형태의 유로가 형성되어 있어 유로판(Flow field plate)이라고도 불리며, 바이폴라 플레이트가 막전극접합체를 고정 압착시키면서 전류 집전체(current collector)로서의 역할을 하게 된다.

양이온 교환막 연료전지 스택은 이러한 단위전지를 바이폴라 플레이트(스택의 끝단에 삽입되는 전류 집전체는 End plate라고 지칭함)의 삽입을 통해 수십에서 수백 장 적층 시킨 구조를 말하며, 이렇게 직렬 연결된 연료전지 스택은 적층된 단위전지의 개수가 많아질수록 작동 전압과 출력이 높아지게 된다. 따라서 원하는 출력 범위(응용분야)에 맞춰 연료전지 스택을 제조할 수 있다는 장점을 가지고 있다.

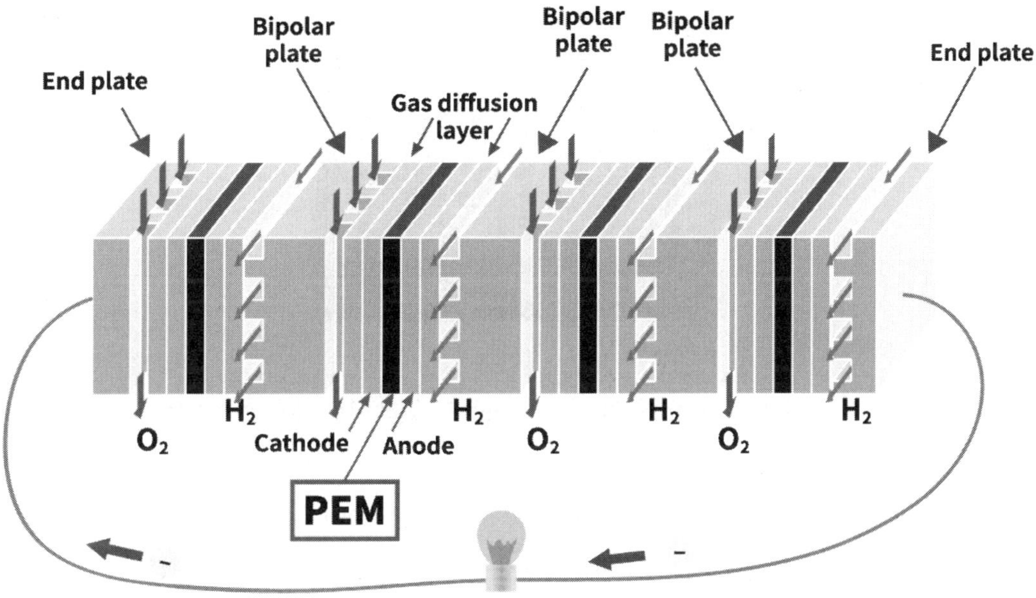

[그림 Ⅲ-2] 양이온 교환막 연료전지 스택 구조

(2) 막전극접합체의 구성 요소 및 제조 방법

앞서 언급한 바와 같이, 막전극접합체는 양이온 교환 및 전달이 가능한 고분자 전해질막, 촉매 나노입자 및 담지체로 구성된 촉매층, 촉매층을 지지하고 반응기체를 공급할 수 있는 기체확산층으로 구성되어 있다. 또한 막전극접합체 외부로 반응 기체가 새어나가지 않도록 가스켓(Gasket)을 사용하게 된다.

(a) (b) (c)

[그림 Ⅲ-3] (a) 막전극접합체, (b) 바이폴라 플레이트, (c) 가스켓의 사진

산화극(Anode) 및 환원극(Cathode)으로 사용되는 촉매층은 고분자 전해질막 양쪽에 샌드위치 구조로 코팅되며 원활한 반응기체 공급 및 용이한 부산물(H2O, 물) 배출을 위해 다공성 구조를 가져야 한다. 이렇게 제조된 촉매층을 지지하는 기체확산층을 추가로 올려 막전극접합체를 완성하며, 가스켓 및 바이폴라 플레이트와 함께 체결하면 단위전지를 완성하게 된다.

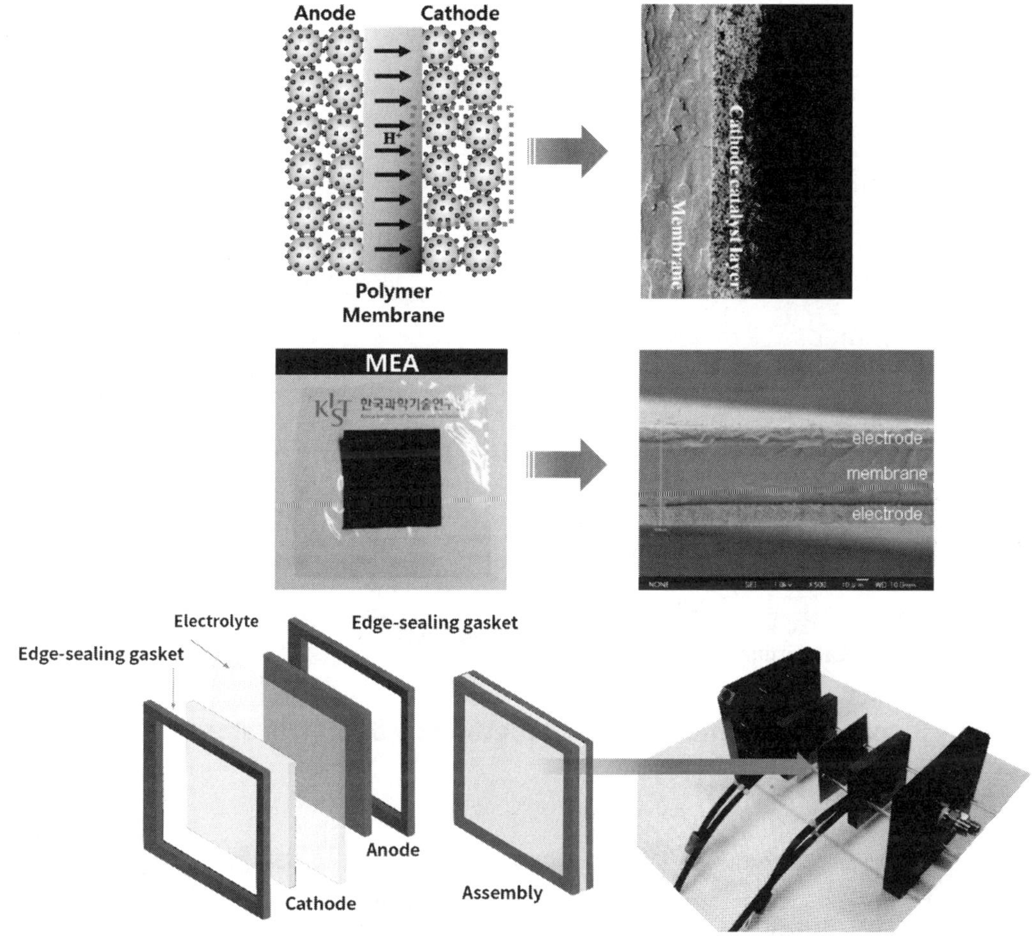

[그림 Ⅲ-4] 막전극접합체 미세구조 및 단위전지 체결 구조

양이온 교환막 연료전지의 막전극접합체를 제작하는 방법은 매우 다양하지만 크게 3가지 유형으로 구분될 수 있다. 먼저, 기체 확산층 위에 촉매 잉크를 브러싱(Brushing) 또는 스프레잉(Spraying)하여 catalyst-coated on electrode(CCE)를 제작한 다음 두 전극사이에 고분자 전해질막을 위치시킨 후 핫프레싱(Hot Pressing) 하는 방법이 있다. 이때 기체확산층은 swelling이 강한 고분자 전해질막에 비해 다루기 쉽기 때문에 촉매층 코팅이 매우 용이하다는 장점을 가지고 있으나 고분자 전해질막과 접합시키기 위해 추가적인 핫프레싱 공정이 필요하기 때문에 촉매층 내 미세 기공 구조를 제어하기가 까다롭다. 두 번째 방법은 decal transfer 법으로, decal 기판 위에 촉매층을 코팅하고 핫프레싱 공정을 통해 촉매층이 고분자 전해질막에 decal transfer 되어 catalyst-coated on membrane(CCM)을 만들게 된다. 이때 기체확산층은 핫프레싱 공정 없이 CCM 위에 올려져 막전극접합체를 완성하게 된다. decal transfer 법에 의해 만들어진 막전극접합체는 첫 번째 방법과 마찬가지로 핫프레싱 공정이 요구되기 때문에 촉매층의 미세 기공 구조 제어가 어렵다는 단점을 가지고 있지만 decal 기판을 사용하게 되면 roll-to-roll 공정이 가능하므로 막전극접합체의 대량 생산에 매우 유리한 장점을 가지고 있다.

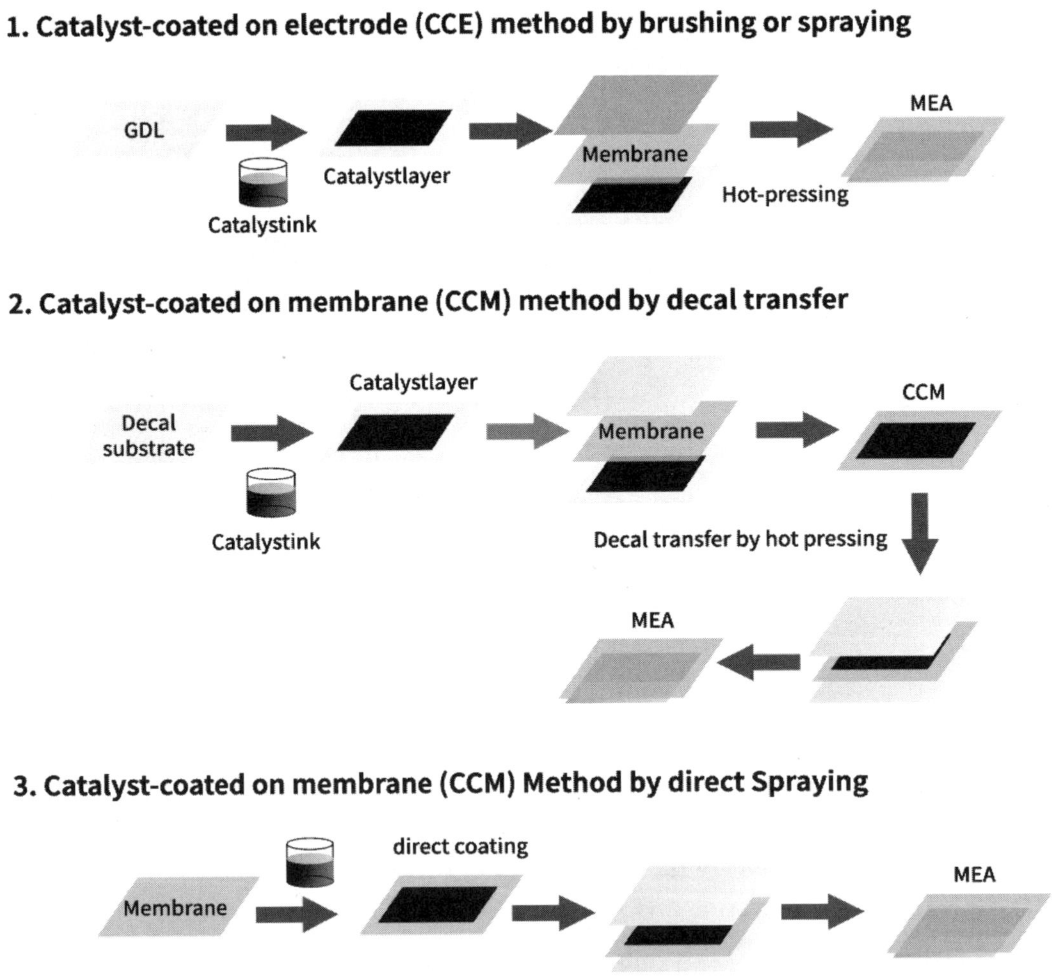

[그림 Ⅲ-5] 양이온 교환막 연료전지 막전극접합체 제조 방법

마지막으로 고분자 전해질 막 위에 촉매 잉크를 직접 스프레잉하여 CCM을 만든 후 기체 확산층을 핫프레싱 없이 올려 막전극접합체를 제작하는 방법이 있다. 이 방법은 핫프레싱 공정이 없기 때문에 촉매층의 미세 기공 구조를 쉽게 제어할 수 있어 높은 연료전지 성능을 확보할 수 있으나 고분자 전해질막의 적절한 건조/고정 기술과 개별 스프레잉 공정이 요구되므로 대량 생산에는 적합하지 않다.

2. 수소 연료전지 소재

(1) 고분자 전해질막

양이온 교환막 연료전지의 전해질로서 수소 양이온(H^+)을 전달하는 고분자 이온교환막을 사용하며, 고분자 전해질막은 연료전지 구동 시, 산화극과 환원극 사이에서 수소 양이온의 전달체 역할을 하는 동시에 수소와 산소 기체의 혼합을 방지하는 분리막 역할을 수행한다. 따라서 고분자 전해질막은 수소 이온 전도도는 높으며 기체 투과도는 낮은 특성을 가져야 한다. 또한, 산화극에서 생성된 전자가 외부 도선을 통해서만 환원극으로 넘어갈 수 있도록 해야 하므로 전기 전도도는 낮아야 하고, 장시간 구동 시 기계적, 화학적으로 안정한 구조를 가져야 한다.

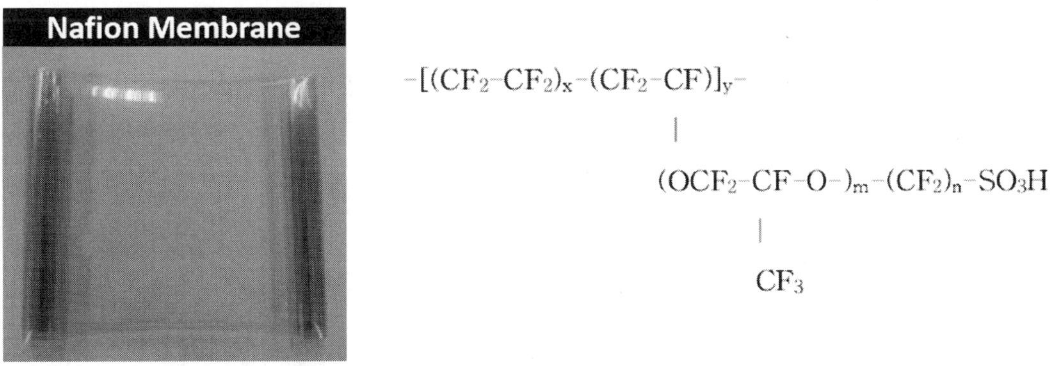

[그림 Ⅲ-6] 나피온 고분자 전해질막 사진 및 화학구조

현재, 상용화된 고분자 전해질막으로는 나피온(Nafion)이 가장 많이 사용되고 있는데, 나피온 막은 두께 25~175㎛의 얇은 막으로서 약 1M의 황산용액과 같은 이온전도도를 갖는 산성 수용액 역할을 한다. 이러한 나피온 고분자 전해질막은 수소 이온 전도도가 높고, 밀도가 낮으며, 화학적 안정성 및 기계적 강도가 우수하다는 장점을 가지고 있다. 또한 물에 녹지 않지만 고분자에 대한 물의 함침도는 매우 커서 이상적인 양이온 교환막 전해질로서의 조건을 갖추었으며 약 50,000시간 정도의 내구성을 지니고 있다고 알려져 있다.

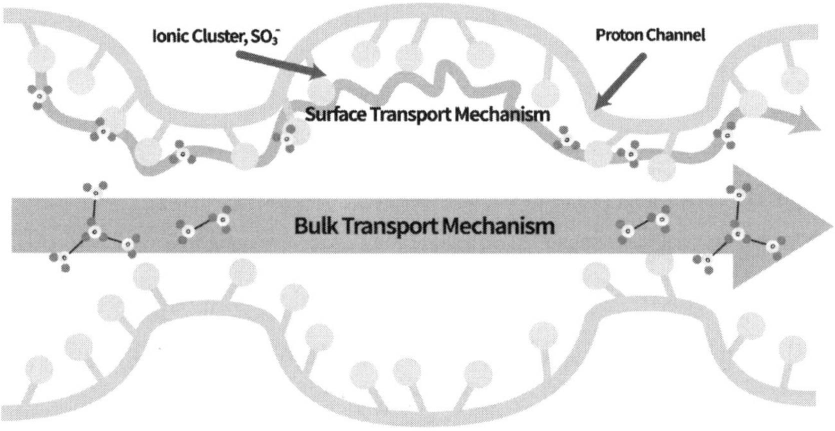

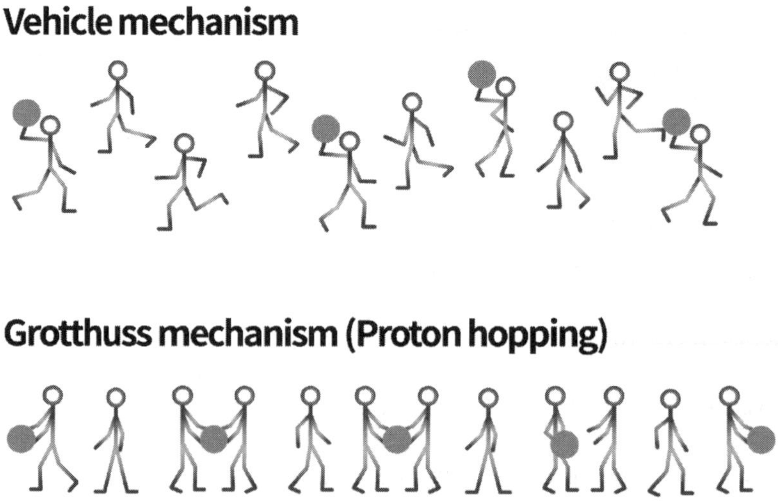

[그림 Ⅲ-7] 고분자 전해질막을 통한 수소 이온 전달 메커니즘

나피온과 같은 고분자 전해질막을 통한 수소 이온 전달 메커니즘은 고분자막 내 수분의 함량에 따라 크게 2가지가 가능하다. 첫 번째는 고분자 내 수분의 함량이 높을 경우, 고분자 내 형성된 친수성 기공을 통해 수소 양이온이 수화된 H_3O^+ 형태로 빠르게 이동하게 되는 Vehicle 메커니즘이다. 이 때 수소 이온은 물분자(Vehicle)와 결합하여 마치 자동차를 탄 것처럼 터널을 신속히 이동할 수 있다는 의미에서 붙여진 이름이라고 할 수 있다. 두 번째는 수분의 함침량이 적을 경우로, 수소 이온이 친수성 기공 내부의 표면에 존재하는 SO^{3-} 기능기와의 상호작용을 통해 천천히 이동된다고 설명하는 Grotthus 메커니즘이다. 이는 SO^{3-} 기능기의 도움을 받아 수소 이온이 수소 결합(hydrogen bond)을 통해 기공의 표면으로 이동한다고 하여 Hopping 메커니즘이라고도 불리며 Vehicle 메커니즘에 비해 상대적으로 느린 이온 전달 속도를 나타낸다.

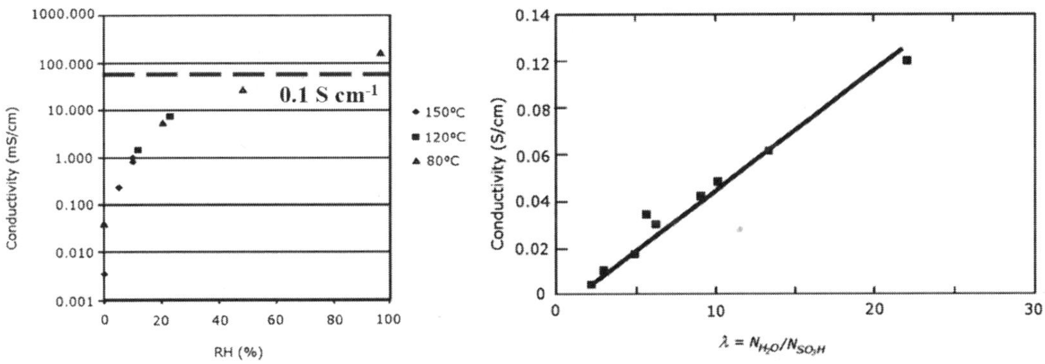

[그림 Ⅲ-8] 고분자 전해질막의 수분 함량에 따른 이온전도도 변화

나피온의 경우, 고분자 무게의 20 % 정도가 수화되면 고분자의 SO^{3-} 기능기가 모여 친수성 채널을 형성하면서 물을 함유하게 되고, 이 채널을 통해 수소 이온에 대한 높은 전도성을 나타낸다. 이때 수소 이온은 수화된 H_3O^+ 형태로 막을 통과하게 되는데, 고분자 전해질막이 수분을 잃고 건조해지면 수소 이온 전도도가 급격히 떨어지게 되고 막의 수축을 유발하여 막과 전극 사이의 접촉 저항을 증가시키기도 한다. 따라서 수소 이온 전도도는 고분자 내 함침되 수분의 함량에 따라 변화하게 되며, 함침하고 있는 수분의 양이 많아질수록 수소 이온 전도도는 향상되고 상대 습도 100% 일 때,

약 0.1S cm^{-1} 정도의 이온 전도도를 가져 연료전지 구동에 효과적으로 활용될 수 있다. 그러나 반대로, 함침된 물이 너무 많으면 전극에 물이 넘쳐 전극층 기공을 막아버리는 flooding 현상이 일어나 반응기체의 물질전달을 방해하여 전극 반응속도를 저하시키는 원인이 되기도 한다.

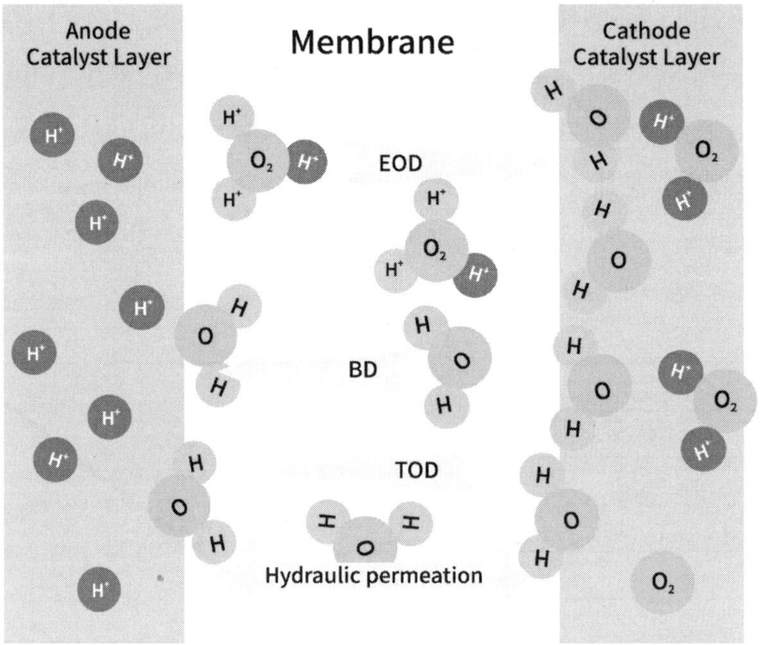

[그림 Ⅲ-9] 고분자 전해질막 내에서의 물 이동 메커니즘

한편, 전지 내에서의 수분함량은 수분의 이동에 의해 결정되는데 수분의 이동은 전류의 함수일 뿐만 아니라 고분자막 및 전극특성과도 관계가 있다. 또한 수분의 이동은 전지를 통한 electro-osmotic drag(EOD), 환원극으로 부터의 back diffusion(BD), 고분자막 및 전극에 존재하는 수분의 확산에 의해 영향을 받는다. 양이온 교환막 연료전지에 쓰이는 반응기체는 막의 탈수를 방지하기 위해 물로 포화(가습)시켜야 한다. 이러한 물을 공급하는 방법에는 외부 가습법과 내부 가습법이 있는데, 외부 가습법은 반응기체를 물이 들어 있는 bubbler 속을 통과시킨 뒤 전지내로 유입시키는 방법으로 이것은 반응기체의 유량에 따라 가습정도가 크게 영향을 받을 뿐만 아니라 유량이 너무 크면 작은 물방울 형태로 물이 운반되어 수분조절이 어려운 단점이 있다. 이외에도

물 투과성 막으로 된 가는 관을 이용하는 방법, 미세하게 분산된 물입자를 반응기체에 직접 공급하는 방법 등이 있다. 이에 비해 내부 가습법에는 물을 함유한 다공성 고분자막을 통해 반응기체를 통과시킴으로써 물을 공급하는 방법, 전해질 막을 직접 가습시키는 방법, 다공성 분리판을 이용하는 방법 등이 있는데, 수분의 공급량을 일정하게 유지시킬 수 있으나 연료전지 스택의 크기가 커지는 단점이 있다. 한편, 환원극에서는 산소 환원 반응으로 인해 생성된 과량의 물이 제거되어야 하는 반면, 산화극에서는 물이 증발되어 고분자막이 건조해지 때문에 물을 효과적으로 공급함으로써 고분자 막의 수분 함량을 충분히 유지하는 것이 매우 중요하다고 할 수 있다.

(2) 전극(촉매층)

양이온 교환막 연료전지의 전극은 촉매층과 이를 지지해 주는 기체확산층(GDL)로 구성되어 있다. 촉매층은 촉매 입자(백금 나노 입자), 촉매 지지체(탄소 나노 입자), 나피온 이오노머(Nafion ionomer)로 구성되어 있으며, 고분자 전해질 막 위에 도포되며 반응기체 및 부산물인 물의 이동이 용이하도록 다공성이 높은 구조를 가져야만 한다.

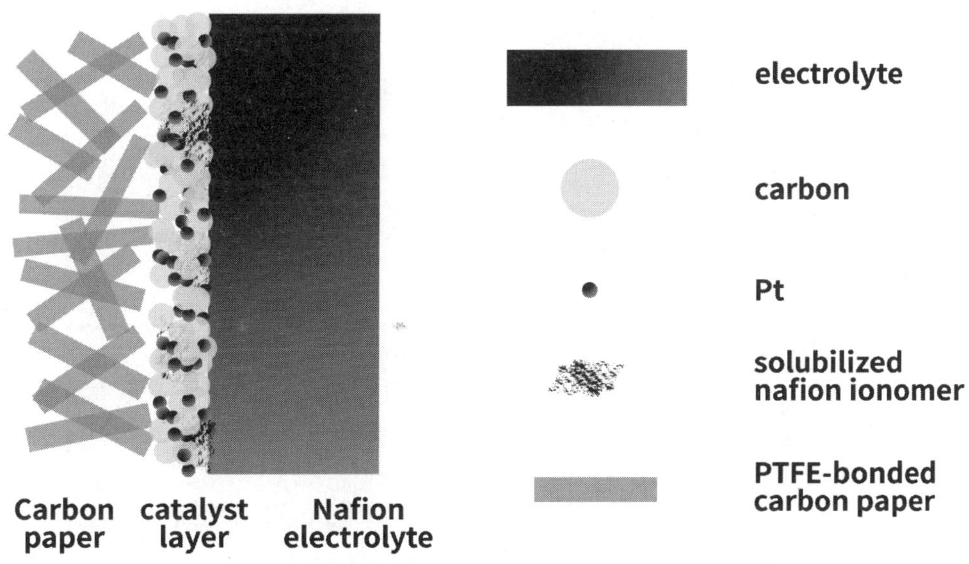

[그림 Ⅲ-10] 연료전지 촉매층 구조 및 구성 소재

기체확산층으로는 다공성 탄소지(carbon paper)나 탄소천(carbon cloth)이 널리 쓰인다. 기체확산층은 촉매층을 지지해 주는 역할 외에도 반응기체를 촉매층으로 확산시켜주는 기체 확산 역할, 촉매층에서 발생한 전류를 바이폴라 플레이트로 이동시켜 주는 전류 집전체(current collector) 역할, 생성된 물이 촉매층 밖으로 유출되게 하는 통로 역할도 수행한다. 따라서 기체확산층은 수분에 의한 flooding이 안 일어나도록 polytetrafluoroethylene(PTFE; Teflon) 등으로 발수처리(Hydrophobic coating)하여야 하고 반응기체가 잘 통과하도록 50~90%의 기공률을 가져야 한다. 또한 그 위에 입혀진 촉매층이 전해질 막과 잘 접촉되어 접촉저항이 최소화되도록 평탄하여야 하며 발생한 전류를 잘 집전하도록 전기전도도가 높아야 한다. 상용화 된 기체확산층으로는 Toray에서 제조하는 carbon paper 또는 carbon cloth 등이 있으며, 예를 들면 두께 0.17mm, 밀도 0.49g/cm^3, 기공율 73%, 비저항 0.07Ωcm 등의 물리적 성질을 가지고 있다.

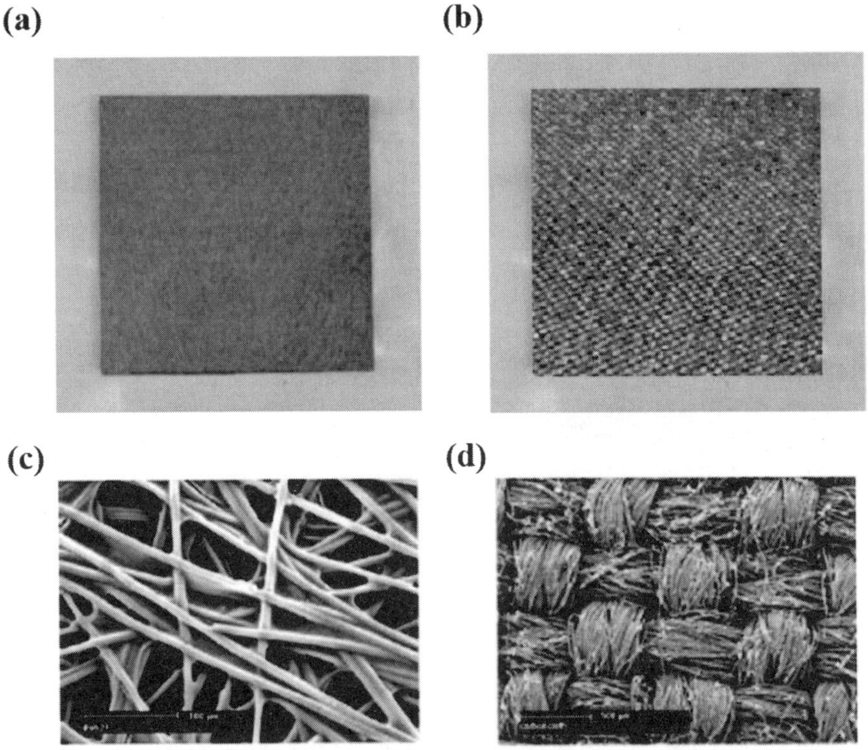

[그림 Ⅲ-11] (a) 탄소 종이(carbon paper) 및 (b) 탄소천(carbon cloth)의 사진. (c) 탄소 종이 및 (d) 탄소천의 주사전자현미경(SEM) 이미지

촉매층은 전기화학적 반응 활성 사이트인 촉매와 그를 담지하고 있는 탄소 담지체, 그리고 나피온 이오노머로 구성된다. 일반적으로 탄소 담지 백금 촉매(carbon-supported Pt, Pt/C)를 사용하고 있으며, 촉매 활성 면적을 최대화하기 위해 백금 나노 입자는 2-5nm의 크기를 가지며, 탄소 담지체는 20-100nm 정도의 크기를 갖는다. 이와 더불어 촉매층 내에서 수소 이온을 전달할 수 있는 이온 이동 경로를 확보하기 위해 나피온 이오노머를 고르게 분산시켜 다공성 구조를 가짐과 동시에 최대한의 백금 촉매를 활용할 수 있는 치밀한 네트워킹을 가져야만 한다.

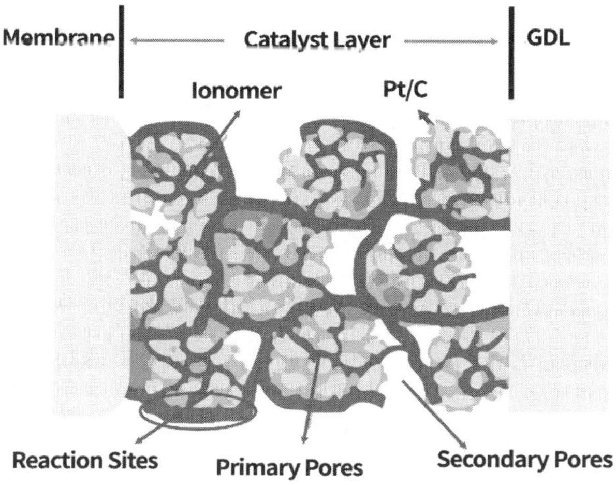

[그림 Ⅲ-13] 촉매층의 미세 구조 및 주사전자현미경(SEM) 이미지

특히 촉매, 반응 기체, 나피온 이오노머가 만나는 접점, 즉 삼상계면(Triple phase boundary, TBP)이 전기화학 반응이 일어나는 활성 사이트가 되는데, 이를 최대한 많이 확보하여 백금 나노 입자의 활용도를 극대화하기 위한 노력이 필요하다. 실제로, 탄소 담지 백금 촉매(Pt/C)는 매우 작은 나노 입자를 안정적으로 지지하면서 동시에 촉매층 내 기공률을 확보하는데 매우 좋은 구조를 가지고 있으나 나피온 이오노머와 접하고 있는 삼상계면을 형성하는데 한계점을 가지고 있기도 하다. 예를 들면, 상대적으로 큰 부피와 크기를 갖는 나피온 이오노머는 촉매층 내에서 모든 백금 나노 입자와 만날 수 없는 구조를 가질 수밖에 없으며 삼상계면을 형성하지 못한 백금 나노 입자는 촉매로서의 역할을 할 수 없게 된다. 따라서 원활한 기체 확산을 위해 기공률을 최대

한 확보하면서 동시에 나피온 이오노머와의 고른 분산도를 유지하는 것이 반드시 필요하게 된다.

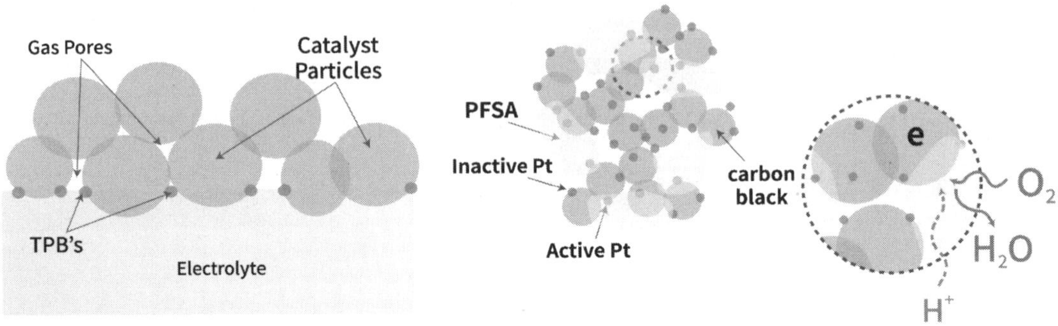

[그림 Ⅲ-14] 촉매층 내 삼상계면과 백금 나노 입자의 활용도

이러한 최적의 삼상계면을 형성하기 위해서는, 고분자 전해질막으로부터 촉매 표면까지 수소 이온을 전달하는 역할을 하는 이오노머의 분산도 및 두께를 적절히 제어하는 기술이 매우 중요하다. 먼저, 이오노머의 분산도는 촉매 잉크 제조 시 사용되는 용매의 특성에 따라 달라진다고 알려져 있으며, 소량의 물(H_2O)과 함께 isopropyl alcohol(IPA), N-butyl acetate(NBA), N-methyl-2-pyrrolidone(NMP) 등의 유기용매를 사용하고 있다. 또한, 촉매 표면에 코팅된 이오노머의 두께는 반응 기체의 물질전달에 큰 영향을 미치므로 촉매 잉크 내에서의 이오노머 최적 투입량을 찾기 위한 연구가 많이 진행되어 왔다. 예를 들어, 양이온 교환막 연료전지의 경우, 최적의 성능 및 내구성을 갖는 막전극접합체를 제작을 위해 이오노머(I)와 탄소지지체(C) 간 비율(I/C ratio)의 조절을 시도하였으며, 탄소지지체의 종류 및 특성에 따라 달라질 수 있으나 약 0.6~0.8의 I/C ratio에서 전극층 구조가 최적화될 수 있다고 보고되고 있다. 그럼에도 불구하고, 고분자가 갖는 특성 상 투과전자현미경(Transmission electron microscopy, TEM)으로 그 분포와 두께를 정확히 관찰하는 것이 어려워 실제 이오노머의 코팅 구조가 어떻게 되어 있는지 잘 알려져 있지 않았으나 최근, 이오노머의 SO^{3-} 기능기에 결합하고 있는 H^+ 이온을 Cs+ 이온으로 치환시켜 이오노머의 분산도와 두께를 투과전자현미경을 통해 직접 관찰하고 이를 바탕으로 컴퓨터 시뮬레이션을 통

해 정량적인 수치를 얻는데 성공한 연구결과가 보고되었다.

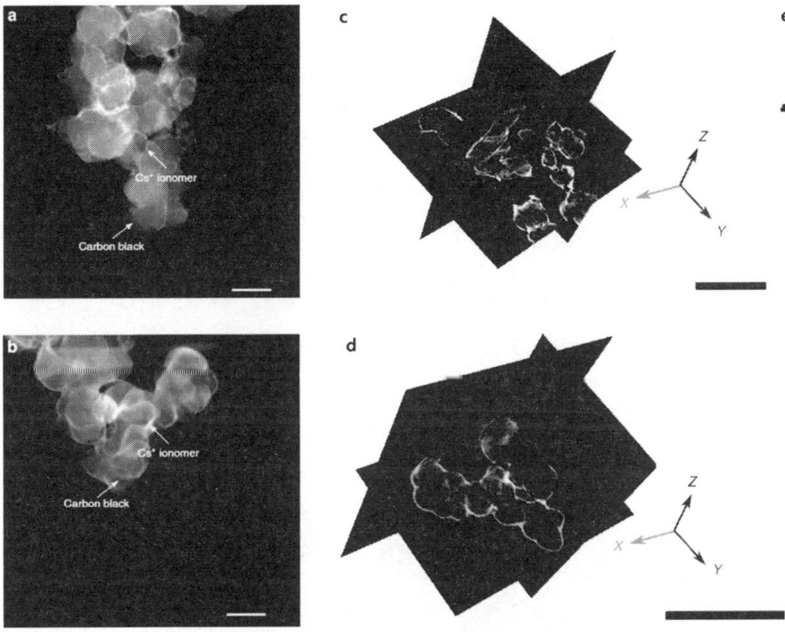

[그림 Ⅲ-15] Pt/C 촉매 표면에 분포하는 나피온 이오노머의 구조를 관찰하기 위한 분석법. (a) high angle annular dark-field scanning transmission electron microscope (HAADF-STEM)을 이용한 2D 이미지, (b) HAADF-STEM의 electron tomography imaging을 활용한 3D 이미지, (c) 3D STEM 이미지를 활용하여 얻은 컴퓨터 시뮬레이션 이미지

한편, 높은 전기화학적 반응활성을 갖는 전극을 얻기 위해서는 Pt/C의 전기적 연속성(전기 전도도, electron conductivity), 전극기공 내로의 산소의 원활한 이동(물질 이동, mass transfer), 그리고 수소 이온의 Pt 촉매로의 원활한 이동(수소 이온 전도도, proton conductivity) 등을 만족시키는 전극 제조법을 선택하여야 한다. 이때 촉매층의 두께는 되도록 얇고 균일해야 접촉저항 및 물질전달 저항을 최소화할 수 있으며, 특히, 기체인 산소, 이온인 H^+, 금속촉매의 전자 등의 세 물질이 만나는 삼상계면을 극대화해야 한다. Pt 촉매의 함량의 경우 양이온 교환막 연료전지 전극 개발 초기에는 탄소 지지체가 없는 Pt black 촉매를 사용하여 전극 단위면적당 촉매함량이 $4mg_{Pt}\ cm^{-2}$로 비교적 높았으나, 최근에는 전극에 나피온 이오노머를 첨가하고 탄소 지지체를

갖는 Pt/C 촉매를 사용함으로써 백금 촉매의 함량을 약 0.2mg_{Pt} cm^{-2} 이하로 낮추면서도 향상된 성능을 보이는 효율적인 전극제조 방법이 개발되고 있다.

(2) 촉매

저온에서 구동되는 양이온 교환막 연료전지에는 수소의 산화 및 산소의 환원반응에 적합한 Pt(백금) 촉매가 주로 사용되고 있다. 특히, Pt 촉매의 활성 표면적을 크게 늘리기 위하여 2~5nm 크기의 Pt 입자를 Vulcan XC-72(Cabot)와 같이 넓은 비표면적을 갖는 탄소지지체 표면에 올린 Pt/C 촉매의 형태로 사용되고 있다. 이때, 탄소지지체는 표면 에너지가 높은 Pt 나노입자를 안정적으로 지지함과 동시에 전자 전달에 유리한 구조를 갖는 탄소 나노 입자를 주로 사용하게 된다.

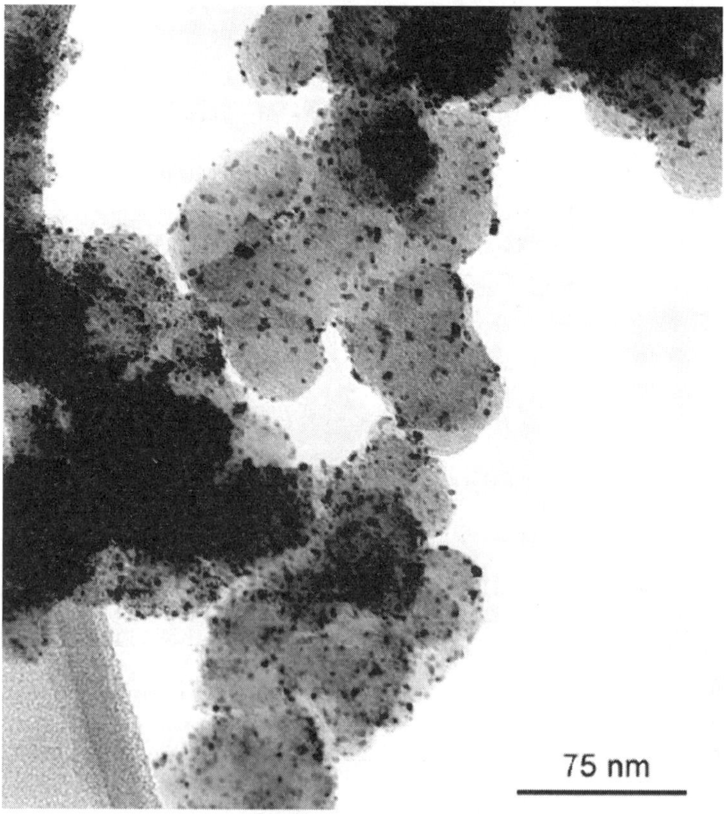

[그림 Ⅲ-16] Pt/C 촉매의 투과전자현미경(TEM) 이미지

한편, 연료전지 산화극에서의 수소 산화 반응(HOR)의 경우, 환원극에서의 산소 환원 반응(ORR)보다 반응 속도가 훨씬 빠르기 때문에 산화극의 촉매 로딩양을 환원극보다 적게 사용할 수 있다. 또한, 일반적으로 Pt를 단일 촉매로 사용하기도 하지만, 10 ppm 이상의 CO를 함유하고 있는 개질수소를 연료로 사용하는 경우에는 CO에 의한 Pt의 피독 현상을 방지하기 위하여 산화극 촉매로 PtRu, PtSn, PtPd와 같은 합금촉매를 사용하거나, Pb, Ru, Bi, Sn, Mo와 같은 금속물질을 Pt 상에 전기 증착시켜 사용하기도 한다.

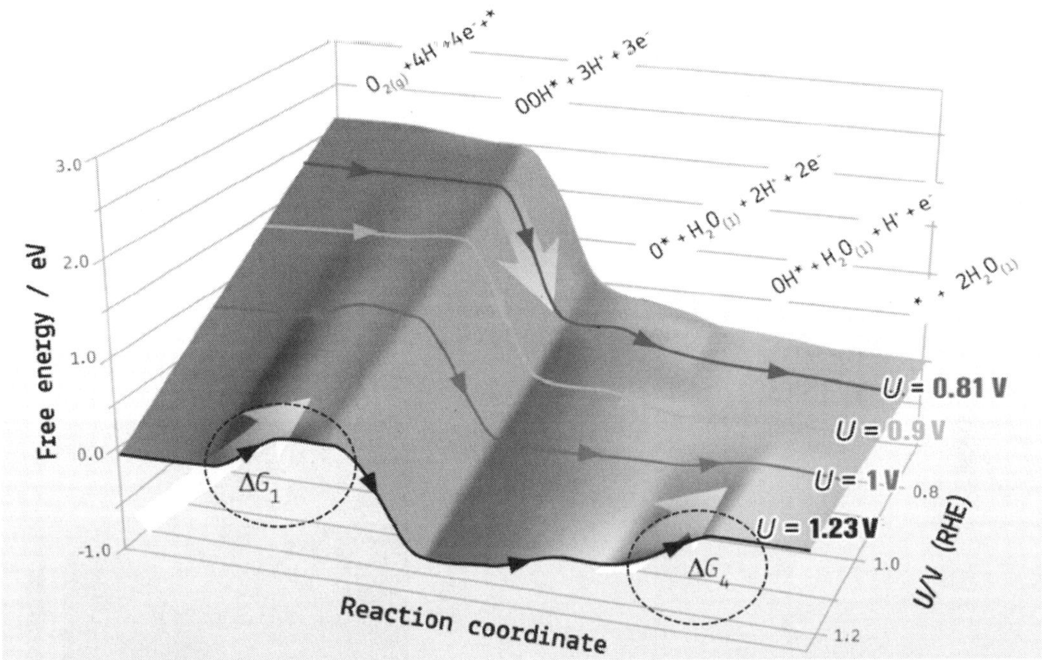

[그림 Ⅲ-17] 산소 환원 반응 메커니즘 및 free energy 변화

산소 환원 반응의 경우, 산소 분자의 흡착으로부터 시작 되어 복잡한 여러 단계의 중간 생성물을 거쳐 최종적으로 물을 만들어 내게 되는데 이때 촉매의 산소와의 결합 에너지(Binding energy)가 매우 중요한 인자라고 알려져 있다. 이러한 다양한 중간 생성물은 모두 산소종(Oxygen species)으로 되어 있기 때문에, 산소종의 흡탈착 현상에 의해 산소 환원 반응이 완성되게 된다. 특히, 완벽한 4 전자 반응을 위해서는 이

모든 흡탈착 현상과 전자 및 전하 전달이 원활하게 이뤄져야 한다. 그러나 촉매의 산소와의 결합에너지가 너무 강하면 첫 번째 흡착 반응은 쉽게 이루어지는 반면, 마지막 단계에서 탈착 반응이 어렵게 되고, 반대로 촉매의 산소 결합에너지가 너무 약하면 첫 번째 흡착이 제대로 이뤄지지 않아 반응 시작 자체가 힘들어진다. 따라서 촉매와 산소종 사이의 결합 에너지를 적절하게 제어하는 기술이 필요하며 특히 산소 환원 반응 활성이 가장 높다고 알려져 있는 Pt 촉매의 전자 구조를 변화시키는 연구가 활발하게 진행되고 있다.

앞서 언급한 바와 같이, 산소 환원 반응에서 단일 촉매로서는 Pt가 가장 뛰어난 성능을 보인다. 이는 Pt의 전자 구조가 산소 분자의 흡탈착에 매우 유리한 구조를 가지고 있다는 뜻이며, 적절한 산소와의 결합에너지를 가지고 있음을 보여준다. 은(Ag), 금(Au)와 같이 Pt를 기준으로 산소 결합에너지가 너무 작은 촉매들은 산소 흡착이 어려우며, 반대로 구리(Cu), 코발트(Co), 철(Fe)과 같이 산소 결합에너지가 매우 큰 촉매들은 산소종의 흡착이 매우 강하고 탈착이 어려워 촉매 반응보다는 오히려 표면 산화가 더 쉽게 일어나게 된다.

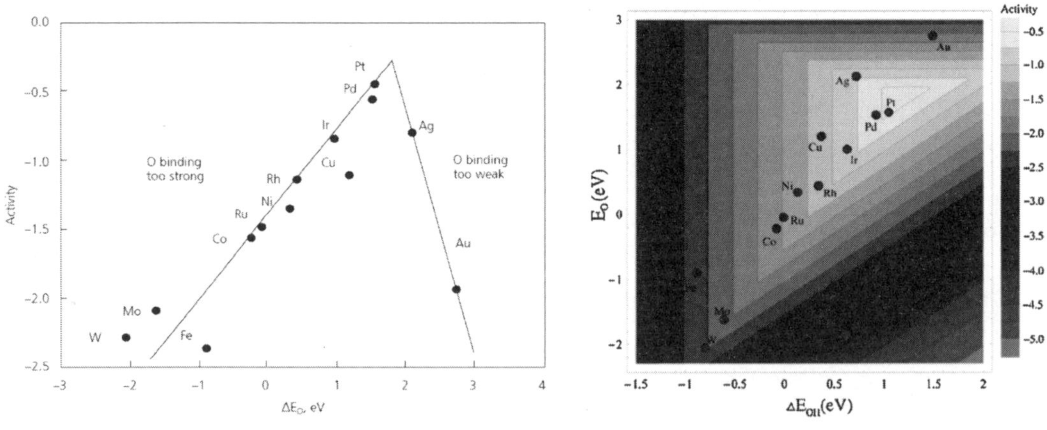

[그림 Ⅲ-18] 산소 결합 에너지에 따른 촉매의 산소 환원 반응 활성도

그러나 연료전지 환원극에서의 산소 환원 반응은 단일 Pt 촉매를 사용하더라도 수소 산화 반응에 비해 매우 느린 반응 속도를 보이며 이는 흡탈착과 관련된 Pt와 산소

분자의 전자 구조로부터 기인한다. 산소 분자가 Pt 촉매 표면에 흡착 될 때, 산소 분자의 σ 오비탈이 백금의 d 오비탈(d band)과 상호 작용을 하게 되는데, 이때 Pt의 산소 결합에너지가 너무 강해 흡착된 산소 분자가 최종 생성물인 물이 되어 최종적으로 탈착되기가 어렵다. 이는 산소 분자의 흡착 시, anti-bonding state에 채워지는 전자 수가 너무 적기 때문인데 이러한 산소 환원 반응의 속도를 높이기 위해서는 Pt의 d band에 들어 있는 전자의 개수를 늘려 anti-bonding state에 채워지는 전자 수를 증가시키는 것이 필요하다.

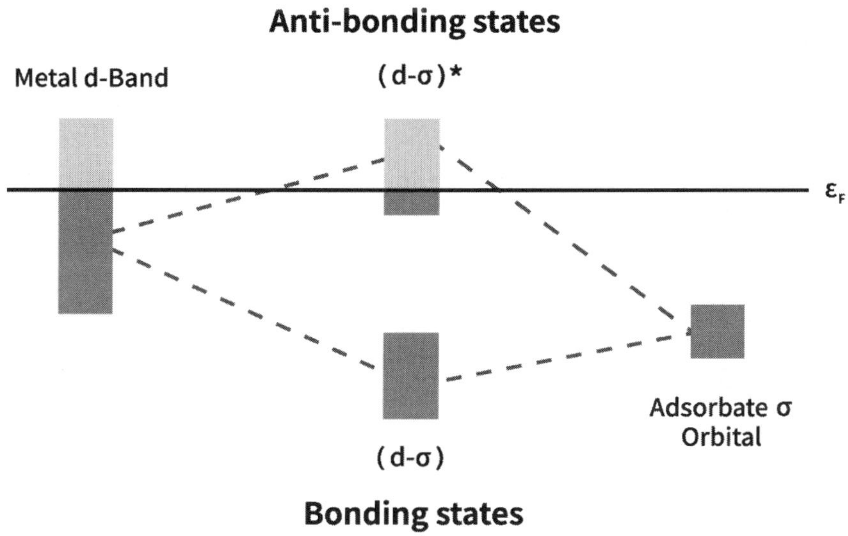

[그림 Ⅲ-19] Pt와 산소 분자의 전자 구조 및 산소 흡착 시 전자구조의 변화에 대한 모식도

이를 개선하기 위해서는 Pt에 비해 상대적으로 전자 친화도가 낮고 원자 크기가 작은 Ni, Co, Fe 등의 3d 전이금속을 합금시켜 이로부터 추가 전자를 받거나 구조적으로 Pt의 lattice constant를 감소시켜 Pt의 d band의 width를 증가시키는 것이 필요하다. 따라서 산소 환원 반응 촉매로서 PtNi, PtCo, PtFe 등의 전이금속 합금 나노 입자를 촉매를 제조하게 되면, 실제로 활성점으로 작용하는 백금의 d band center가 순수한 백금에 비해 더 낮은 쪽으로 이동(d band downshift) 하는 것을 통해 전자 구조가 변형되고 산소 환원 반응 활성이 그에 따라 변화하는 것을 발견하였다. 그러나 이러한 백금의 d band 구조 역시 적절한 수준의 변화만이 필요하며 순수 Pt 대비 약 0.2 eV

정도의 d band downshift가 가장 적절한 수준이라고 보고되고 있다.

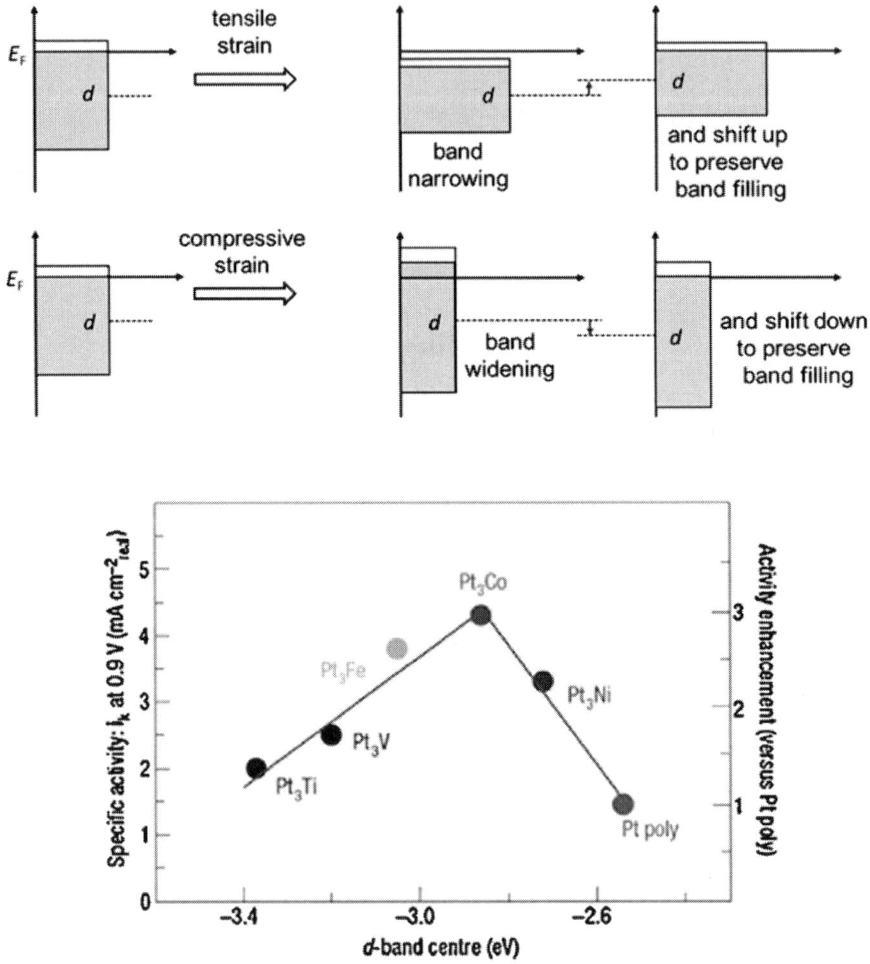

[그림 Ⅲ-20] 합금에 따른 strain effect에 의한 촉매의 d band 구조 변화를 보여주는 모식도 및 Pt계 합금 촉매의 d-band center 위치 변화에 따른 산소 환원 반응 활성 변화

더 나아가, 합금을 통한 Pt 촉매의 성능 개선뿐만 아니라, 촉매층 내에서의 Pt 촉매 활용도(Pt utilization)을 향상시키기 위한 탄소지지체 구조 개선이 요구되고 있다. 연료전지 전극층 내에서 전기화학반응을 통해 전기를 발생시키는 삼상계면의 형성을 위해서는 제조된 촉매 나노입자가 최대한 탄소지지체 표면에 존재하는 것이 바람직하다. 촉매의 전기화학적 활성 면적을 극대화하고 작은 나노입자를 제조하기 위해 비표면적

이 높은 탄소지지체를 활용해왔으나, 탄소지지체 자체가 가지고 있는 미세 기공 속에서 촉매 나노입자가 형성되면 결국 이오노머와의 접촉이 불가하므로 전기화학반응에 활용되지 못하고 버려지는 촉매가 될 것이다. 이러한 탄소지지체의 구조적 문제를 극복하기 위해, 고온 열처리를 통해 탄소지지체가 가진 미세 기공을 최대한 억제함으로써 촉매 나노입자가 탄소지지체 표면에만 형성될 수 있도록 하는 시도가 계속되고 있다.

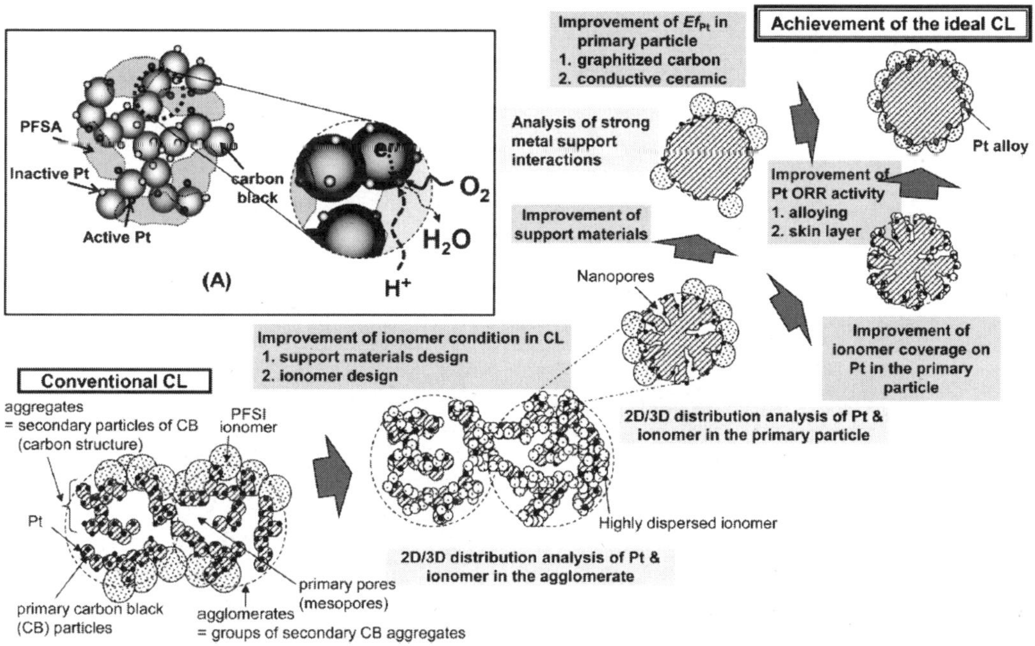

[그림 Ⅲ-21] 양이온 교환막 연료전지 전극층 내 촉매-이오노머 응집체 구조 및 촉매-탄소지지체 구조 변화의 필요성

그러나 고온 열처리된 고결정성 탄소지지체의 경우, 표면에 촉매 나노입자를 로딩하기 위해 필요한 -COOH, -CO, -CN과 같은 기능기들이 부족하여 고담지 촉매를 제조하기가 매우 어렵다. 이를 해결하기 위한 기술 중 하나로 1-pyrenecarboxylic acid(PCA)와 같은 벤젠링 구조를 갖는 유기물을 고결정성 탄소나노파이버(Carbon nanofiber, CNF) 표면에 적용하여 2차적인 기능기 도입을 함으로써 고담지 촉매를 제조할 수 있는 연구결과가 보고된 바 있다.

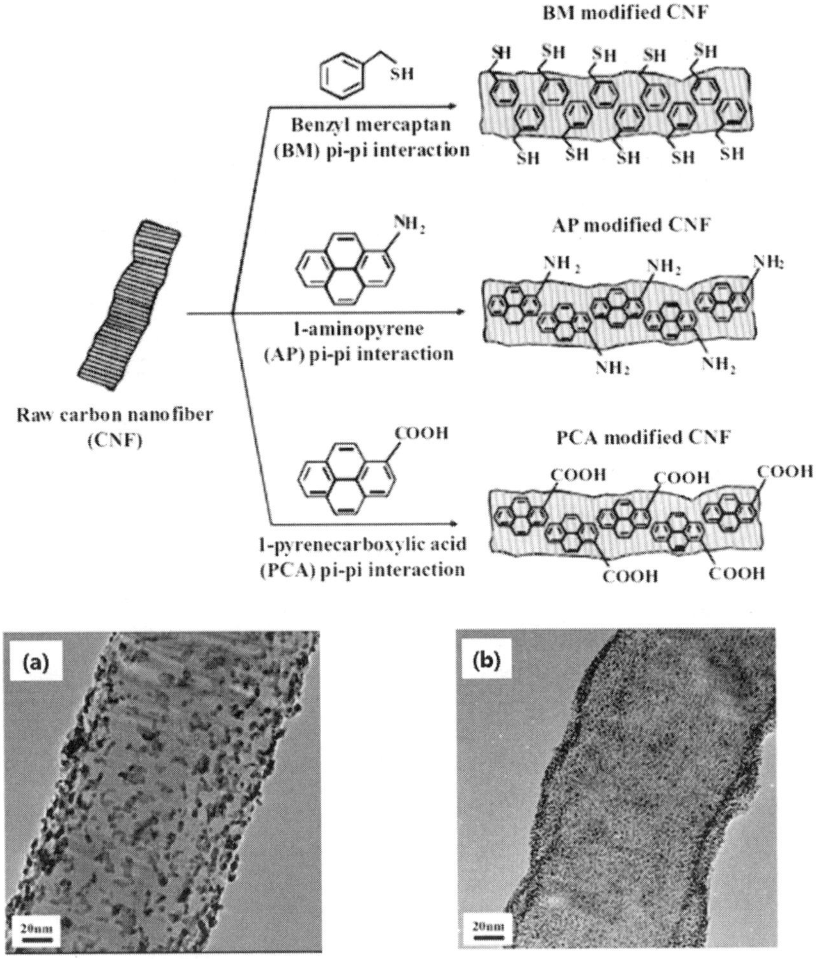

[그림 Ⅲ-22] 벤젠링 구조를 갖는 유기물을 활용한 고담지 촉매 제조 전략. (a) 일반 CNF에 담지된 Pt 촉매 및 (b) PCA가 적용된 CNF에 담지된 Pt 촉매의 투과전자현미경 이미지

(3) 분리판(바이폴라플레이트)

바이폴라플레이트(bipolar plate) 또는 유로판(flow field plate)으로 불리는 분리판은 양이온 교환막 연료전지 스택의 핵심부품으로서 한쪽 면에는 산화극용 유로가, 다른 쪽 면에는 환원극용 유로가 형성되어 있고 전기 전도성을 갖는 판이다. 분리판은 산화극에서 생성된 전자를 다음 셀의 환원극 쪽으로 전도해주는 집전판 역할을 하며, 막전극접합체를 지지해주고, 산화극 및 환원극 쪽으로 각각 연료와 산화제를 공급해주

는 통로를 제공해 주는 동시에, 연료전지 운전 중에 생기는 물을 제거해주는 통로 역할을 한다. 분리판에서의 유로형태는 연료전지의 운전 시, 특히 산화제로 공기를 사용할 때 매우 중요하며 유로는 흑연 블럭을 기계적으로 가공하거나 흑연-고분자 복합체를 몰딩하여 제작한다. 한편 전기화학 반응에 의해 생성된 열을 효과적으로 제거하기 위해서는 냉각판을 분리판 사이에 설치하기도 하고, 외부가습기가 차지하는 부피를 줄이기 위해 내부가습용 셀을 부착하기도 한다.

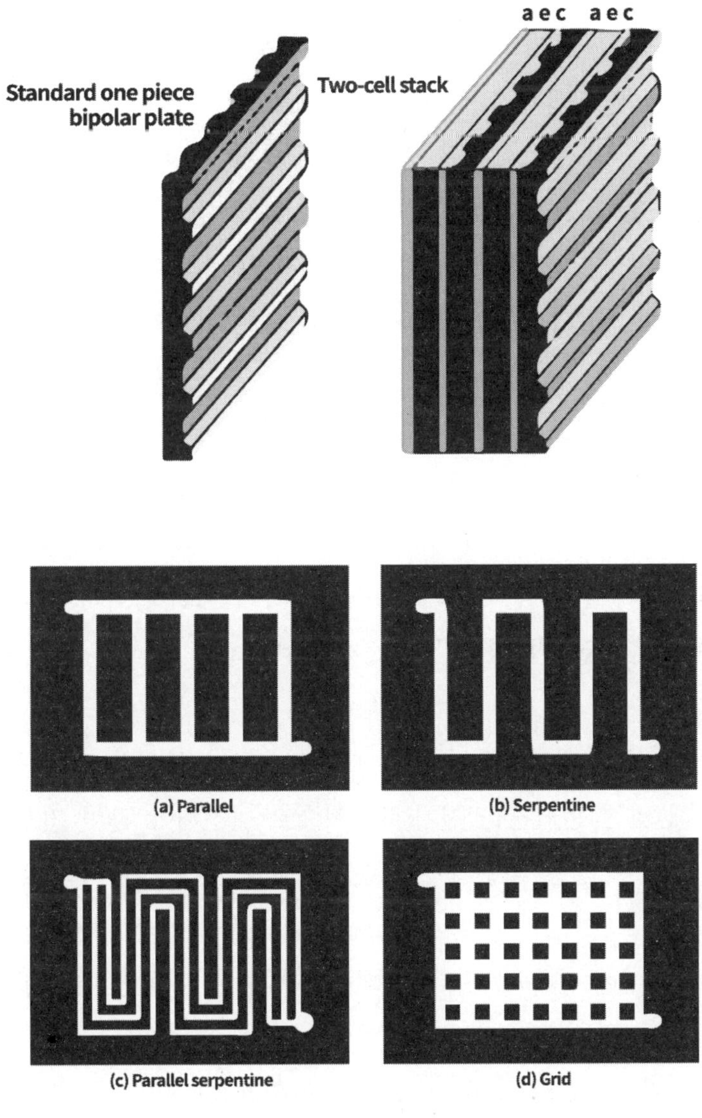

[그림 Ⅲ-23] 분리판의 기본 구조 및 다양한 유로 형태

분리판이 가져야 할 특성은 다음과 같다.

(i) 연료전지의 높은 효율을 위해 분리판에 의한 전압 손실은 최소한이 되어야 하므로 전기전도도가 좋아야 한다. 1A/㎠의 전류로 작동할 때, 고효율을 위해서는 전압 손실은 최소한 10mV/plate가 적당하므로 분리판의 저항은 각 plate 당 0.01Ω㎝ 보다 작아야 하는데 이는 금속과 몇몇 반도체에 해당하는 저항 값이다.

(ii) 공급되는 수소와 공기의 흐름을 완벽하게 분리해야 되는데 연료 기체들의 누설은 안전성 및 효율에 직접적인 연관이 있으므로 기체 투과율은 매우 낮아야 한다. 1A/㎠의 전류로 작동시 전극 표면은 단위면적(㎠) 당 2.1×10^{-5}moles/sec의 수소와 접하게 되며 작동 조건이 90℃, 2atm 일 경우 매 초당 접하는 수소의 부피는 0.31㎤에 해당하게 된다. 안전성 및 효율에 영향을 미치지 않는 범위인 0.5%의 누설율을 취할 경우 분리판의 최대 가스투과도는 1.0×10-4㎤/s·㎠이어야만 한다.

(iii) 원재료의 값은 어느 정도 정해져 있기 때문에 분리판 제조 시, 제작비용을 줄일 수 있어야만 연료전지의 대중적인 상용화가 가능하므로 제조단가가 낮아야 한다.

(iv) 연료 기체의 누출을 막기 위해 스택을 강하게 체결 압착하게 되는데 이러한 힘을 지탱해줄 만큼 충분한 기계적 강도를 가져야만 한다.

(v) 사용되는 고분자 전해질막이 전지 내에서 1M의 황산과 같은 특성을 지니므로 전해질 막과 접해 있는 분리판은 전기·화학적으로 안정해야 하며 거꾸로 분리판 내에 함침되어 있는 기공 충진용 고분자가 고분자전해질 막에 침투되지 않아야 한다.

(vi) 단위전지 사이에 반복적으로 사용되는 분리판은 무게 및 부피를 가중시키기 때문에 전체 장치의 무게와 부피에서 차지하는 비율이 약 80%로 매우 높다. 자동차용 연료전지 스택의 단위 kW당 무게 목표는 1kW/kg이다.

3. 수소 연료전지 성능 평가

(1) 연료전지 성능 곡선

연료전지는 화학에너지를 전기에너지로 변화하는 장치로서 수소를 연료로 사용하여 전기를 생산하게 된다. 따라서 모든 연료전지 성능의 평가는 전기화학을 기초로 한 i-V 곡선(또는 Polarization curve)을 통해 비교하게 된다.

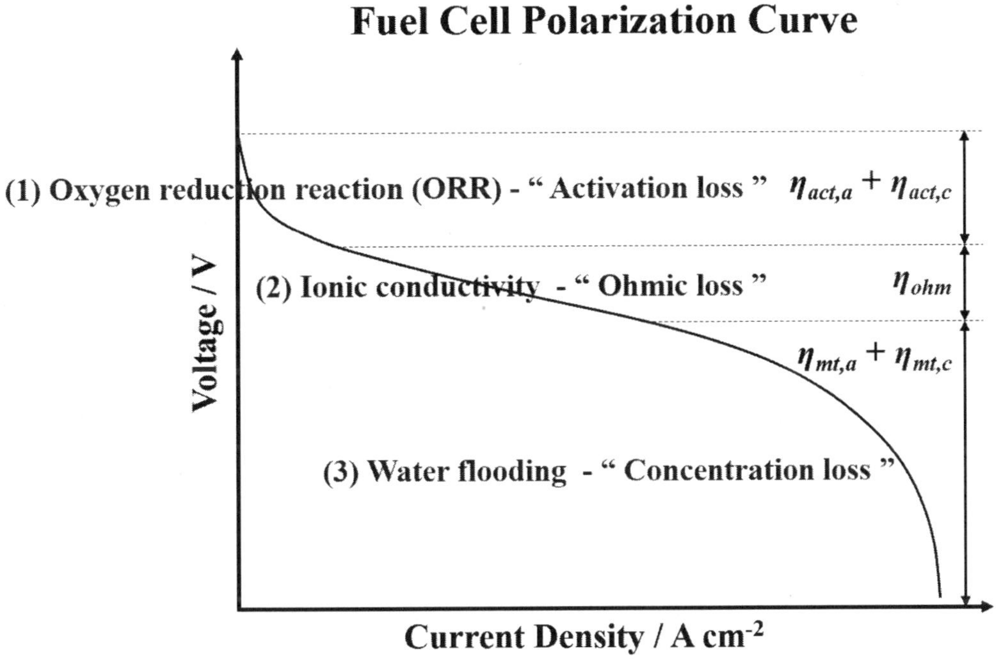

$$E = E_0 - \eta_{act,a} - \eta_{act,c} - \eta_{ohm} - \eta_{mt,a} - \eta_{mt,c}$$

[그림 Ⅲ-24] 연료전지 polarization curve(i-V 곡선) 및 전류 밀도에 따른 주요 성능 감소 요인

기본적으로 저전류 영역에서는 수소 산화 및 산소 환원 반응의 전하 전달 저항(Charge transfer resistance)이 연료전지 성능 저하의 주요 원인(Activation loss)이 된다. 그러나 그 중에서도 특히 환원극에서의 산소 환원 반응은 수소 산화 반응보다 훨씬 더 높은 저항을 가지기 때문에 대부분의 저전류 영역의 성능 감소는 환원극 촉매

성능으로부터 기인하게 된다. i-V 곡선의 중간 전류 영역에서는 주로 고분자 전해질막의 수소 이온 전도도(Ionic conductivity) 및 전극 내부의 전기 전도도(Electron conductivity)와 관련된 옴 저항(Ohmic resistance)이 나타난다. 흔히 iR drop 이라고 표현되는 이 저항(Ohmic loss)은 전류 밀도에 비례하여 cell 내에서 선형적으로 증가된다. 마지막으로 고전류 영역에서는 산소 또는 수소 기체의 물질 전달 저항(Mass transfer resistance)이 연료전지 성능에 매우 큰 영향을 미친다. 전류 밀도가 매우 커지기 때문에 그만큼 반응물이 많이 소진되는 부분이며 그에 따라 외부로부터 반응 기체의 유입이 원활하지 못하면 연료전지 성능은 급격하게 감소(Concentration loss)하여 전압의 급강하를 보이게 된다. 특히 환원극에서는 반응 생성물인 물이 많이 발생되어 촉매층의 기공을 막아버리는 경우가 생겨 flooding 현상이 발생할 수 있고, 더불어 수소 기체에 비해 확산 속도가 느린 산소 기체에 의한 물질 전달 저항이 매우 크기 때문에 대부분의 저항 역시 환원극으로부터 기인한다. 이렇게 크게 3 가지 정도의 전압강하 요인에 의해 전체적인 연료전지 전압이 전류 밀도가 증가됨에 따라 감소하게 되고, 결국 더 높은 전류 밀도를 보여줄 수 있는 연료전지가 더 높은 성능을 가진다고 말할 수 있다.

(2) 단위전지(스택) 성능 평가

연료전지의 단위 전지 및 스택은 반응 기체 유량 및 압력, 셀 온도, 가습 조건 등을 제어할 수 있는 장비를 갖춘 연료전지 테스트 스테이션(Fuel cell teat station)을 통해 평가 된다. 앞서 언급한 것과 같이 촉매층, 고분자 전해질막, 기체 확산층(GDL)으로 구성된 막전극접합체를 제작하여 분리판(바이폴라플레이트)으로 압착 고정된 단위전지 또는 스택을 만든 후, 적절한 활성화 과정(Activation process)을 거쳐 원하는 운전 조건 하에서 연료전지를 구동하게 된다. 일반적으로 loader를 이용하여 전류를 변화시키면서 셀 전압의 변화를 관찰하게 되는데 셀의 일정 작동 온도를 유지하기 위해 봉 히터(Heater)를 삽입하여 구동되며 필요에 따라 반응 기체에 가습을 하거나 가압하여 연료전지 성능을 평가한다. 또한 환원극에는 순수 산소 또는 20%의 산소를 함유한 공기를 사용하여 테스트를 진행하여 전극의 성능 변화를 관찰하게 된다.

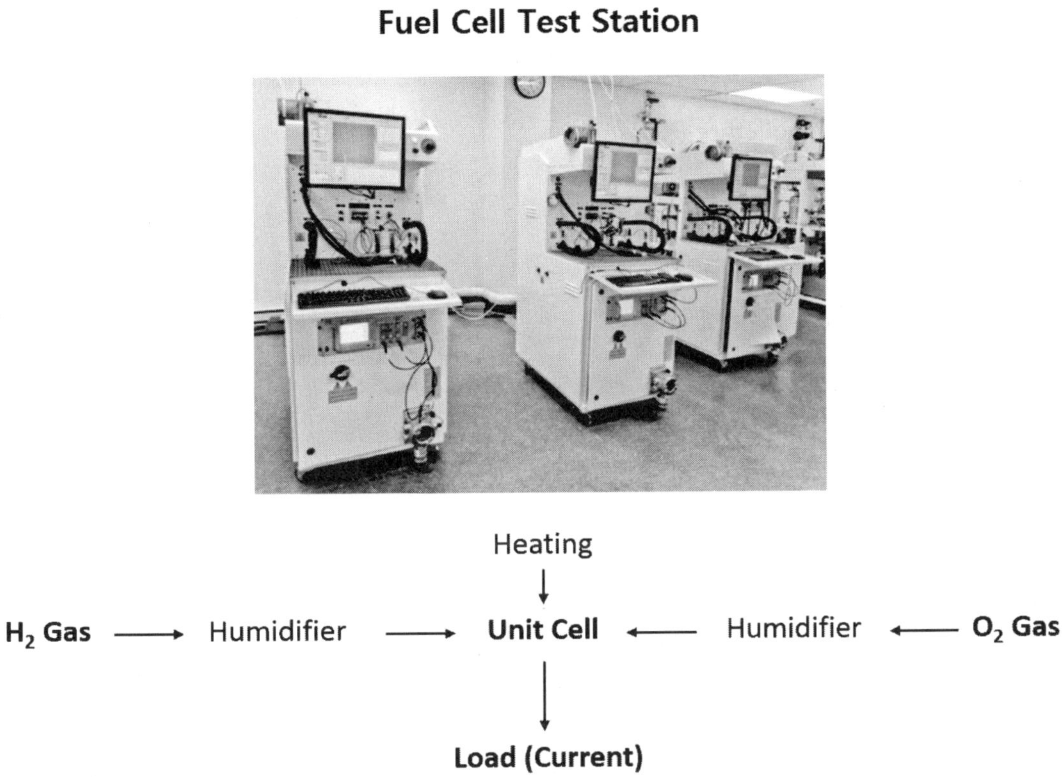

[그림 Ⅲ-25] 연료전지 테스트 스테이션 및 성능 측정 과정

이러한 연료전지 평가 스테이션을 이용하여 단위전지 성능을 측정하게 되면 전류밀도에 따른 셀 전압의 변화를 보여주는 i-V 곡선을 얻을 수 있으며 셀 전압과 전류 밀도를 곱하여 전력밀도 곡선을 함께 표시할 수 있다. 특히, 전력밀도가 최대가 되는 지점을 최대 전력밀도(Maximum power density)라 부르며, 최대 전력밀도가 높을수록 연료전지 성능이 높다는 것을 의미한다. 앞서 언급한 대로 저전류 영역에서는 주로 산소 환원 반응과 관련이 깊은 환원극의 전하 전달 저항에 의한 전압 감소가 나타나게 되고, 고전류 영역에서는 환원극 내 flooding 현상에 의한 물질 전달 저항이 연료전지 성능 감소에 큰 영향을 미치고 있음을 알 수 있다.

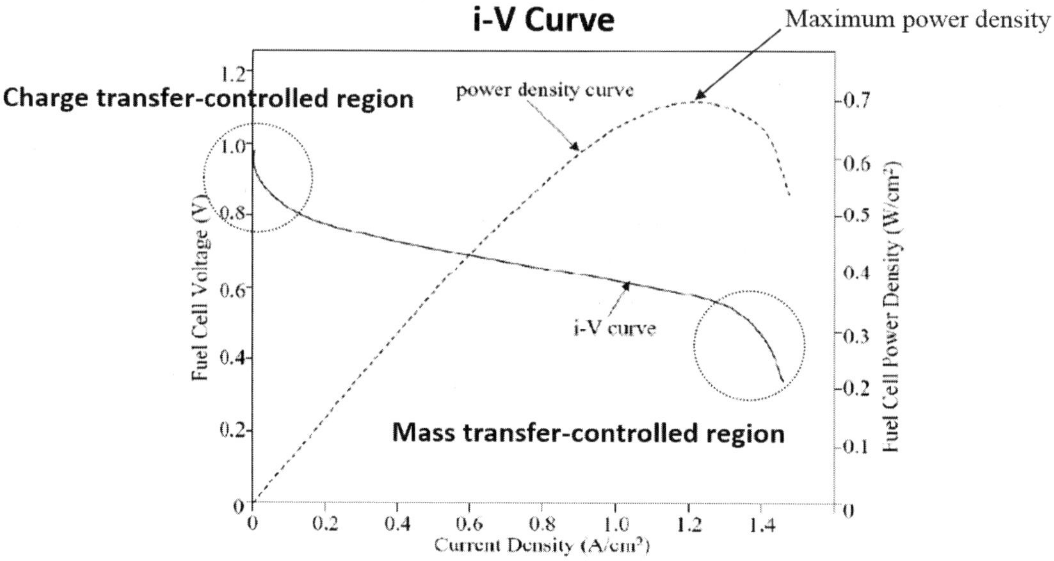

[그림 Ⅲ-26] 단위 전지의 i-V 곡선 및 최대 전력 밀도 곡선

단위전지 성능 평가 결과를 설명하기 위한 분석으로서 단위 전지의 성능을 저하시키는 저항들(전하 전달 저항, 전해질 저항, 물질 전달 저항)의 값을 측정하는 전기화학적 임피던스(Electrochemical impedance spectroscopy, EIS)를 이용할 수 있다. 연료 전지 셀에 일정 교류 전압 또는 전류를 인가한 후 전기화학적 신호가 안정되었을 때 주파수(Frequency)를 변화시켜 가면서 셀 저항과 캐패시터 값의 변화를 살펴볼 수 있다. 이때, 높은 주파수 영역에서는 주로 전해질 저항과 관련된 옴 저항(Ohmic resistance)을 확인할 수 있고, 중간 주파수 영역에서는 산화극과 환원극 내에서의 전하 전달 저항(Charge transfer resistance) 값을 알 수 있다. 이론적으로 저 주파수 영역에서는 물질 전달 저항(Mass transfer resistance)과 관련된 와버그 임피던스(Warbug impedance)를 측정할 수 있으나 물질 전달 저항이 걸리는 고전류 또는 저전압 영역에서는 셀 자체가 안정화되기 어렵기 때문에 실제적으로 선형적인 와버그 임피던스를 얻기 어렵다. 이러한 임피던스 분석법은 연료전지가 실제 작동하고 있는 상황에서 성능에 영향을 미치는 핵심적인 저항 값들을 한 번에 쉽게 측정할 수 있다는 장점을 가지고 있어 널리 사용되고 있다.

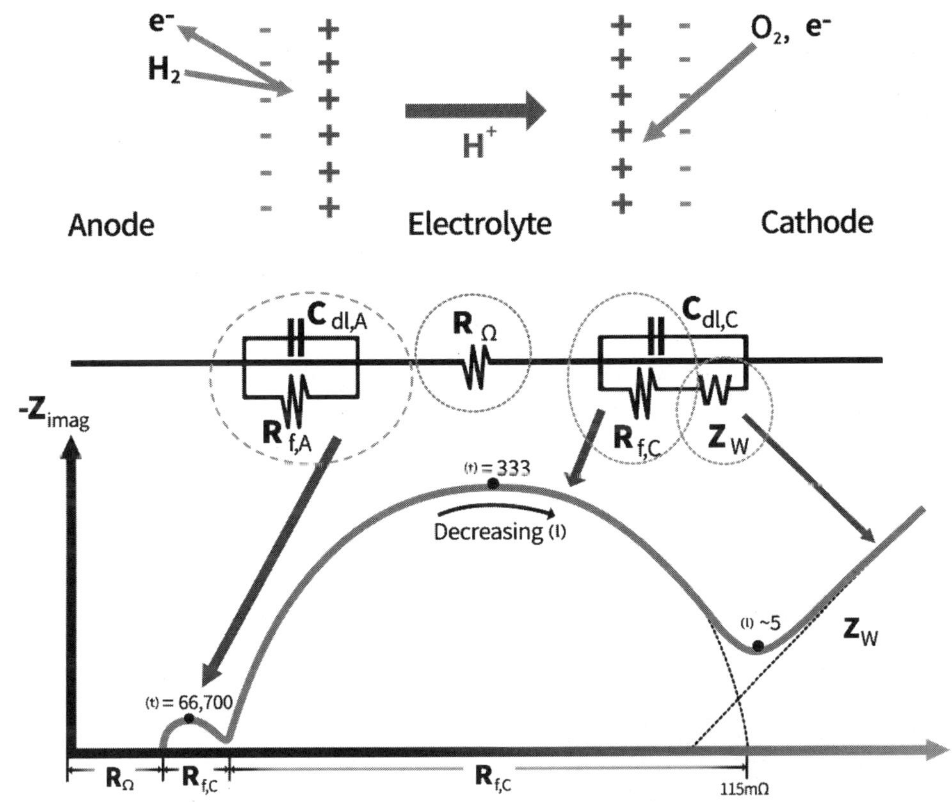

[그림 Ⅲ-27] 연료전지 셀의 전기화학적 임피던스(EIS) 측정

(3) 반쪽전지(Half-cell) 성능 평가

단위 전지 성능 평가는 막전극접합체를 만들어 평가하는 방식으로, 전하 전달 저항, 옴 저항, 물질 전달 저항 등 고려해야 할 변수가 너무 많아 연료전지 촉매 성능만을 제대로 평가하기 어렵다. 예를 들어 새로운 촉매를 개발하여 막전극접합체를 제작하고 단위 전지 성능을 평가한 후 i-V 곡선에서 저전류 영역을 관찰하여 촉매 성능을 비교할 수는 있으나 저전류 영역에서도 나머지 두 저항 값이 영향을 미치고 있기 때문에 정확한 비교를 할 수 없다. 또한 막전극접합체를 제작하는 방법에 따라 단위 전지의 성능은 천차만별로 달라질 수 있기 때문에 개발된 모든 촉매를 단위 전지 성능만으로 평가하기에는 기술적인 한계가 있다.

따라서 개발된 촉매의 활성을 직접적이면서 직관적으로 비교하기 위해 기준전극

(reference electrode), 상대전극(counter electrode), 작동전극(working electrode), 전해질 용액(electrolyte)으로 구성된 전기화학 셀을 이용한 반쪽 전지(half-cell) 촉매 평가를 하게 된다. 이때, 전기화학 셀 내부에서의 물질 전달 저항의 영향을 최소화하기 위해 rotating disk electrode(RDE)를 사용하게 된다. RDE의 끝부분에 glassy carbon(GC)으로 제작된 disk 전극(작동전극)이 있으며 이 전극 위에 소량의 촉매 잉크를 도포하여 사용한다. 이 RDE 전극의 고속 회전을 통해 전해질 용액 내에 포화되어 있는 반응 기체들을 수직으로 유입시켜 일정한 물질 전달 유량(flux)을 확보하게 된다. 수소 산화 반응 촉매 평가의 경우, 전해질 용액 내에 수소 기체를 포화시켜 테스트를 하게 되고, 산소 환원 반응 초매 평가 시에는 산소 기체를 포화시켜 사용하면 된다.

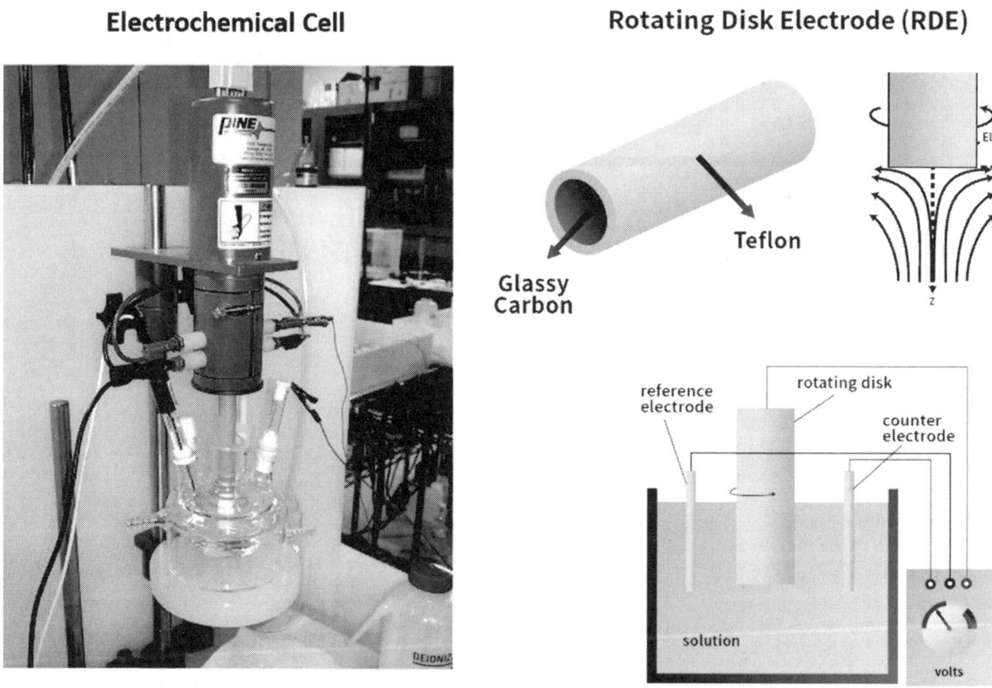

[그림 Ⅲ-28] 반쪽전지 촉매 성능 평가를 위한 3전극 셀 구성 및 RDE 모식도

반쪽 전지 실험에서는 단위 전지 테스트와 다르게 전류 밀도를 제어하기 보다는, 작동 전극의 전압을 제어하여 반응의 전류 밀도 변화를 살펴보게 된다. 따라서

potentiostat을 이용하게 되며, 산소 환원 반응 촉매를 위한 반쪽 전지 테스트의 결과 역시 i-V 곡선의 형태로 얻어 지게 된다. 산소 환원 반응의 경우, 일반적으로 약 1.1 V 정도부터 환원 전류가 나타나기 시작하며 그 때의 전압을 onset potential이라 부른다. 저전압 영역으로 내려갈수록 환원 전류가 커지는 것을 알 수 있으며, 일정 전압 밑으로는 일정한 전류값을 보이게 되는데 이때의 전류를 limiting current(한계전류)라 부른다. limiting current는 전해질 용액 내 산소 기체의 포화도, RDE의 회전 속도, 활성 표면적과 밀접한 관련이 있기 때문에 성능의 차이가 나는 촉매를 비교하더라고 같은 실험 조건에서 limiting current는 거의 유사한 값을 갖게 된다. 더 높은 전압에서 onset potential이 발생할 때와 limiting current와 0 current 값 사이의 중간 값에 해당하는 전류가 나타났을 때의 전압 (half-wave potential)이 더 높은 값을 가질 때 더 성능이 좋은 산소 환원 촉매라 할 수 있다. 이는 단위 전지의 i-V 곡선과 같은 논리로 설명 할 수 있으며 반쪽 전지의 i-V 곡선을 반시계 방향으로 90° 회전 시켰을 때 단위 전지의 i-V 곡선과 같은 형태를 가지는 것으로 확인할 수 있다. 또한 반쪽 전지 측정 이후, 전기화학적 임피던스(EIS) 분석을 통해 전해질 저항 값(Ohimc resistance)을 보정해주면 보다 정확히 촉매 활성을 비교해 볼 수 있다.

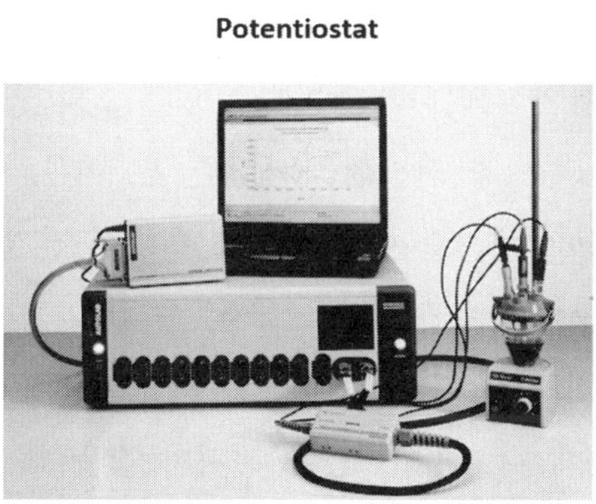

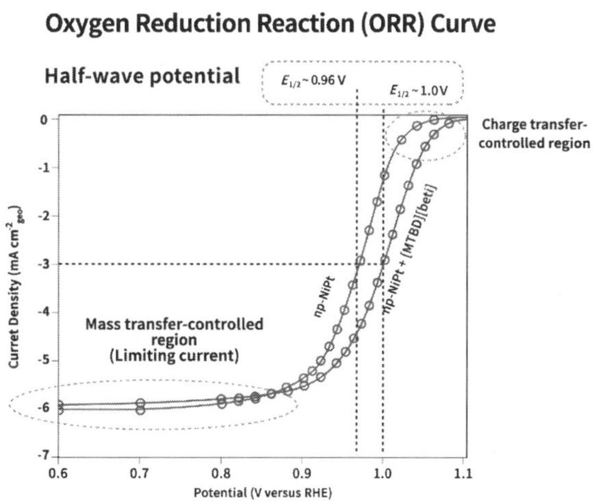

[그림 Ⅲ-30] potentiostat의 이미지 및 반쪽 전지 테스트를 통한 산소 환원 반응 촉매의 성능 곡선

(4) 전기화학적 활성면적

연료전지의 단위 전지 또는 촉매의 전기화학적 특성 및 활성 면적을 구하기 위해 약 0.0V에서 1.0V 사이의 전압에서 cyclic voltammogram(CV)을 측정하게 된다. 단위 전지의 경우, 산화극에 수소 기체를 주입하고 환원극에는 질소(N_2) 또는 아르곤(Ar)과 같은 비활성 기체를 넣어준다. 이럴 경우, 산화극은 수소 산화 반응에 의해 수소 기준 전극으로 활용이 가능해지며, 그에 따른 환원극의 전압 변화를 통해 환원극 촉매층의 전기화학적 활성 면적을 측정할 수 있다. 반쪽 전지 촉매 실험의 경우에는, 질소 또는 아르곤 기체를 전해질 용액 내에 포화시킨 후 기준 전극을 기준으로 전압 변화를 통해 CV를 얻게 된다. 일반적으로 연료전지 연구에서는 y축(Current density)의 (+) 값을 산화 전류로, (-) 값을 환원 전류로 표현하고 있으나 이는 산화/환원 전류를 구별하기 위한 것으로 그 절대값을 해당 반응의 전류밀도로 해석하면 된다.

Pt/C 촉매 또는 Pt/C 촉매로 구성된 환원극 촉매층은 전형적인 CV 결과를 보여 주게 되는데 일반적으로 산성 전해질을 사용했을 때, Pt 촉매는 0.0V에서 0.4V 사이에서 수소의 흡탈착 전류를 나타낸다. Negative scan 시 전해질 내 존재하는 H^+ 이온이 전자를 받아 Pt-H 결합을 이루며 환원 전류를 나타내게 되고 반대로 positive scan 시에는 전자를 내보내며 다시 H^+ 이온으로 탈착되면서 산화 전류를 나타낸다. 중간 전압 범위 내에서는 spectator 이온들의 specific adsorption에 의한 전기 이중층 전류(Electrochemcial double layer current)가 흐르고, 약 0.8V 근처부터는 Pt 표면이 산화되었다가 비가역적으로 환원되는 산화/환원 전류가 나타나게 된다. 이중 수소의 흡탈착 영역에서 나타난 전류를 적분하여 이에 수반되는 총 전하값을 계산한 후, 이론적으로 잘 알려진 수소 흡탈착을 위한 전하밀도(210μC/cm^2)를 이용하면 Pt 촉매의 전기화학적 활성 면적(Electrochemically active surface area, ECSA)을 구할 수 있다. 한편, 반쪽 전지 내에서는 전해질이 대부분의 Pt 나노입자 표면과 맞닿을 수 있기 때문에 전기화학적 활성 면적과 촉매 성능이 매우 높게 나오지만, 단위 전지의 경우에는 H^+ 이온을 전달해주는 이오노머와 닿아 있는 삼상계면에 존재하는 Pt 나노입자만이 전기화학적 활성 면적이 되기 때문에 상대적으로 작게 측정된다.

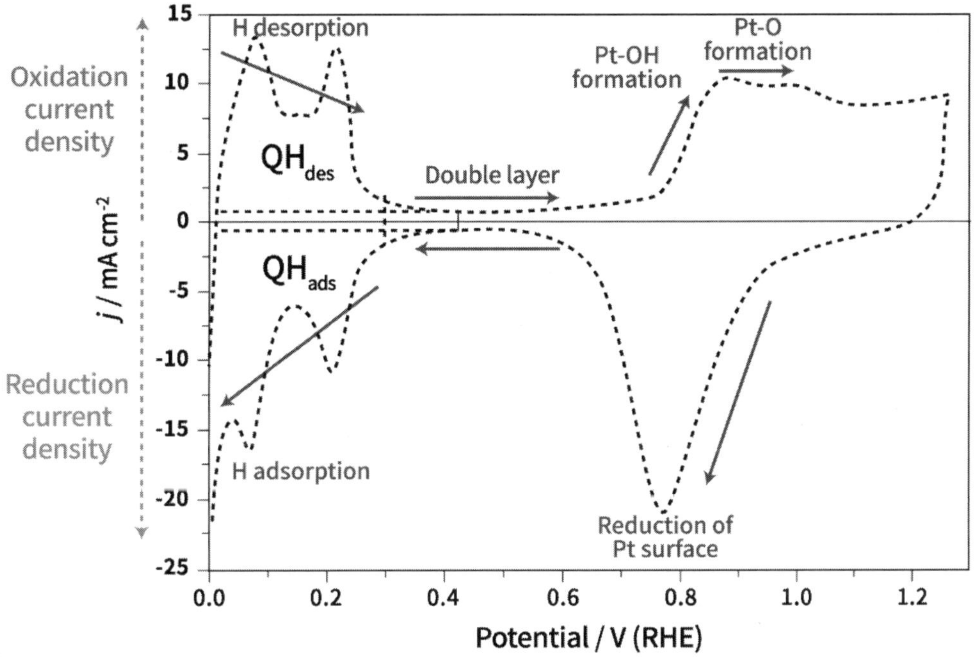

[그림 Ⅲ-31] Pt/C 촉매 또는 Pt/C 촉매로 구성된 촉매층의 CV 예시

일반적으로 Pt 나노입자의 크기가 작을수록 전기화학적 활성 면적이 커지게 되며, 단위 전지의 경우 나피온 이오노머와 좋은 네트워킹을 하고 있는 촉매층 구조를 가질 때 넓은 면적이 나타나게 된다. 전기화학적 활성 면적은 연료전지 성능과 직접적인 관련성이 있으며, 촉매 및 촉매층의 구조의 적절성을 판단하는 중요한 기준이 된다. 그러나 Pt 나노입자의 크기가 너무 작으면 coordination number가 작아 d band 구조가 산소 환원 반응에 불리한 방향으로 변화되고 결과적으로 산소종(Oxygen species)의 결합에너지가 커져 성능 저하가 일어날 수 있다. 또한, 입자 자체의 표면에너지(Surface energy)가 너무 커지게 되어 구조적 안정성이 떨어져 연료전지의 장기 안정성에 나쁜 영향을 미칠 수 있으므로 적절한 크기를 갖는 나노 촉매를 개발하는 것이 매우 중요하다.

참고문헌

1. N. Jung, D. Y. Chung, J. Ryu, S. J. Yoo, Y.-E. Sung, Pt-based nanoarchitecture and catalyst design for fuel cell applications, Nano Today 9 (2014) 433.
2. M. Sharma, N. Jung, S. J. Yoo, Toward high-performance Pt-based nanocatalysts for oxygen reduction reaction through organic-inorganic hybrid concepts, Chem. Mater. 30 (2018) 2.
3. J. Min, A. A. Jeffery, Y. Kim, N. Jung, Electrochemical analysis for demonstrating CO tolerance of catalysts in polymer electrolyte membrane fuel cells, Nanomaterials 9 (2019) 1425.
4. P. K. Sinha, P. P. Mukherjee, C.-Y. Wang, Impact of GDL structure and wettability on water management in polymer electrolyte fuel cells, J. Mater. Chem. 17 (2007) 3089.
5. M. Uchida, Y.-C. Park, K. Kakinuma, H. Yano, D. A. Tryk, T. Kamino, H. Uchidab, M. Watanabe, Effect of the state of distribution of supported Pt nanoparticles on effective Pt utilization in polymer electrolyte fuel cells, Phys. Chem. Chem. Phys. 15 (2013) 11236.
6. G. S. Hwang, A. Z. Weber, Effective-diffusivity measurement of partially-saturated fuel-cell gas-diffusion layers, J. Electrochem. Soc. 159 (2012) F683.
7. S.-P. Tung, B.-J. Hwang, Synthesis and characterization of hydrated phosphor-silicate glass membrane prepared by an accelerated sol-gel process with water/vapor management, J. Mater. Chem. 15 (2005) 3532.
8. T. Ueki, M. Watanabe, Macromolecules in ionic liquids: progress, challenges, and opportunities,Macromolecules 41 (2008) 3739.
9. A. Kraytsberg, Y. Ein-Eli, Review of advanced materials for proton exchange membrane fuel cells, Energy Fuels 28 (2014) 7303.
10. A. Dhanda, H. Pitsch, R. O'Hayre, Diffusion impedance element model for the triple phase boundary, J. Electrochem. Soc. 158 (2011) B877.

11. W. Dai, H. Wang, X.-Z. Yuan, J. J. Martin, D. Yang, J. Qiao, J. Ma, A review on water balance in the membrane electrode assembly of proton exchange membrane fuel cells, Int. J. Hydrogen Energy 34 (2009) 9461.
12. I. E. L. Stephens, A. S. Bondarenko, U. Grønbjerg, J. Rossmeisl, I. Chorkendorff, Energy Environ. Scie. 5 (2012) 6744.
13. J. Ontaneda, R. A. Bennett, R. Grau-Crespo, Electronic structure of Pd multilayers on Re(0001): the role of charge transfer, J. Phys. Chem. C 119 (2015) 23436.
14. V. R. Stamenkovic, B. S. Mun, M. Arenz, K. J. J. Mayrhofer, C. A. Lucas, G. Wang, P. N. Ross, N. M. Markovic, Trends in electrocatalysis on extended and nanoscale Pt-bimetallic alloy surfaces, Nat. Mater. 6 (2007) 241.
15. Y. Kim, J.-H. Jang, J. Min, A. A. Jeffery, S. Lee, S. S. Chougule, M. Kim, N. Jung, S. J. Yoo, A target-customized carbon shell structure of carbon-encapsulated metal nanoparticles for fuel cell applications, J. Mater. Chem. A 9 (2021) 24480.
16. M. Lopez-Haro, L. Guetaz, T. Printemps, A. Morin, S. Escribano, P.-H. Jouneau, P. Bayle-Guillemaud, F. Chandezon, G. Gebel, Three-dimensional analysis of Nafion layers in fuel cell electrodes, Nat. Commun. 5 (2014) 5229.
17. Y. Kim, A. A. Jeffery, J. Min, N. Jung, Modulating catalytic activity and durability of PtFe alloy catalysts for oxygen reduction reaction through controlled carbon shell formation, Nanomaterials 9 (2019) 1491.
18. J. Jang, M. Sharma, D. Choi, Y. S. Kang, Y. Kim, J. Min, H. Sung, N. Jung, S. J. Yoo, Boosting fuel cell durability under shut-down/start-up conditions using hydrogen oxidation-selective metal-carbon hybrid core-shell catalyst, ACS Appl. Mater. Interfaces 11 (2019) 27735.
19. M. Sharma, J.-H. Jang, D. Y. Shin, J. A. Kwon, D.-H. Lim, D. Choi, H.

Sung, J. Jang, S.-Y. Lee, K. Y. Lee, H.-Y. Park, N. Jung, S. J. Yoo, Work function-tailored graphene via transition metal encapsulation as a highly active and durable catalyst for the oxygen reduction reaction, Energy Environ. Sci. 12 (2019) 2200.

20. H. Sung, M. Sharma, J. Jang, S.-Y. Lee, M. Choi, K. Lee, N. Jung, Boosting the oxygen reduction activity of a nano-graphene catalyst by charge redistribution at the graphene-metal interface, Nanoscale 11 (2019) 5038.
21. Y. Jang, K.-H. Choi, D. Y. Chung, J. E. Lee, N. Jung, Y.-E. Sung, Self-assembled dendritic Pt nanostructure with high-index facets as highly active and durable electrocatalyst for oxygen reduction, ChemSusChem 10 (2017) 3063.
22. H.-S. Oh, H. Kim, Efficient synthesis of Pt nanoparticles supported on hydrophobic graphitized carbon nanofibers for electrocatalysts using noncovalent functionalization Adv. Funct. Mater. 21 (2011) 3954.

IV

추출수소 생산 기술

이규복

1. 서론

수소는 온실가스를 배출하지 않는 탄화수소 대안으로 사용될 수 있는 깨끗한 연료이다. 수소를 에너지 운반체로 사용하면 물만 생산물로 방출된다. 화석연료의 과도한 사용으로 촉발된 기후변화의 영향으로 인해 대체 에너지원으로 수소가 주목받고 있다. 미국(H2@Scale, 2019년 3월), 유럽(EU 수소전략 2020년 7월), 일본(수소기본전략, 2017년 12월) 등 주요국에서도 수소경제 확산을 위한 다양한 정책들을 발표하며 전 세계 수소 경제시장 선점을 위해 노력하고 있다. 전 세계적으로 수소에 대한 수요는 급격히 증가하여 2020년 10EJ(1EJ = 10^{18}joules) 수준인 수요는 2050년 78EJ까지 증가하여, 전 세계 에너지수요의 18%를 차지할 것으로 전망되고 있다.(Hydrogen Council 2017, Hydrogen Scaling up)

[표 Ⅳ-1] 수소생산기술 분류(수소생산, KISTEP 김기봉-김태경)

원료	에너지원 및 화학반응	
연료 이용 수소 생산	개질 반응	가스연료(LNG, LPG) 개질
		부생가스 개질
		합성연료(메탄올, DME) 개질
	가스화 반응	석탄/펫코크 가스화
	생물학적 전환 반응	생물학적 CO_2 전환
바이오매스/폐자원 이용 수소 생산	가연성 폐자원 가스화	가연성 폐자원 가스화
	바이오매스 가스화	바이오매스 가스화
	생물학적 발효	생물학적 발효
물분해 수소 생산	수전해(전기 분해)	알칼리 수전해(AEC)
		고분자전해질 수전해(PEMEC)
		고체산화물 수전해(SOEC)
	광 분해	광전기화학(PEC)
		광촉매
		광생물화
	열 분해	열화학사이클
		레독스사이클
	원자력	초고온가스로

수소는 지구에 매우 풍부하지만, 자연에서 원소 형태로 쉽게 구할 수 없으며 대부분 물, 바이오매스, 그리고 탄화수소에 존재하며, 이는 이러한 주요 공급원의 화학적 처리의 필요성을 의미한다. 수소생산에 사용되는 원료는 천연가스(약 50%), 원유(약 30%), 석탄과 물이다. 기존에 생산된 수소는 대부분 암모니아 합성(약 50%)과 원유정제(약 30%)에 이용되었다. 그러나 수소 기반의 경제가 도래하면 더욱 다양한 분야에 수소가 활용될 전망이다. 수소 생산기술은 1차로 사용 원료에 따라, 2차로는 사용되는 에너지원과 화학반응에 의해 분류할 수 있다.

대표적으로 생산되는 수소는 석유화학 공정이나 제철 공정에서 부수적으로 생산되는 부생수소, 천연가스나 석탄, 석유 등 화석연료로부터 생산되는 추출수소 혹은 개질수소, 그리고 물을 전기화학적으로 분해하여 생성되는 수소이다. 부생수소의 장점은 폐가스를 활용하므로 수소생산을 위한 추가설비 투자비용 없이 값싼 수소 생산이 가능하다는 것이나 부산물로 발생하는 수소이기 때문에 생산량에 한계가 있고 연료전지 등에 활용하기 위해서는 고순도로 정제하는 공정이 필요하다. 추출수소 혹은 개질수소는 천연가스, 석탄, 석유 등 탄화수소계 화석연료를 활용하여 촉매 반응으로 생성된 수소로 개질 반응은 수증기 메탄 개질(Steam Methane Reforming, SMR), 부분 산화(Partial Oxidation), 건식 개질(Dry Methane Reforming, DMR), 열분해(Thermal Decomposition) 등의 반응이 있으며, 이 중 수증기 개질 반응이 가장 널리 활용되고 있다. 수증기 개질 반응은 고온(700~900℃)의 수증기를 천연가스의 주성분인 메탄과 혼합하여 수소를 생산하는 방법으로 저렴한 생산 비용과 상대적으로 적은 CO_2 배출의 장점을 가지고 있다. 추출수소 생산방식은 상용화된 가장 널리 활용되고 있는, 즉 저렴하게 생산할 수 있는 방법이나 CO_2 배출의 문제점을 가지고 있다. 수전해 수소는 재생에너지 기반 전기를 이용하여 생산하고 CO_2 배출의 문제점이 없지만 재생에너지 공급의 한계 및 이에 따른 경제성 확보가 아직 해결해야할 점으로 남아있다. 최근에는 수소를 색깔로 구분하기도 하는데 CO_2발생과 친환경성을 고려하여 수전해 수소는 그린수소, 추출(개질)수소는 그레이수소, 개질방식에 CO_2를 포집하거나 활용하는 CCUS를 결합하면 블루수소, 혹은 석탄의 가스화로부터 생산된 수소는 브라운 수소 등으로 명명한다.

[표 IV-2] 온실가스 배출량에 따른 수소 분류

명칭	특징
그린수소	재생에너지 전력을 이용하여 수전해 방식으로 생산한 수소 온실가스 배출이 없음
그레이 수소	천연가스를 개질하여 생산하는 개질 혹은 추출수소 그레이 수소 1톤을 생산하기 위해 10톤의 CO_2가 배출
블루 수소	그레이 수소 생산 과정에서 나오는 CO_2를 포집 및 저장해 온실가스 배출을 줄인 수소

2. 추출수소 생산 정책 및 산업 동향

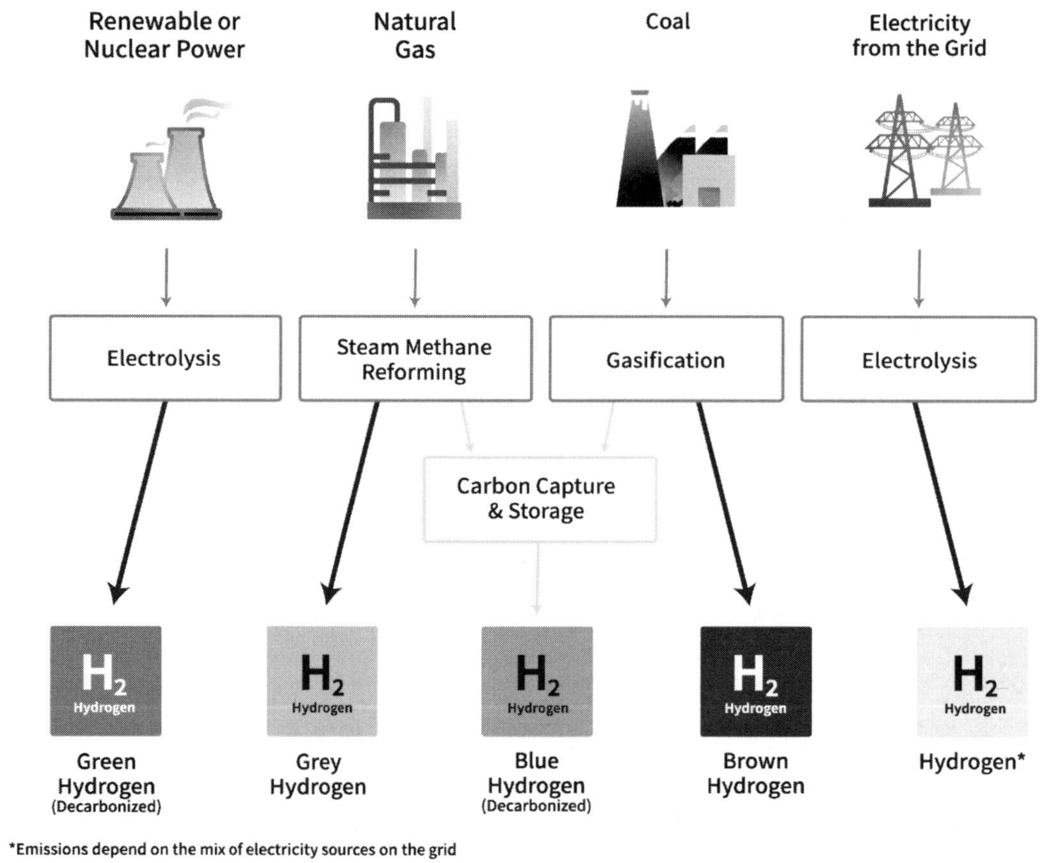

[그림 IV-1] 생산 방식 및 온실가스 배출량에 따른 수소 분류

전 세계적인 트렌드는 현재 화석연료 중심의 수소생산 방식에서 궁극적인 수전해방식의 그린수소를 생산하고자 하나 아직은 높은 생산단가와 재생에너지 활용의 지역적 제한으로 인해 추출수소(그레이수소) 혹은 CCUS와 결합한 추출수소(블루수소)가 주로 생산 및 공급될 전망이다. 정부는 2019년 1월, 2040년까지 수소경제 활성화를 위한 수소 생산·저장·운송·활용 전 분야의 목표 및 정책 방향성을 제시한 「수소경제 활성화 로드맵」을 발표하고 수소 생산 분야는 화석연료 기반 추출수소(그레이수소) 생산에서 재생에너지 기반 수전해 수소 (그린수소) 생산으로의 패러다임 전환을 목표로 설정하였다. 초기(~2025년)에는 부생수소와 천연가스 개질수소를 수소경제 이행의 핵심 공급원으로 활용하기 위해 생산량 및 공급량을 증가시킬 방침이다. 이를 위해 천연가스공급망에는 대규모·거점형 수소생산기지, 수요처 인근에는 중·소규모 수소 생산기지구축을 확대하고, 부생수소 5만톤(수소차 25만대분량)은 준비물량으로 활용할 예정이다. 정책의 최종 목표로 2040년까지 수소 생산량은 연간 526만 톤 규모로 확대하고, 가격은 kg당 3,000원 수준으로 인하하는 것을 목표로 하였다.

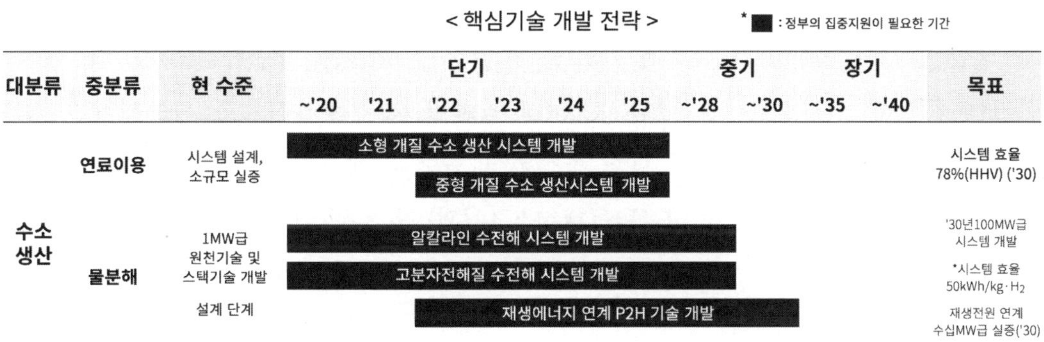

[그림 Ⅳ-2] 수소 기술개발 로드맵 중 수소 생산기술 개발 전략, 수소 로드맵 2019

		2018년	2022년	2030년	2040년
공급·가격	공급량 (=수요량)	13만톤 / 年	47만톤 / 年	194만톤 / 年	526만톤 / 年 이상
	공급방식	①부생수소(1%) ②추출수소(99%)	①부생수소 ②추출수소 ③수전해	①부생수소 ②추출수소 ③수전해 ④해외생산 ※ ①+③+④ : 50% ② : 50%	①부생수소 ②추출수소 ③수전해 ④해외생산 ※ ①+③+④ : 70% ② : 30%
	수소가격	- (정책가격)	6,000원/kg (시장화 초기가격)	4,000원/kg	3,000원/kg

[그림 Ⅳ-3] 수소 공급 및 가격, 수소 로드맵 2019

또한 향후 급증하는 수소 수요에 맞추기 위해서는 국내 수소 생산만으로는 부족할 것으로 전망된다. 당장 수소를 추출할 수 있는 천연가스 같은 화석연료나 신재생에너지, 대규모 인프라 같은 자원이 부족한 우리나라를 비롯한 독일, 일본과 같은 선진국도 이미 호주, 사우디아라비아와 같은 해외에서 수소를 수입하는 모델을 실증 및 연구하는 상황이다. 수소를 해외에서 수입하는 모델의 경제성에 대한 연구 결과 1kg당 수소 생산 단가는 3.45~3.72달러로 수소를 수입하는 방안은 정부가 목표로 하는 생산단가에 근접하는 것으로 나타났다 (UNIST 임한권 외). 추가적으로 시뮬레이션 결과, 수소를 수입할 경우 정부 수소 경제 활성화 로드맵에 제안된 2030년 목표(1kg당 4천원)는 달성 가능하지만, 2040년 목표(1kg당 3천원) 달성을 위해서는 수소 생산이나 운반, 저장 부문에서 비용 감소를 위한 추가적인 연구가 필요하다는 점도 고려되었다.

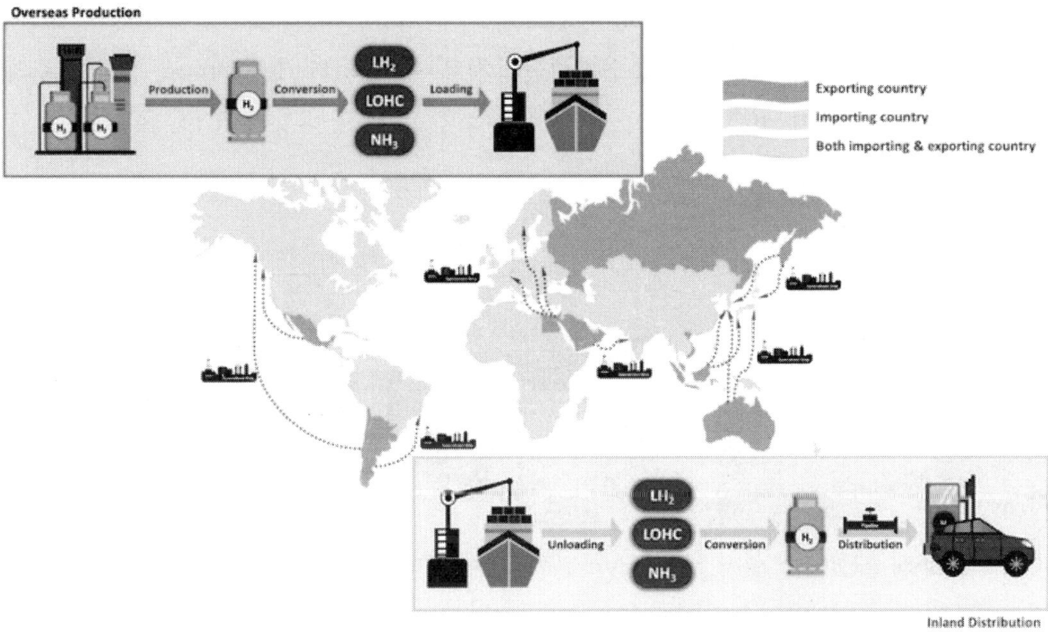

[그림 Ⅳ-4] 해외 수소공급의 전주기 과정과 주요 수입국, 수출국을 나타낸 도식도, Kim et al., Jounral of Cleaner Production, 2021

전 세계 천연가스 추출(개질) 수소 시장은 2020년 1,029억 달러에서 2024년 1,291억 달러로 연평균 5.9% 성장할 것으로 전망하고 있다(Koncept Analytics, 2020, Global Hydrogen Market). 해외 주요 기업들은 개질 수소에 대한 기술성숙도가 높고 이를 바탕으로 다양한 제품을 개발해 놓은 상황이다. 프랑스 Air Liquide는 소규모부터 대형(20,000Nm^3/h~145,000Nm^3/h급) 개질수소 플랜트를 제조 및 설치하고 있고, 2019년 기준으로 전 세계적으로 145기의 수증기 개질수소 플랜트를 운영하고 있다(Air Liquide, 2019, H_2 Energy Technology). Air Liquide에서 개발한 HGM 10000은 천연가스 기반으로 268Nm^3/h의 수소 생산량과 75%의 제조효율을 보인다(industry.airliquide.us). 또한 최근에는 자회사인 Air Liquide Korea가 여수 산업단지내에 수소 파이프라인과 생산 인프라를 바탕으로 액화수소 생산설비, 수소충전소 등으로 사업을 확장한다는 계획이다. 일본 오사카가스에서 출시한 HYSERVE는 도시가스와 액화프로판가스로부터 수소제조량 30, 100, 300Nm^3/h 세 종류의 수소제조장치를 판매 중이고 79%의 제조효율을 보이는 것으로 알려져 있다(www.osakagas.co.jp). 독일 Linde는 수소의 생산, 저장, 운송, 유통 그리고 충전에 이르기까지 수소 밸류체인 모든 단계의 기술을 보유하고 있는 회사로 추출수소생산장치로 출시한 Hydroprime은 도시가스와 액화프로판가스로부터 최대 1,000Nm^3/h 까지 수소 생산이 가능하며 69%의 제조효율을 보인다(www.hydro-chem.com).

[그림 Ⅳ-5] 개질수소 설비 HYSERVE-300(좌), Hydroprime(중), (c) HGM-10000(우)

국내의 경우 SK이노베이션은 매립지 가스를 전처리한 후 발생하는 메탄을 원료로 하는 30Nm^3/h급 수소개질기를 제작하여 상암동 수소충전소에 설치('10.11)하고 운영하고 있다. 한국가스공사에서는 송도 수소충전소(천연가스에 수소를 20~30% 혼합하는 차세대 기술인 수소천연가스(HCNG) 복합충전소로 천연가스 개질기를 통해 혼합에 사용될 수소를 생산함)에서 운영 중인 외국산 개질기를 리버스 엔지니어링하여 30Nm^3/h급 천연가스 기반 개질기를 자체 설계·제작하여 운영하고 있다.

국내에서는 현장생산형(On-site) 수소 생산 설비 개발이 활발하며, 국내 연구진이 국산화에 성공하여 ㈜원일티엔아이에 기술이전하였다. 에너지기술연구원에서 현장생산형 고순도 수소 생산유닛 100% 국산화에 성공했으며 기존 수소 정제에 사용되는 압력변동흡착(PSA, Pressure Swing Adsorption) 방식과 다른 진공 압력변동흡착(VPSA, Vacuum PSA) 방식을 자체 개발하여 적용하였다. VPSA 방식 적용으로 유효 흡착량 증대 및 분리효율 극대화를 통해 수소정제 효율 99.999% 이상 및 CO^2 농도 0.2ppm 이하의 성능을 나타내었다.

[그림 Ⅳ-6] 국내개발 수소개질 설비, KIER HyPU250(좌)와 KIER HyPU100(우), 한국에너지기술연구원

[표 Ⅳ-3] 주요국 개질수소 설비 성능 비교

모델	(프) HGM-10000	(일) HYSERVE-300	(독) Hydroprime
수소 생산용량	268Nm³/h	300Nm³/h	330~1000Nm³/h
원료	천연가스	도시가스, LPG	
수소 순도	99.999 vol.%		
수소 제조효율	75%	79%	69%
수소 생산 압력	2.00MPaG	0.70MPaG	1.38MPaG
설치 면적 (W(m) x D(m) x H(m))	7.7 x 2.4 x 2.7	7.5 x 3.0 x 3.3	14 x 3 x 4

[표 Ⅳ-4] 한국에너지기술연구원 개질수소 설비 성능

모델	KIER HyPU-100	KIER HyPU-250
수소 생산용량	100Nm³/h	250Nm³/h
원료	도시가스	
수소 순도	99.999 vol.%, CO 〈 0.2 ppm	
시스템 효율(HHV)	80% 이상	
수소 생산 압력	8 기압	
설치 면적 (W(m) x D(m) x H(m))	3.8 x 2.6 x 3.6	7.5 x 3.0 x 3.5

3. 촉매 기초 이론

1) 불균일 고체 촉매

문자 그대로, 촉매 작용은 물질의 분해를 의미한다(고대 그리스어: *κατ΄α* = down, *λυσις* = loosening 또는 dissolving). 오늘날 우리는 화학 반응의 가속화를 의미하기 위해 촉매라는 용어를 사용한다. 촉매는 화학 반응을 촉진하는 물질이다. 외부 관찰자에게는 촉매가 '반응을 더 빠르게 만드는' 것처럼 보인다. 대부분의 경우 촉매는 실제로 다른 빠른 반응 경로를 가능하게 한다. 그러나 우리는 촉매를 이야기할 때 다음과 같이 '촉매는 공정에서 소모되지 않고 반응을 더 빠르게 진행시키는 것'이라는 일반적인 정의를 사용한다. 촉매는 공정에서 소모되지 않기 때문에 각 촉매 분자는 많은 연속적인 사이클에 참여할 수 있으므로 소량만 필요하다. 촉매는 크게 3종류로 나눌 수 있는데 반응물에 녹지 않는 불균일 고체 촉매, 주로 액체인 반응물에 함께 녹아 있는 균일 촉매, 그리고 생체 내에서 작용하는 효소 촉매 혹은 생 촉매이다.

[그림 IV-7] 촉매 설명 모식도, Rothenberg, Catalysis Concepts and Green Applications, WILEY-VCH

대개의 고체 촉매는 활성점, 지지체, 조촉매 또는 촉진제의 3가지 재료로 구성되어 있다. 활성점은 촉매 활성을 제공하는 물질이므로 가장 중요한 재료이고 지지체는 촉매의 활성성분을 작은 입자로 안정시킴으로써 그 표면적을 넓혀주는 재료인데 촉매에 따라서는 지지체를 사용하지 않는 경우도 있다. 촉진제는 촉매의 성능을 추가로 높여주는 첨가물로서, 이 역시 촉매에 따라 포함되지 않는 경우도 있다.

오늘날 불균일 고체 촉매는 석유화학 및 벌크 화학 산업을 지배하고 있다. 산업용 촉매의 매출은 2015년에 190억 달러를 넘어섰다. 역사적으로도 불균일 촉매는 지난 세기에 우리의 삶에 큰 영향을 미쳤다. 1908년 독일 화학자 프리츠 하버(Fritz Haber)는 오스뮴 촉매를 통해 고압에서 N_2와 H_2를 공급하여 암모니아 합성에 성공했다. 이 발견은 BASF의 Carl Bosch와 Alwin Mittasch에 의해 발전되었으며, 이들은 상업적 촉매 역할을 할 수 있을 만큼 충분히 활성이고 저렴한 철 기반 화합물을 찾을 때까지 2500가지가 넘는 다양한 재료를 테스트했다. Haber-Bosch 암모니아 합성은 전 세계적으로 가장 중요한 화학 공정 중 하나가 되었으며 Haber는 1918년 노벨 화학상을 받았다. 질소 고정은 인류에게 꼭 필요한 비료를 제공하여 증가하는 세계 인구의 작물 수확량을 향상시켰다. 아이러니하게도 같은 공정은 폭발물 제조를 위한 원료도 제공하여 제1차 세계 대전에서 독일의 입지를 강화했다.

1930년대에는 탄화수소 분해, 알킬화 및 탈수소화를 위한 세 가지 중요한 유형의 정제 촉매가 개발되었다. 다시 한 번, 이종 촉매 작용은 제2차 세계 대전에서 전쟁에서 중요한 역할을 했다. 연합군은 새로운 분해 및 알킬화 촉매를 사용하여 더 높은 옥탄가의 항공 연료를 생산하여 유명한 영국 전투에서 Spitfires가 Messerschmitts보다 우수한 성능을 발휘하도록 했다. 유사하게, 메틸 시클로 헥산의 촉매적 탈수소화는 TNT를 만드는 데 필요한 톨루엔을 양쪽에 공급했다. 정치적 혼란에서 나온 또 다른 중요한 촉매 과정은 Fischer-Tropsch 합성이었다. 독일과 일본은 석탄이 풍부했지만 석유의 안정적인 공급원이 없었다. 석탄 가스화에서 합성 가스를 얻은 후 Co/Fe 촉매 Fischer-Tropsch 공정은 이 합성 가스를 전환하여 C5-C11 올레핀과 파라핀이 풍부한 액체 혼합물을 제공한다. 남아프리카 공화국은 또한 아파르트헤이트 기간 동안 석탄에서 합성 가스를 연료로 전환하는 이 과정을 사용하여 석유 공급 부족을 보충했다. 실제로 점점 더 많은 국가에서 보다 깨끗한 탄소원으로 천연 가스 및 바이오매스 가스화로 전환함에 따라 Fischer-Tropsch 유형 공정이 다시 요구되고 있다.

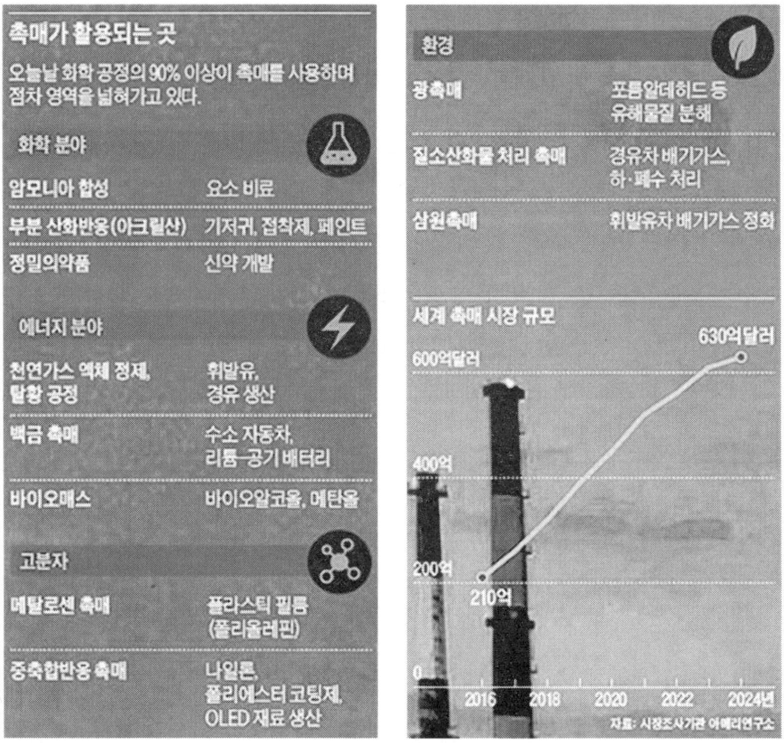

[그림 Ⅳ-8] 산업적으로 중요한 대표적 촉매, ChosunBiz

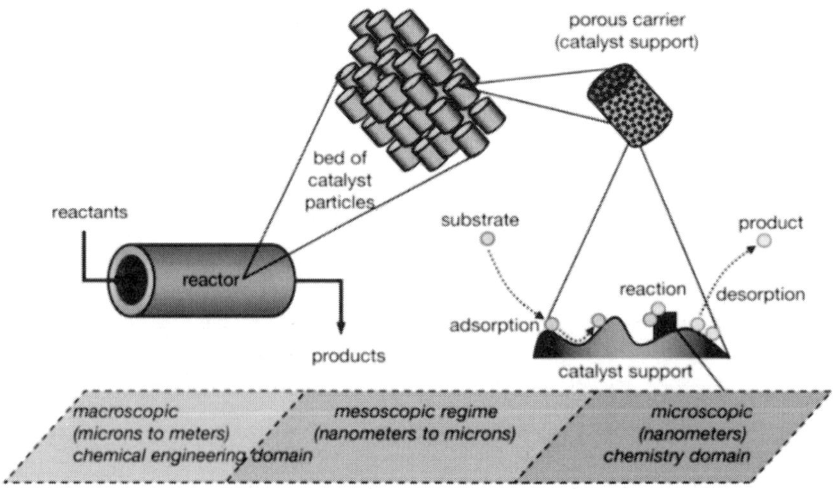

[그림 Ⅳ-9] 스케이별 불균일 고체 촉매 및 연속식 반응기 모식도, Rothenberg, Catalysis Concepts and Green Applications, WILEY-VCH

고전적인 기체/고체 불균일 촉매는 이처럼 다양한 산업적 촉매 반응의 대부분을 차지한다. 전 세계적으로 화학 물질의 90% 이상이 고체 촉매 기반으로 제조된다. 불균일 촉매가 이처럼 많이 사용되는 까닭은 촉매가 고체이므로 반응 후에 액상이거나 기상인 반응물과 촉매를 분리하는 별도의 공정이 필요 없어 공정을 중단하지 않고 연속으로 가동할 수 있기 때문이다. 기체 반응물은 일반적으로 고온에서, 때로는 고압에서 촉매 층에 공급된다. 이러한 조건은 예를 들어 플러그 흐름 반응기를 사용하는 연속 공정에 적합하다. 반응물은 반응기로 들어가고 생성물은 반응기를 떠난다. 내부에서는 상황이 더 복잡하다. 반응물은 촉매 기공을 통해 확산되고 표면에 흡착되어 활성 부위로 이동하고 그곳에서 반응하고 기체 상태로 다시 탈착되어야 한다. 이 모든 단계는 분자 수준에서 발생한다(미시적 수준이라고도 하지만 실제로는 미시적 수순이 아니라 나노 수준임). 그러나 촉매 자체는 복잡한 표면 구조를 가진 거시적 대상이다. 따라서 거시적 수준에서의 물리적 상호작용도 반응 결과에 영향을 미친다. 이것이 불균일 촉매 작용을 복잡하게 만드는 것이다. 모든 기체/고체 촉매 사이클에서 적어도 하나의 반응물은 한 지점에서 촉매 표면에 흡착되어야 한다. A+B → C 반응을 생각해보면 두 가지 옵션이 있다. 첫 번째로 반응물 A와 B는 먼저 촉매에 흡착되어 서로 이동하고 표면에서 반응하여 생성물 C를 제공한다. 그러면 생성물이 표면에서 기체상으로 탈착된다. 이 경로는 Langmuir-Hinshelwood 메커니즘으로 알려져 있다 (그림 10a, 11).

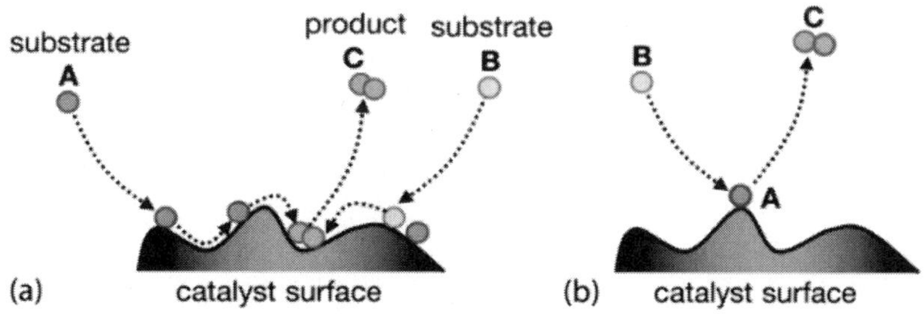

[그림 Ⅳ-10] 기체/고체 불균일 촉매 반응 메커니즘: (a) Langmuir-Hinshelwood, (b) Eley-Rideal, Rothenberg, Catalysis Concepts and Green Applications, WILEY-VCH

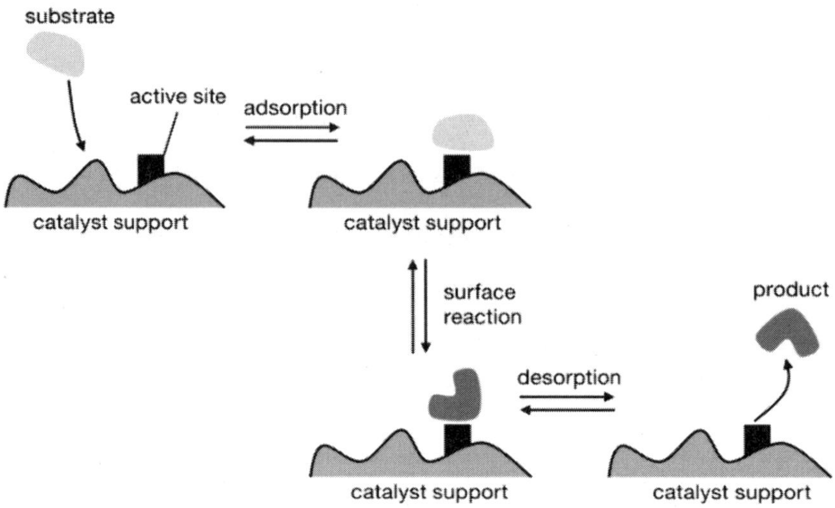

[그림 IV-11] Langmuir-Hinshelwood 모델을 따르는 촉매 표면 모식도, Rothenberg, Catalysis Concepts and Green Applications, WILEY-VCH

2) 활성점 (Active site)

표면 상호작용은 촉매의 활성, 선택성 및 안정성의 핵심이다. 또한 촉매의 입자 크기, 모양 및 기계적 강도가 중요한데 입자 크기는 접근 가능한 활성 표면적과 직접적인 관련이 있다. 예를 들어, 백금은 알칸 탈수소화를 위한 우수한 촉매이지만 또한 매우 비싸다(2016년 Pt의 평균 가격은 $31/g). 세제곱센티미터의 Pt를 촉매로 사용한다고 가정해보면 이 큐브의 무게는 21.3g이고 비용은 약 $660이다. 이러한 입방체의 사용 가능한 표면적은 한 면이 반응기에 부착되어야하기 때문에 5cm^{2}에 불과하다. 만일 이 입방체를 10^{12}개의 더 작은 입방체로 쪼개면 각 입방체는 1μm이다. 사용 가능한 총 표면적은 5×10^{12}μm^2 또는 50000cm^{2}이다. 최첨단 촉매 합성 방법은 2nm 입자만큼 작게도 합성할 수 있으며 그에 따라 거대한 표면적을 제공한다. 이러한 작은 입자를 고온에서 하나의 반응기에 장착하면 매우 높은 압력상승과 응집이 발생하지만 활성 코팅을 통해 이를 피할 수 있다. 예를 들어 실리카, 알루미나, 제올라이트 또는 탄소와 같이 높은 표면적을 갖는 (다공성) 지지체에 금속 입자를 담지한다. 거시적 규모에서 촉매 입자의 모양과 기계적 강도는 특히 대규모 응용 분야에서 중요하다. 정제 반응기는 높이가 20미터일 수 있고 100톤의 촉매를 사용하여 반응을 진행할 수도 있는데 촉매 입자의 바닥층이 아래에 있다고 상상해보면 이는 아프리카 코끼리 20마리를 합친 무게와 비슷하다. 입자의 크기와 모양은 반응기의 패킹을 결정하고 궁극적으로 촉매로의 또는 촉매로부터의 기체 반응물 및 생성물의 흐름을 결정한다. 따라서 다공성 고체는 종종 촉매나 촉매 지지체로 사용된다. 이러한 재료는 표면적이 너무 커서 Football Pitch Equivalents 또는 FPE를 사용하기도 합니다. 표준 축구 경기장은 105 × 68미터이고 면적은 7140제곱미터(1.76에이커)이다. 예를 들어, γ-알루미나(표면적이 대략 200m^2/g인 일반적인 고체 산 촉매)를 생각해보면 γ-알루미나 압출물의 무게는 약 50g 이지만 면적은 1.4FPE이다.

표면에서 불균일 촉매 작용이 일어난다는 사실은 우리가 생각하는 것만큼 표면이 좋고 균일하지 않기 때문에 일을 복잡하게 만든다. 현미경 수준에서 금속 결정 표면은 다양한 단계와 꼬임을 보여준다. 놀랍게도, 종종 이러한 불규칙한 지점에서 촉매 작용이 일어난다. 이것은 그 지점들의 표면 원자들이 완전히 배위되어 있지 않고, 따라서 기질 분자들과 상호작용하기 위한 더 많은 선택권을 가지고 있기 때문이다. 금속-유기체 프레임워크(MOF)와 같은 활성 다공성 구조도 마찬가지이다. 즉, 가장 높은 활성도를 발생시키는 구조의 결함이다. 활성 부위의 개념은 1920년대에 영국의 화학자 휴 테일러가 제안한 것으로, 휴 테일러는 또한 표면에서의 활성 부위가 사이일 수 있다고 주장했다. 오늘날 우리는 Taylor가 옳았고, 우리가 '촉매'라고 부르는 것이 대부분 비활성 표면으로 이루어져 있으며, 매우 활동적인 몇몇 점들이 있다는 것을 알고 있다.

촉매 활성 부위는 에너지적으로 흡착에 선호되는 부위가 아닌 경우가 많다(즉, 흡착이 발열성이 더 높은 다른 부위가 표면에 있다). 흡착이 가장 선호되는 장소는 '너무 좋다'는 것일 수 있는데, 흡착하는 어떤 종이라도 그 곳에 머무를 수 있다는 것이다. 활성 부위는 Sabatier's 원리를 따르며, 반응물이 흡착될 수 있어야 하지만 반응 후 생성물도 이탈할 수 있어야 한다. 활성 부위는 모두 동일하고 서로 격리되어야 한다. 산업용 불균일 촉매는 종종 다양한 유형의 활성 부위와 함께 무정형, 다성분 및 다상 고체이기 때문에 거의 그렇지 않다. 그럼에도 불구하고 한 가지 중요한 예외가 있다: Zeolites 및 Zeotypes (예: ZIFs 및 MOFs). 이러한 결정성이 높은 물질은 균일한 거리에서 동일한 활성 부위의 설정을 포함하여 정확한 특징을 갖도록 합성할 수 있다. 보시다시피, 이것이 제올라이트의 주요 장점 중 하나이며, 오늘날 많은 산업 공정에서 선호되는 촉매이다.

3) 촉진제(Promoter)

실제 촉매는 일반적으로 여러 다른 원소를 포함하는데 이는 불순물뿐만 아니라 촉매 합성 과정에서 첨가되는 소량의 촉진제 역할을 한다. 이러한 화합물을 추가하면 촉매 활성, 선택성, 안정성 등이 향상된다. K, Na와 같은 알칼리 금속은 종종 활성 수정체 또는 전자 촉진제로 사용된다. 촉진제가 주변 부위를 활성화시키기는 하지만 활성 촉매 그 자체는 아니다. 알칼리 이온은 전이 금속에 비해 표면 에너지가 낮기 때문에 촉매의 상층부로 분리되어 높은 표면 농도를 나타낸다. 촉매 합성 과정에서 0.5% Na를 첨가하면 석회화 및 환원 후 표면에 10% Na까지 생성될 수 있다. 예를 들어, 암모니아 합성은 두 가지 촉진제로, 즉 Al_2O_3 및 K_2O, 자철석(산화철) 촉매를 통해 수행된다. Al_2O_3는 철 입자의 소결을 방지함으로써 촉매의 안정성을 향상시킨다. K_2O은 들어오는 N_2 분자와 상호작용하여 표면에서 N_2의 해리를 촉진한다. 단결정 연구에 따르면 칼륨이 철 결정의 [100] 표면에 첨가되면 암모니아 합성 속도가 300배 증가하여 암모니아 합성에서의 속도 결정 단계가 실제로 N_2의 해리 화학 분해임을 확인할 수 있다.

4) 지지체(Support)

촉매 지지체는 활성 성분의 최적 분산, 접근성 및 소결 방지 안정성을 제공해야 한다. 많은 고체 촉매에서 활성 성분은 작은 금속 클러스터인 반면 지지체 재료는 용해점이 높은 단단하고 반응성이 없는 물질이다. 규소, 티타니아, 알루미나 및 다공성 탄소가 대표적인 예이다. 그러나 유기 및 하이브리드 유기/무기농 고분자도 고체 지지체로 사용될 수 있다. 지지체의 사용은 다양한 촉매 파라미터에 영향을 미칠 수 있다. 대부분의 지지체 재료는 화학적으로 비활성이다. 지지체는 단순히 활성 부위를 고정하기 위한 강하고 안정적인 표면을 제공한다. 그러나 일부 지지체는 적극적으로 반응에 참여하기도 한다. 예를 들어 Ceria 기반의 혼합 산화물(CeX)은 고체 산소 교환 기능이 있다. 350°C 이상의 고온에서 $Ce^{3+} \Leftrightarrow Ce^{4+} + e^-$ 레독스 사이클은 산소 저장 및

fluorite 격자로부터의 산소 방출을 용이하게 한다. 이러한 특성은 Ceria를 산화반응에 대한 촉매 지지체로서 적합하게 한다. 때로는 지지제 자체가 촉매로 작용하여 biofunctional catalyst 시스템을 만들기도 한다.

그 이외에 촉매반응에서 다른 두 가지 중요한 요소는 물질 전달과 열 전달이다. 반응이 균질하고 잘 교반되어 모든 기질 분자가 촉매 중간체에 도달할 동등한 기회를 갖아야 이상적인 반응이 진행된다. 분자가 다공성 구조의 촉매 입자에 도달하면 반응물은 먼저 기공으로 확산되어야 하고 흡착되면 분자는 활성 부위에 도달하기 위해 표면 이동이 필요하다. 생성물 분자도 잘 확산되어 나가야 한다. 효율적인 열 전달도 중요한데, 많은 가스/고체 시스템에서 열 형태의 에너지는 촉매 입자와 반응기 벽을 통해 소산되어야 한다. 그렇지 않고 불균일한 열 전달은 핫스팟, 촉매 소실 등을 유발할 수 있다.

[그림 Ⅳ-12] 다양한 성형촉매, 희성촉매주식회사

4. 현장생산형 중소형 개질기 및 개질촉매반응

수소는 현재 화석연료(96%), 즉 천연가스에서 수증기메탄개질반응(SMR)을 이용하여 생산되고 있으며, 대량으로 수소를 생산하는 것은 이미 상용화 되었다. 그러나 기존의 대규모 시스템에도 불구하고 연료 전지 차량(FCV)과 현장/분산 발전 시스템의 사용으로 인해 증가할 것으로 예상되는 수소에 대한 수요를 충족시키는 것은 어렵다. 따라서, 수소 공급 인프라의 핵심인 국지 수소 공급을 위한 중소 규모의 수소 생산 시스템의 개발이 현재 요구되고 있다. 소형 개질기의 경우, 계통 전체의 스케일다운이 일차적으로 요구되지만, 이는 열효율을 떨어뜨리고 처리능력을 증가시킨다. 콤팩트 개질기의 핵심 단위 공정에는 SMR, 수성가스전이반응(WGS), CO 선택적산화반응(PROX)이 포함되는데, 통합되고 공정간 조화로운 기술의 개발이 이와 관련하여 매우 중요하다. 반응기의 소형화로 인해 새롭게 확립된 반응 조건 하에서 효과적인 운전을 보장하기 위해 이러한 각 공정에 맞춤형 촉매가 사용되어야 한다. 이제 SMR, WGS, PROX 각 촉매 및 반응에 대해서 알아본다.

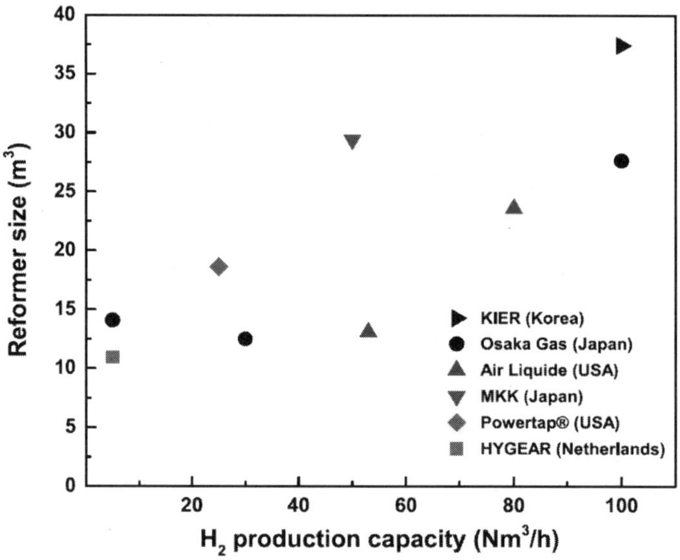

[그림 Ⅳ-13] 중소형 개질기의 수소생산용량 및 개질기 크기 비교, Lee et al., Chemical Engineering Journal, 2022

1) SMR 촉매 및 반응

이 공정에 촉매를 효과적으로 사용하려면 SMR의 반응 특성을 이해해야 한다. 메탄 개질은 메탄을 증기(H_2O), 산소(O_2), 이산화탄소(CO_2)와 같은 다양한 종류의 산화제를 사용하여 일산화탄소(CO)와 수소(H_2)로 구성된 합성 가스로 전환하는 것을 포함한다. 식 (1, 2, 3)은 아래와 같이 SMR과 DMR(dry reforming of methane)이 상당한 흡열반응이고, POM(partial oxidation of methane)은 발열반응이 상대적으로 약함을 알 수 있다. 따라서 SMR 및 DMR 반응은 일반적으로 700°C 이상의 온도에서 작동되고 이러한 반응에 사용되는 촉매는 높은 반응 온도에서 안정해야 한다.

$$[SMR]\ CH_4 + H_2O \rightarrow CO + 3H_2, \quad \Delta H = +206kJ/mol \quad Eq.\ (1)$$

$$[DMR]\ CH_4 + CO_2 \rightarrow 2CO + 2H_2, \quad \Delta H = +286kJ/mol \quad Eq.\ (2)$$

$$[POM]\ CH_4 + 0.5O_2 \rightarrow CO + 2H_2, \quad \Delta H = -36kJ/mol \quad Eq.\ (3)$$

흡열 특성 외에도 고온(> 700°C)에서 SRM의 높은 반응 속도는 열과 물질의 빠른 전달을 필요로 한다. 기존의 산업 규모 개질기에서 필요한 양의 열을 로에서 튜브 반응기로 공급할 수 있다. 반응물 및 생성물의 확산 속도에 비해 반응 속도가 빠르기 때문에 펠렛형 촉매의 유효성 계수가 극히 작다. Xu와 Froment는 촉매 펠릿의 극히 작은 부분이 산업적 규모의 개질기 작동에 사용될 때 0.03 미만의 유효성 계수를 얻었다.

코크스 침착은 흡열 메탄 개질 반응(SMR 및 DMR)에서 중요한 문제이며 반응기의 막힘 및 촉매 펠릿의 단편화를 통해 촉매 비활성화를 유도한다. SMR에서 이론상 최소 증기 대 탄소 비율(S/C)은 1이다. 그러나 코크스 형성을 억제하기 위한 일반적인 반응 조건은 S/C 2.5-3.0이다. 과잉 증기는 코크스 침착을 억제하지만 과잉 증기를 생성하는 데에 필요한 에너지는 SMR의 에너지 효율을 감소시킨다. Boudouard 반응으로도 알려진 메탄 분해(식(4))와 CO 불균등화(식(5))은 탄소 침착의 두 가지 주요 경로로 알려져 있다.

$$CH_4 \rightarrow C + 2H_2, \quad \Delta H = +75kJ/mol \quad Eq.\ (4)$$

$$2CO \rightarrow C + CO_2, \quad \Delta H = -172kJ/mol \quad Eq.\ (5)$$

SMR의 이러한 반응 특성을 고려하여 대규모 산업 개질 시스템이 상용화되었다. 이것은 안정한 촉매와 SMR 프로세스가 이미 확립되었다는 것이다. 대규모 산업 개질 시스템의 촉매 및 공정을 향상시킬 수 있는 여지가 사실상 많지는 않다. 그러나 기후변화와 탄소중립에 대한 우려로 소형 개질기 시스템을 갖춘 분산형 수소 생산 스테이션에 대한 수요가 증가하고 있다. 현장 수소 생산을 위한 소형 개질기의 설계에 있어 대규모 산업 개질기에 비해 일일 시동 및 정지(DSS), 부하 변동에 대한 빠른 응답, 코크스 저항, 열 집적 등의 새로운 특성 및 개질기의 소형화가 고려되어야 한다. DSS, 코크스 형성 및 빠른 열 교환은 SMR 공정에 사용되는 촉매에 매우 중요한 요소이다. 이러한 요소는 궁극적으로 성공적인 현장/분산 수소 스테이션의 보급을 달성하기 위해 소형 개질기용 촉매의 촉매 활성 및 장기간 안정성의 관점에서 신중하게 고려되고 평가되어야 한다.

Ru, Pt, Rh, Pd 및 Ir과 같은 귀금속 기반 촉매가 코크스 내성 및 반응성이 높은 SMR 촉매로 알려져 있고 이러한 귀금속 중에서 Ru는 낮은 탄소 증착율 및 가장 높은 개질 활성을 보인다고 보고되기도 했다. 비용 및 촉매 활성과 같은 요인을 고려하여 Osaka Gas는 SMR의 상용 촉매로 알루미나에 담지된 Ru를 사용했다. 그러나 특정 귀금속(Pt, Rh)은 높은 활성과 코크스 저항성을 모두 나타내지만, 매우 높은 비용으로 인해 상용화가 어려워 저가의 전이금속 촉매 개발이 필요하고 Ni 기반 촉매가 가장 적합한 것으로 알려져 있다. Ni 기반 촉매는 안정적이고 효율적인 산업 규모의 SMR 공정을 개발하기 위한 상업용 촉매로 광범위하게 사용되었다. 산업 규모의 개질기에 사용되는 상용 촉매의 일반적인 조성은 표 5에 요약되어 있다. 현장 수소 생산을 위한 작동 조건으로 인해 Ni 기반 촉매는 Ni 결정에서 탄소 용해로 인해 Ni에 코크스가 불가피하게 형성되는 문제가 있다.

[표 IV-5] SRM 상용촉매의 재료 및 조성(Lee et al., Chemical Engineering Journal, 2022)

Ni loading	Support	Additives
9-16 wt%	α-Al_2O_3 or $MgAl_2O_4$	MgO, CaO, or K_2O

제조사 : Johnson Matthey, Haldor Topsoe, UCI, BASF

Ni 기반 촉매의 성능을 향상시키기 위해 다양한 유형의 지지체가 검토되었다. 600°C의 반응 온도에서 여러 지지체의 촉매 활성은 다음과 같은 순서인 것으로 밝혀졌다. $Ni/MgAl_2O_4 \approx Ni/ZnAl_2O_4 \gg Ni/\alpha\text{-}Al_2O_3 > Ni/SiO_2$. 이러한 유형의 지지체 외에도 CeO_2 및 ZrO_2 도핑된 CeO_2는 주로 그들의 산소 저장 용량 또는 산화환원 특성 때문에 Ni 입자를 안정화하는 데 사용되었다. 그러나 이러한 촉매의 열적 안정성은 장기적 안정성을 위해 더욱 개선되어야 한다. 다양한 유형의 지지체를 사용한 Ni 기반 촉매의 최적화는 안정적인 작동 조건에서만 유효하다. 따라서 DSS 및 높은 공간 속도와 같은 소형 개질기의 가혹한 작동 조건을 고려할 때 최적화된 Ni 기반 촉매와 함께 귀금속 기반 촉매도 고려해야할 것으로 보인다.

2) WGS 촉매 및 반응

SMR을 통해 생산된 합성 가스는 이후에 WGS 반응기로 이동된다. WGS 반응(식 (6))은 합성 가스의 CO 성분이 CO_2로 전환되고 추가 수소가 생성된다.

$$CO + H_2O \rightarrow CO_2 + H_2,\ \Delta H = -41\ kJ/mol \qquad \text{Eq. (6)}$$

WGS 반응은 적당한 발열 반응이며, 이는 최대 CO 전환이 열역학적 평형에 의해 제한됨을 나타내며, 그 값은 반응 온도에 따라 다르다. 평형 상수(Kp)는 반응 온도가 증가함에 따라 감소한다. 또한 315-480°C의 온도 범위에서 Kp는 Eq.를 사용하여 평가할 수 있다 (7).

$$Kp = \exp[(4577.8/T) - 4.33] \qquad \text{Eq. (7)}$$

T의 단위는 K. 따라서 낮은 온도에서 높은 CO 전환율이 선호된다. 반응은 가역적이며 반응 생성물(H_2 및 CO_2)에 의해 순방향 속도가 크게 억제된다. 반면에 화학양론적 양보다 많은 양의 증기(H_2O)가 있으면 CO 전환이 향상된다. 단열 조건에서 반응이 작동되는 경우 반응의 발열 특성으로 인한 촉매층의 온도 증가는 열역학적 제한으로 인해 CO 전환율을 낮출 수 있다. 따라서 WGS 반응로는 일반적으로 두 개의 베드, 즉 고온(HTS) 및 저온 이동(LTS) 반응로로 나뉜다. HTS 반응기의 출구에서 CO의 농도는 3-5wt% 수준과 LTS 반응기에서 200°C의 출구 온도에서 약 0.3wt%이다. 더 낮은 반응 온도의 적용은 증기의 응축으로 인해 어렵고 촉매 활성을 감소시킨다.

소형 개질기를 위한 WGS 공정의 경우, 반응의 통합과 반응기 크기의 최소화와 관련된 문제 등 아직 해결해야 할 사항들이 있다. WGS 반응기의 집적화 및 소형화를 가능하게 하기 위해 새롭게 확립된 반응 조건에 대한 맞춤형 촉매가 개발되어야 한다. 기존의 WGS 반응기는 반응 역학 및 열역학적 한계를 고려하여 HTS와 LTS 반응기로 구성된다. 반응기 크기를 최소화하기 위해 HTS와 LTS로 구분되지 않는 통합된 단일 단계 WGS(또는 중온 WGS) 공정이 제안되었다. HTS와 LTS 반응기의 통합은 단일 반응기를 사용하는 1단계 공정의 작동을 보장하기 위해 필요하다. 또한 처리 용량의 증가는 반응기 크기의 최소화를 수반해야 한다. 그러나 소형 개질기에 상용 HTS(Fe-Cr) 및 LTS(Cu-Zn-Al) 촉매를 적용하면 발화성, 긴 환원 단계 및 저속 처리능력 등이 필요해서 반응 온도와 처리 용량에 중점을 둔 효율적인 단일 단계 WGS 공정 설계를 목표로 삼아야 한다.

최근에는 활성 금속, 지지체, 촉진제 및 형태와 같은 요소를 대상으로 하여 반응기의 통합 및 소형화에 중점을 두고 콤팩트 개질기에 적용하기 위한 WGS 반응 촉매는 Pt 및 Cu 기반 촉매에 대한 연구가 주를 이룬다. 활성 금속으로 Pt 또는 Cu를 사용하는 경우 주로 CeO_2를 지지체로 사용한다. Pt계 촉매는 경제성 측면에서 한계가 있어 Cu계 촉매와 같은 대체재를 사용해야 한다. 그러나 Cu는 적용 가능한 온도 범위가 좁고 소결에 취약하다는 단점이 있다. 따라서 이러한 장애를 극복하기 위해서는 추가적인 연구가 필요하다. CeO_2 지지체는 고유한 산소 저장 능력(Oxygen Storage Capacity, OSC)으로 인해 WGS 반응에 대한 이점 때문에 광범위하게 연구되었다. 따라서 CeO_2를 이용하여 OSC를 최대화하는 것이 향후 연구에서 가능한 전략으로 사용될 수 있다. 기존의 대규모 수소 생산 시스템에서 Fe와 Cu는 HTS와 LTS에서 각각 활성 금속으로 활용된다. 그러나 반응기의 집적화 및 소형화로 인해 영향을 받는 처리능력 및 온도를 기반으로 하는 소형 개질기의 어려움으로 인해 귀금속 및 비귀금속을 포함한 활성 금속도 고려되어야 한다.

3) PROX 촉매 및 반응

WGS 단계 후 얻어진 가스는 일반적으로 0.5%의 CO를 포함하고 있고 CO 농도가 100ppm 이하인 경우는 WGS 반응만으로는 거의 없다. 연료전지 전극에 가장 효율적인 촉매로 간주되는 백금은 CO에 의해 쉽게 피독되기 때문에 양성자 교환막 연료전지

(PEMFCs)에 대한 수소 공급에서 CO 농도는 10ppm 이하로 유지되어야 한다. 이 단계는 수소 분리와 CO의 촉매 변환이라는 두 가지 접근방식 등의 후처리를 필요로 한다. 전자는 극저온 분리, 압력 스윙 흡착(PSA) 및 선택적 확산을 포함하며 후자는 CO methanation 및 CO 선택적 산화반응(PROX)를 포함한다. PROX는 소규모 애플리케이션에 유망하며 수소의 최소 소비와 비용 효율성 때문에 광범위하게 사용되어 왔다.

PROX 단계는 PEMFC 이전과 WGS 단계 이후의 CO 농도를 최소 H_2로 최소화하며, 주요 반응은 다음과 같다.

$$CO + O \rightarrow CO_2, \quad \Delta H = -283 \text{ kJ/mol} \qquad \text{Eq. (8)}$$

$$H_2 + O \rightarrow H_2O, \quad \Delta H = -241.8 \text{ kJ/mol} \qquad \text{Eq. (9)}$$

높은 활성과 선택성을 가진 PROX 반응은 WGS 반응기 출구와 PEMFC 입구(일반적으로 25-200°C) 사이의 좁은 온도창 내에서 반응 온도를 유지하면 달성될 수 있다. 그러나 두 반응 모두 발열성이 높기 때문에 최적의 범위에서 반응 온도를 제어하는 것은 어렵다. 높은 온도에서의 반응은 낮은 반응 온도에서 제한되는 반면 선택성의 감소로 이어진다. 또한 역 WGS(Eq.10), (Eq.11), (Eq.12) 및 CO(Eq. (11) 및 CO_2 (Eq. (12)) methanation과 같이 H_2 생산성을 감소시키는 원치 않는 2차 반응이 발생한다.

$$CO_2 + H_2 \rightarrow H_2O + CO, \quad \Delta H = 41 \text{ kJ/mol} \qquad \text{Eq. (10)}$$

$$CO + 3H_2 \rightarrow CH_4 + H_2O, \quad \Delta H = -206 \text{ kJ/mol} \qquad \text{Eq. (11)}$$

$$CO_2 + 4H_2 \rightarrow CH_4 + 2H_2O, \quad \Delta H = -164 \text{ kJ/mol} \qquad \text{Eq. (12)}$$

PROX 반응의 열역학에서 비롯된 이러한 어려움에도 불구하고, 매우 효율적인 PROX 반응은 최적화된 촉매 설계로 달성할 수 있다. 다음은 PROX 촉매 설계에 필수적인 요소들이다. 1) 저온 범위에서 높은 CO 산화 활성, 가급적이면 200°C 미만, 2) 수소보다 높은 CO 산화 선택성, 3) CO 변환률이 $\leq$ 99%인 넓은 온도 창, 4) CO_2 및 H_2O 가스 또는 혼합물에 대한 탁월한 비활성화 저항성을 갖는 것이다. 또한 촉매의 비용 효율성을 향상시킬 수 있는 금속 종의 크기를 줄임으로써 고가의 귀금속을 최적으로 활용하는 것은 여전히 어려운 과제이다. 전반적으로 사용기간(~10년) 중 CO를 10 ppm 이하로 제거하기 위한 높은 활성, 선택성 및 안정성을 가진 PROX 촉매를 합리적인 가격에 개발해야 한다.

촉매는 지원되는 활성 물질에 따라 귀금속 촉매, Cu 촉매 및 Au 촉매의 세 가지 주요 범주로 분류될 수 있다. 지난 5년 동안 발표된 180편의 연구 논문에 따르면 Cu는 주로 PROX 촉매의 활성 부위로 사용되었고, Au(26%), Pt(18%), Co(8%), Rh(2%) 순이었다. 지지체 재료에 있어서, 가장 지배적인 재료는 CeOx(46%)였고, Al_2O_3 (11%), FeOx(9%), TiO_2(5%) 그리고 다른 것들이 그 뒤를 이은다.

장기 반응 안정성과 관련하여 주거용 PEMFC 계통의 최소 내구성 기간은 10년 (87,600h)이다. 내구성이 1년(8,760h) 이상인 PROX 촉매는 거의 보고되지 않았다. Pt/Al_2O_3 촉매가 1,000h 동안 선택적 CO 산화 반응 활성이 있다고 보고되었으나 900시간의 반응 후 배출구 CO 농도는 100ppm을 초과하였다. 오사카 가스에서는 억제된 CO 배출구 농도가 10ppm 미만, 1000 시작-정지 사이클 및 25,000회 이상의 부하 변화 조건 하에서 10,000시간 이상 동안 1-kW급 연료 프로세서의 안정적인 성능을 입증하였다. 또한 CO 농도가 10ppm 미만인 상태에서 PROX 촉매의 내구성을 40,000h와 90,380h 동안 입증하였다. 1.0wt% Ru/Al_2O_3 기반 촉매를 사용하였고 2개의 1-kW급 주거용 PEMFC에 대한 개별 운전을 통해서 높은 활성과 안정성을 확인했으며 배출가스 스트림 내 CO 농도는 약 0.5%의 주입 가스 내 CO를 약 5년(40,000h)와 10년간(90,380h) 작동 후 각각 1ppm과 2ppm 미만인 것으로 나타났다.

PROX 반응에 가장 중요한 요건은 원하지 않는 H_2 산화 부반응이 일어나지 않는 높은 산화율 선택성이다. 또한 촉매는 CO_2와 H_2O에 대한 내성을 나타내야 한다. 왜냐하면 LTS 반응 후 PROX에서 H_2가 풍부한 스트림에서 CO_2와 H_2O가 필연적으로 존재하기 때문이다. 일반적으로 15%-25%의 CO_2와 10%의 H_2O가 H_2가 풍부한 스트림에 포함된다. CO_2 및 H_2O의 영향은 Pt 기반 촉매에 비해 상대적으로 Cu 및 Au 기반 촉매가 민감한 것으로 알려졌다.

PROX는 소형 개질기에 가장 적합한 CO 클린업 시스템이다. CO 농도를 PEMFCs에 대한 수소 공급에서 최소 10ppm 이하로 조절하는 것은 소형 개질기를 효과적으로 사용하는데 매우 중요하다. CO_2와 H_2O에 의해 매개되는 H_2 산화 및 불활성화를 최소화한 고선택성 CO 산화를 위한 좁은 온도창과 같은 PROX 반응의 장애물은 최적화된 촉매 개발을 통해 극복할 수 있다. 귀금속 기반 촉매(Ru 및 Pt), Au 기반 촉매 및 Cu 기반 촉매는 PROX 촉매로 광범위하게 연구되어 왔다. Au 기반 촉매는 저온 범위에서 강점을 보여준다. 그러나 H_2 산화는 온도가 증가함에 따라 빠르게 증가하여 온도 창이 좁아진다. 경제적인 전이 금속 기반 촉매, 특히 Cu와 CeO_2가 포함된 촉매는 장기적인 안정성은 아직 보고되지 않았지만 유망한 성능을 보인다. Ru- 및 Pt 기반 촉매는 비용 효율성은 낮지만 매우 성공적인 촉매로 간주된다. Ru 기반 촉매는 최대 10년까지 높은 활성도, 선택성 및 긴 내구성을 보였다. CO_2/H_2O에 의한 촉매 비활성화 메커니즘을 더 잘 이해하고 대규모 생산을 위한 단일 원자 촉매의 견고성을 강화하면 비용 절감과 PROX의 촉매 성능 향상으로 이어질 수 있다.

5. 수소 충전소

정부는 2022년까지 권역망 확대 및 연결을 통해 전국에 충전소 310기를 구축할 계획을 세웠다. 5개 권역별 충전소를 대폭 확대하여 권역망 확장 및 권역 내 촘촘한 충전소 구축을 위해서 150기 설치, 경부 서해안 영동 남해 등 주요 고속도로 및 교통거점에 구축, 권역 간 연결을 위해서 160기를 설치할 예정이다. 각 지역별 특성에 맞춰 가장 저렴한 수소 생산방안을 마련할 계획으로 예를 들어서 부생수소는 울산·여수·대산에, 추출수소는 서울·경기·강원 등에, 재생에너지를 활용한 그린수소는 전남·경남·제주 등에서 생산한다는 것이다. 또한 액화·액상수소 기술개발을 통한 저장 효율을 제고하고 수소 파이프라인을 활용한 대규모 운송 등을 통해 운송비를 절감할 계획이다. 주요 거점별 수소 저장설비를 구축하여 수소 수급을 안정화하고, 일정한 가격으로 수소를 유통할 수 있는 기반을 마련하는 것이 목표이다. 이를 위해서 수소가격이 목표한 수준이 될 때까지 수소충전소 설치 보조금을 유지하고, 운영 보조금을 신설하며 수소 가격인하 수준에 맞춰 점진적으로 보조금을 축소할 예정이다.

*( ) : 내수

		2018년	2022년	2040년
모빌리티	수소차	1.8천대 (0.9천대)	8.1만대 (6.7만대)	620만대 이상 (290만대)
	승용차	1.8천대 (0.9천대)	7.9만대 (6.5만대)	590만대 (275만대)
	택시	-	-	12만대 (8만대)
	버스	2대 (전체)	2,000대 (전체)	6만대 (4만대)
	트럭	-	-	12만대 (3만대)
	수소충전소	14개소	310개소	1,200개소 이상
	열차·선박·드론	R&D 및 실증을 통해 '30년 이전 상용화 및 수출프로젝트 추진		

* 위 수소차 목표는 내수와 수출을 포함한 생산량임

[그림 IV-14] 수소차 및 수소충전소 설치 계획, 2019 수소경제활성화 로드맵

❶ 수소 파이프라인 연결형 (3개 도시 기존 구축망 활용, 200km)

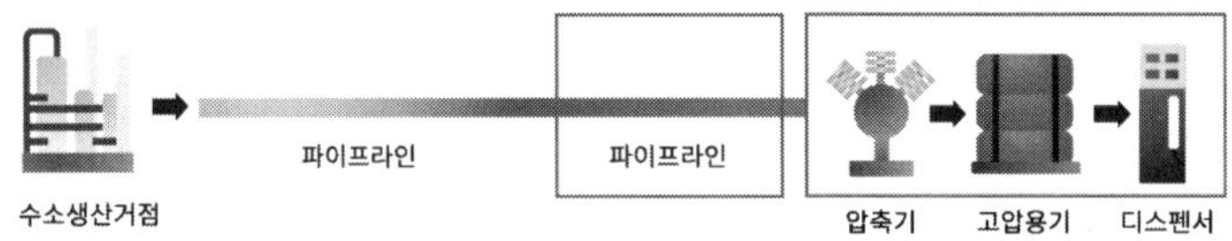

약 27억원 소요
설비 구축비용 18억원
현장 공사비용 9억원

❷ 수소가스 운반형 (튜브트레일러 활용)

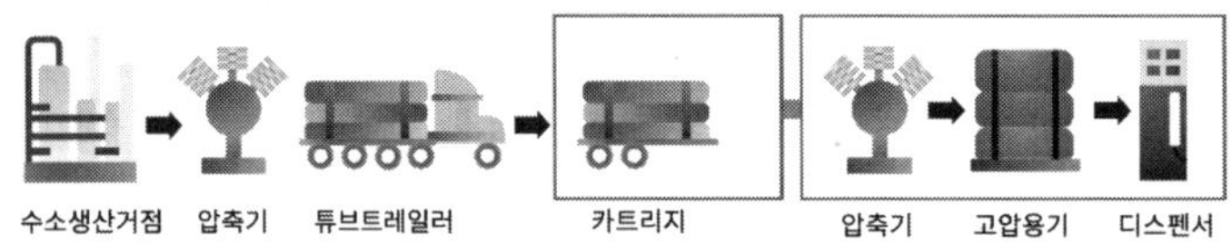

약 26억원 소요
설비 구축비용 17억원
현장 공사비용 9억원

❸ 도시가스 추출형 (추출기 설치)

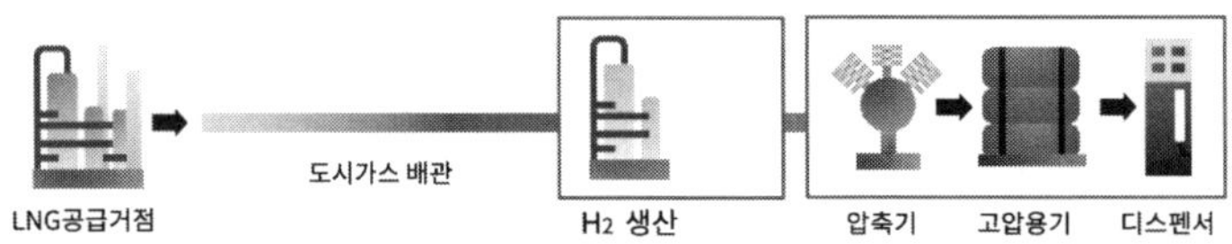

약 56억원 소요
추출기 구축비용 22억원
설비 구축비용 21억원
현장 공사비용 13억원

[그림 IV-15] 수소충전소 유형 및 설치 비용, 월간수소경제

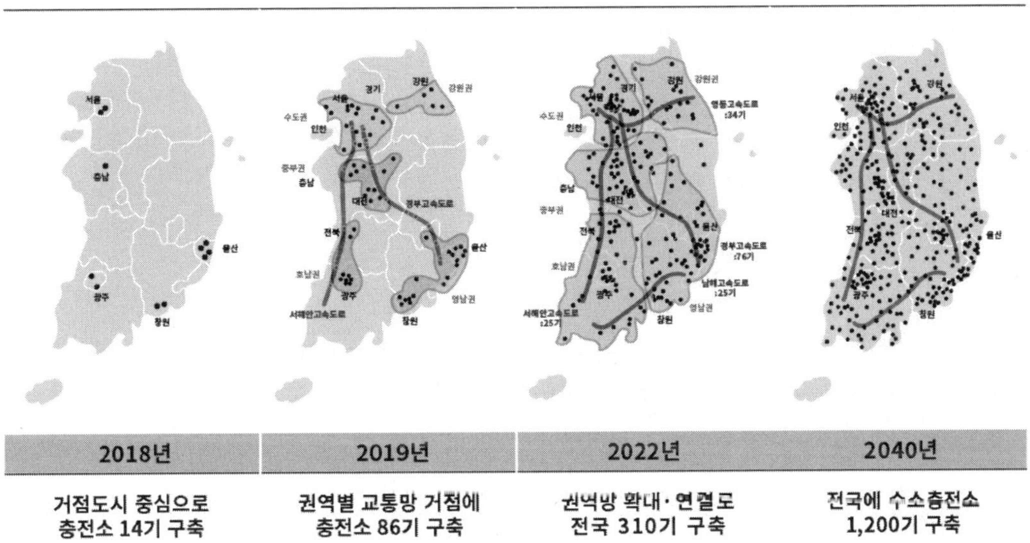

[그림 Ⅳ-16] 수소충전소 구축 전략, 산업통상자원부

연습문제

1. 온실가스 배출을 기준으로 생산되는 수소를 색으로 구분하였는데 각 생산기술의 특징 및 장/단점은 무엇인가?

2. 천연가스로부터 추출수소를 생산하는 방법의 종류와 온난화가스 발생을 최소화 하는 방법에 대해서 설명하시오.

3. 기체/고체 불균일 촉매 반응을 Langmuir-Hinshelwood 메커니즘으로 설명하시오.

4. 고활성, 고안정성의 불균일 고체촉매를 설계하는데 있어서 필요한 특성은 무엇인가?

5. 추출수소생산에서 SMR 촉매반응 이후에 WGS와 PROX 촉매 반응이 필요한 이유는 무엇인가?

V

액화수소 유동 해석

김병재

1. 액체수소 및 기체수소

수소의 임계온도(Critical Temperature)는 33.15 K이므로 상온에서는 기체 상태로 존재한다. 액체수소는 기체수소에 비하여 부피가 약 1/800 배 수준이므로 저장 및 운송에 용이하다. 또한 액체수소는 기체수소에 비하여 충전에 소요되는 시간이 매우 짧다. 따라서 액체수소는 수소 모빌리트 생태계를 조성하는데 중요하다고 할 수 있다.

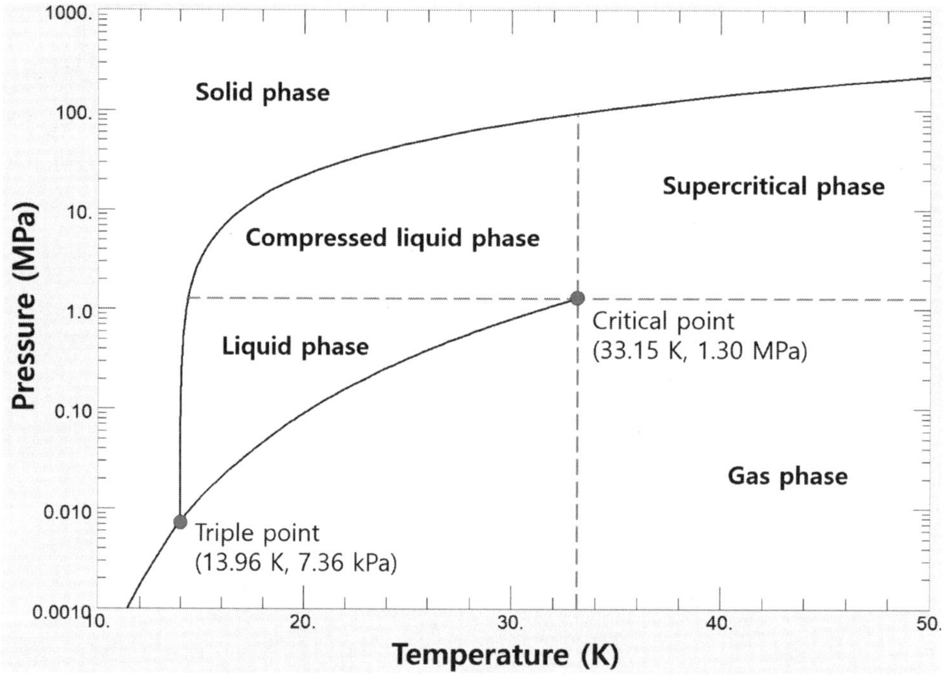

[그림 V-1] 수소의 상평형도(NIST Standard Reference Database 23)

액체수소를 다루기 위해서는 기체수소가 응축(Condensation)되거나 반대로 액체수소가 기화(Evaporation)되는 상변화 현상을 이해해야 한다. 다음 표는 액체-기체가 공존할 수 있는 온도 범위에서 평형 포화상태 물성치를 보여준다. 상변화 현상을 해석하기 위해서는 액체 물성치와 기체 물성치가 모두 필요하다. 또한 상변화가 발생하기 때문에 기체와 액체의 잠열(Latent heat)도 고려해야 한다.

[표 V-1] 수소의 액체-기체 평형 포화상태 물성치 (NIST Standard Reference Database 23)

Temp. (K)	Pressure (Mpa)	Density (kg/m^3)		Enthalpy (kJ/kg)		Specific heat (C_v) (kJ/kg·K)		Specific heat (C_p) (kJ/kg·K)		Thermal conductivity		Viscosity ($\times 10^{-6}$ Pa·s)		Surface tension (10^{-3} N·m)
		Liquid	Vapor	Liquid	Vapor	Liquid	Vapor	Liquid	Vapor	Liquid	Vapor	Liquid	Vapor	
14	0.00754	76.969	0.133	-53.6	400.2	5.163	6.245	7.03	10.57	97.6	10.6	25.45	0.648	3.025
15	0.01290	76.136	0.213	-46.4	409.3	5.231	6.281	7.34	10.70	99.2	11.6	22.55	0.703	2.849
16	0.02076	75.264	0.325	-38.8	417.9	5.329	6.314	7.72	10.86	100.5	12.6	20.20	0.757	2.673
17	0.03176	74.345	0.474	-30.7	426.0	5.419	6.343	8.14	11.05	101.7	13.6	18.24	0.812	2.498
18	0.04660	73.375	0.665	-22.2	433.6	5.499	6.370	8.58	11.27	102.5	14.7	16.58	0.866	2.323
19	0.06601	72.350	0.907	-13.2	440.5	5.570	6.400	9.05	11.55	103.2	15.8	15.15	0.921	2.149
20	0.09072	71.265	1.206	-3.7	446.6	5.637	6.434	9.57	11.89	103.6	17.0	13.90	0.976	1.975
21	0.12150	70.115	1.570	6.5	452.0	5.702	6.477	10.14	12.31	103.8	18.3	12.82	1.032	1.803
22	0.15913	68.893	2.009	17.2	456.4	5.765	6.529	10.77	12.83	103.8	19.6	11.84	1.089	1.631
23	0.20438	67.592	2.533	28.7	459.9	5.828	6.593	11.49	13.47	103.5	21.0	10.97	1.148	1.461
24	0.25807	66.199	3.156	41.0	462.2	5.890	6.669	12.32	14.27	103.0	22.6	10.18	1.210	1.293
25	0.32100	64.701	3.894	54.2	463.4	5.952	6.758	13.30	15.29	102.3	24.3	9.46	1.275	1.126
26	0.39398	63.079	4.767	68.3	463.1	6.016	6.862	14.49	16.60	101.4	26.2	8.79	1.344	0.961
27	0.47789	61.305	5.806	83.7	461.2	6.082	6.983	15.99	18.36	100.2	28.4	8.16	1.420	0.800
28	0.57359	59.339	7.049	100.6	457.3	6.155	7.125	17.98	20.80	98.7	30.9	7.56	1.504	0.642
29	0.68205	57.119	8.560	119.2	450.9	6.242	7.292	20.81	24.45	96.9	33.9	6.97	1.600	0.490
30	0.80432	54.538	10.445	140.3	441.2	6.354	7.495	25.28	30.43	94.6	37.8	6.38	1.715	0.345
31	0.94165	51.381	12.909	165.1	426.4	6.518	7.748	33.76	42.07	92.0	43.5	5.76	1.862	0.212
32	1.09570	47.085	16.495	196.7	402.3	6.811	8.083	57.29	74.64	89.7	53.6	5.04	2.078	0.100
33	1.26930	38.079	24.637	255.7	343.4	7.698	8.5381	484.58	604.72	108.4	99.1	3.85	2.616	0.040

2. 기체-액체 2상유동 해석 방법 종류

기체와 액체가 혼합된 유동을 2상유동(Two-Phase Flow)라고 한다. 상변화를 동반한 기체-액체 2상유동은 20세기 중반까지 큰 관심을 받지 않았다. 그 이전에는 대게 실험 데이터에 기반하여 경험식 개발이 주를 이루었다. 20세기 중반에 원자력 발전 기술이 태동하면서 원자로 냉각과 관련된 물의 비등 및 응축이 큰 관심을 받게 되었다. 오늘날에는 상변화를 동반한 기체-액체 2상유동은 미니/마이크로 시스템 및 생물학적 시스템 등 다양한 분야에서 활용되고 있다. 최근에는 실험 데이터 기반 경험식 모델 연구보다는 고정밀 측정 및 수치해석을 통해, 복잡한 물리 현상을 이해하고 이를 응용하는 연구가 주를 이루고 있다.

2상유동을 해석하는 방법은 1유체 모델, Mixture 모델, Eulerian 모델(또는 2유체 모델), Lagrangian 모델 등이 있다. 1유체 모델(One-fluid model)은 기본적으로 한 격자에 기체 또는 액체 중 하나의 상이 존재하는 것으로 가정한다. 액체-기체 계면이 존재하는 격자에서는 특별한 처리를 한다. 대표적인 방법으로 Volume-Of-Fluid(VOF)와 Level Set이 있으며, 격자 크기에 비하여 계면 스케일이 매우 큰 경우에 적합하다.

2유체 모델(Two-fluid model)은 한 격자 내에 기포/액적이 다수 존재하는 것으로 가정한다. 이 방법은 격자 크기에 비하여 계면 스케일이 매우 작은 경우에 적합하다. 한 격자 내에 기체와 액체가 공존하며, 기체와 액체 사이에는 질량, 운동량, 에너지가 계면을 통해 교환된다. 이 방법은 대형 시스템에서 2상유동을 해석하는데 특화되어 있다. 따라서 이 방법은 대형 탱크에서 다량의 수소 기포가 증발할 때 사용될 수 있다.

Mixture 모델은 일반적으로 한 격자에서 기체와 액체의 온도가 같다고 가정하며, 하나의 운동량 방정식을 사용하나 두 상의 속도차 효과는 고려한다. 2유체 모델보다는 단순화된 해석 방법이다.

Lagrangian 모델은 기포/액적의 경로를 추적할 때 적절한 방법이다. 기포/액적 분율이 비교적 작을 때 적합하다.

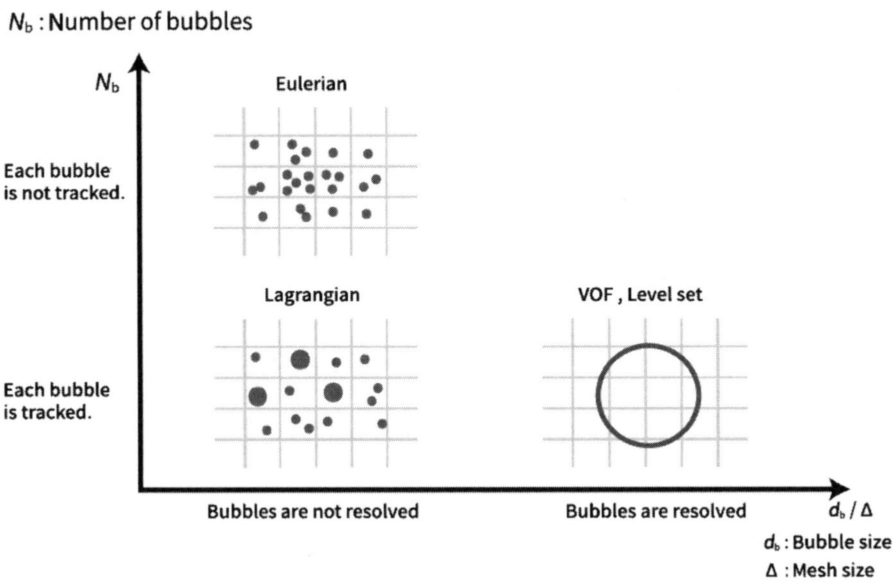

[그림 V-2] 2상유동 해석 방법 구분

본 교재는 액체수소의 거동과 상변화 해석이 목적이므로 VOF 방법과 2유체 모델을 다룬다.

(1) VOF(Volume-Of-Fluid) 방법

격자 크기에 비하여 계면 스케일이 큰 대표적인 경우로 자연수면(Free surface) 문제가 있으며, 액체수소를 수송할 때 발생할 수 있는 슬로싱 현상이 이에 해당한다. 액체수소를 수송하는 차량이 움직이면 탱크 내 액체수소가 크게 움직일 수 있다. 액체수소 움직임이 커지면 탱크와 충돌하여 심한 진동과 탱크 파손을 초래할 수 있다. 이 유동 현상을 해석하는데 적합한 수치해석 방법은 VOF이다.

[그림 V-3] 액체수소를 수송하는 차량의 움직임에 의해 발생하는 슬로싱 현상

VOF 방법은 Nichols & Hirt(1975)에 의해 처음 제안되었으며, Hirt & Nichols (1981)에 좀 더 완전한 형태가 되었다[1-2]. VOF는 한 격자에서 기체상과 액체상이 공유된 하나의 유속을 사용하므로 기체상 속도와 액체상 속도가 별도로 존재하지 않는다. 본 절에서는 VOF 방법에 상변화를 고려한 방정식을 기술한다.

- 질량 방정식

$$\frac{\partial \rho}{\partial t} + \nabla \cdot (\rho \mathrm{u}) = 0$$

여기서 ρ와 u는 각각 기체-액체 혼합 유체의 밀도와 유속이다.

- 기포율(α_g) 방정식

$$\frac{\partial}{\partial t}(\alpha_g \rho_g) + \nabla \cdot (\alpha_g \rho_g \mathrm{u}) = \Gamma$$

여기서 Γ는 단위 부피당 단위 시간당 증기(수소) 생성량이며, 다양한 상변화 모델에 의해 결정된다. 상변화 모델은 추후 "계면을 통한 질량 전달"에서 기술한다. 하첨자 g와 l은 각각 기체상과 액체상을 의미한다.

• 운동량 방정식

$$\frac{\partial}{\partial t}(\rho \mathrm{u}) = \nabla \cdot (\rho \mathrm{u u}) = -\nabla p + \nabla \cdot [\mu(\nabla \mathrm{u} + \nabla \mathrm{u}^T] + \mathrm{F}_{st} + \rho \mathrm{g}$$

여기서 μ는 혼합 유체의 점성계수이고 p는 압력이다. F_{st}는 계면이 있는 셀에서 작용하는 표면장력 힘이다. 계면에서의 운동량 전달은 추후 "계면을 통한 운동량 전달"에서 기술한다.

• 에너지 방정식

$$\frac{\partial}{\partial t}(\rho h) + \nabla \cdot (\rho h \mathrm{u}) = \nabla \cdot (k \nabla T) - \Gamma h_{fg}$$

여기서 h, k, T, h_{fg}은 각각 엔탈피, 열전도도, 온도, 잠열이다.

• 지배방정식에 사용되는 열역학적 물성치

$$\rho = \alpha_g \rho_g + \alpha_l \rho_l$$

$$\mu = \alpha_g \mu_g + \alpha_l \mu_l$$

$$h = \frac{\alpha_g \rho_g h_g + \alpha_l \rho_l h_l}{\alpha_g \rho_g + \alpha_l \rho_l}$$

$$k = \alpha_g k_g + \alpha_l k_l$$

(2) Mixture 모델

혼합모델은 하나의 운동량을 방정식을 사용하나 기체와 액체의 속도 차이는 고려한다. 대형 시스템 내 상변화 현상을 해석할 수 있는 단순화된 모델이라 할 수 있다.

• 질량 방정식

$$\frac{\partial \rho}{\partial t}+\nabla \cdot (\rho \mathrm{u})=0$$

여기서 ρ와 u는 각각 기체-액체 혼합체의 밀도와 유속으로 아래와 같이 정의된다.

$$\rho=\alpha_g\rho_g+\alpha_l\rho_l$$

$$\mathrm{u}=\frac{\alpha_g\rho_g\mathrm{u}_g+\alpha_l\rho_l\mathrm{u}_l}{\alpha_g\rho_g+\alpha_l\rho_l}$$

• 기포율 방정식

$$\frac{\partial}{\partial t}(\alpha_g\rho_g)+\nabla \cdot (\alpha_g\rho_g\mathrm{u})=-\nabla \cdot (\alpha_g\rho_g\mathrm{u}_{,dr,g})+\Gamma$$

여기서 Γ는 단위 부피당 단위 시간당 증기 생성량이며 $\mathrm{u}_{dr,g}$은 기체상에 대한 드리프트 속도(drift velocity)이다.

• 운동량 방정식

$$\frac{\partial}{\partial t}(\rho \mathrm{u})=\nabla \cdot (\rho \mathrm{u}\mathrm{u})$$
$$=-\nabla p+\nabla \cdot [\mu(\nabla \mathrm{u}+\nabla \mathrm{u}^T)]+\rho \mathrm{g}-\nabla \cdot [\alpha_g\rho_g\mathrm{u}_{dr,g}\mathrm{u}_{dr,g}+\alpha_l\rho_l\mathrm{u}_{dr,l}\mathrm{u}_{dr,l}]$$

기체상과 액체상의 드리프트 속도 $\mathrm{u}_{dr,g}$와 $\mathrm{u}_{dr,l}$은 각각 다음과 같이 정의된다.

$$\mathrm{u}_{dr,g}=\mathrm{u}_g-\mathrm{u}$$

$$\mathrm{u}_{dr,l}=\mathrm{u}_l-\mathrm{u}$$

각 상의 속도와 상대속도는 다음의 관계식이 있다.

$$\mathrm{u}_g=\frac{\alpha_l\rho_l(\mathrm{u}_g-\mathrm{u}_l)+\rho \mathrm{u}}{\rho}$$

$$\mathrm{u}_l=\frac{\alpha_g\rho_g(\mathrm{u}_l-\mathrm{u}_g)+\rho \mathrm{u}}{\rho}$$

따라서 기체상과 액체상의 상대속도($u_g - u_l$)를 알면 드리프트 속도가 계산된다. 드리프트 속도와 상대속도는 추후 "계면을 통한 운동량 전달"에서 기술한다.

• 에너지 방정식

$$\frac{\partial}{\partial t}(\alpha_g \rho_g e_g + \alpha_l \rho_l e_l) + \nabla \cdot (\alpha_g \mathrm{u}_g \rho_g e_g + \alpha_l \mathrm{u}_l \rho_l e_l)$$
$$= \nabla \cdot (k \nabla T) - \nabla \cdot (\alpha_g \mathrm{u}_g \mathrm{p} + \alpha_l \mathrm{u}_l \mathrm{p}) + \nabla \cdot (\tau \cdot \mathrm{u})$$

여기서 e는 전체에너지이다.

(3) 2유체 모델

이 모델에서는 한 격자에서 각 상의 질량, 운동량, 에너지 방정식이 존재한다. 따라서 Mixture 모델에 비하여 상세한 해석을 할 수 있다. 다만 두 상간의 질량, 운동량, 에너지 전달에 대한 정교한 모델이 필요하다.

• 질량 방정식

$$\frac{\partial}{\partial t}(\alpha_g \rho_g) + \nabla \cdot (\alpha_g \rho_g \mathrm{u}_g) = \Gamma$$

$$\frac{\partial}{\partial t}(\alpha_l \rho_l) + \nabla \cdot (\alpha_l \rho_l \mathrm{u}_l) = -\Gamma$$

여기서 Γ는 단위 부피당 단위 시간당 증기 생성량이다.

• 운동량 방정식

$$\frac{\partial}{\partial t}(\alpha_g \rho_g \mathrm{u}_g) + \nabla \cdot (\alpha_g \rho_g \mathrm{u}_g \mathrm{u}_g) = -\alpha_g \nabla \mathrm{p} + \nabla \cdot (\alpha_g \tau_g) + \mathrm{f}_i + \Gamma \mathrm{u}_I + \alpha_g \rho_g \mathbf{g}$$

$$\frac{\partial}{\partial t}(\alpha_l \rho_l \mathrm{u}_l) + \nabla \cdot (\alpha_l \rho_l \mathrm{u}_l \mathrm{u}_l) = -\alpha_l \nabla \mathrm{p} + \nabla \cdot (\alpha_l \tau_l) - \mathrm{f}_i - \Gamma \mathrm{u}_I + \alpha_l \rho_l \mathbf{g}$$

여기서 f_i는 기체-액체 사이의 계면마찰로 기체에 작용하는 힘이며 으로, 이 부분은 추후 "계면을 통한 운동량 전달"에서 다룬다. $\Gamma \mathrm{u}_I$는 상변화에 의한 운동량 전달을 나타내는데, 계면속도 u_I는 증발일 때에는 u_l이 되며 응축일 때에는 u_g가 된다.

• 에너지 방정식

$$\frac{\partial}{\partial t}[\alpha_g \rho_g (e_g + \mathrm{u}_g^2/2)] + \nabla \cdot [\alpha_g \rho_g \mathrm{u}_g (\mathrm{h}_g + \mathrm{u}_g^2/2)]$$
$$= \nabla \cdot (\alpha_g k_g \nabla T_g) + p\frac{\partial \alpha_g}{\partial t} + \nabla \cdot (\tau_g \cdot \mathrm{u}_g) + \Gamma \mathrm{h}_g^*$$

$$\frac{\partial}{\partial t}[\alpha_l \rho_l (e_l + \mathrm{u}_l^2/2)] + \nabla \cdot [\alpha_l \rho_l \mathrm{u}_l (\mathrm{h}_l + \mathrm{u}_l^2/2)]$$
$$= \nabla \cdot (\alpha_l k_l \nabla T_l) + p\frac{\partial \alpha_l}{\partial t} + \nabla \cdot (\tau_l \cdot \mathrm{u}_l) - \Gamma \mathrm{h}_l^*$$

여기서 h_g^*는 증발일 때에는 포화 증기 엔탈피 $h_g(T_{sat})$이며 응축일 때에는 해당 증기 온도 엔탈피 $h_g(p, T_g)$이다. h_l^*는 증발일 때 해당 액체 온도 엔탈피 $h_l(p, T_l)$가 되며 응축일 때에는 포화 액체 엔탈피 $h_l(T_{sat})$이다.

(4) 계면을 통한 질량 전달

Lee 모델이 VOF 방법과 Mixture 모델에서 상변화 양을 계산할 때 일반적으로 사용된다[3].

$$\Gamma = \begin{cases} C_e \alpha_l \rho_l \dfrac{T - T_{sat}}{T_{sat}}, & \text{if } T \geq T_{sat} \\ C_c \alpha_g \rho_g \dfrac{T - T_{sat}}{T_{sat}}, & \text{if } T < T_{sat} \end{cases}$$

이 모델은 이론적 배경을 가지고 개발되었으나 실험을 통해 결정되어야 할 보정계수(C_e, C_c)가 있다. 두 보정계수 모두 통상 0.1의 값이 사용되지만 유체 종류 및 조건에 따라 조절 가능하다.

2유체 모델에서는 물리적 배경에 기반한 상변화 모델이 사용된다. 증기에서 계면으로 전달되는 에너지($q_{g\rightarrow i}$)와 계면에서 액체로 전달되는 에너지($q_{i\rightarrow l}$)의 차이가 상변화를 발생시킨다.

$$\Gamma = \frac{q_{g\rightarrow i} - q_{i\rightarrow l}}{\text{Latent heat}} = \frac{H_{ig}(T_g - T_{sat}) + H_{il}(T_l - T_{sat})}{h_g^* - h_l^*}$$

여기서 H_{ig}와 H_{il}은 각각 기체-계면 사이의 계면열전달계수와 액체-계면 사이의 계면열전달계수로, 비등/응축 상황에 따라 상관식이 결정된다. h_g^*는 증발일 때에는 포화 증기 엔탈피 $h_g(T_{sat})$이며 응축일 때에는 해당 증기 온도 엔탈피 $h_g(p, T_g)$이다. h_l^*는 증발일 때 해당 액체 온도 엔탈피 $h_l(p, T_l)$가 되며 응축일 때에는 포화 액체 엔탈피 $h_l(T_{sat})$이다. 미포화비등(Subcooled boiling)일 때에는 증기 온도가 포화온도로 고정시키키기 위해 H_{ig} 값은 큰 값이 사용되며, H_{il}은 Ranz-Marshall 모델가 일반적으로 사용된다[4].

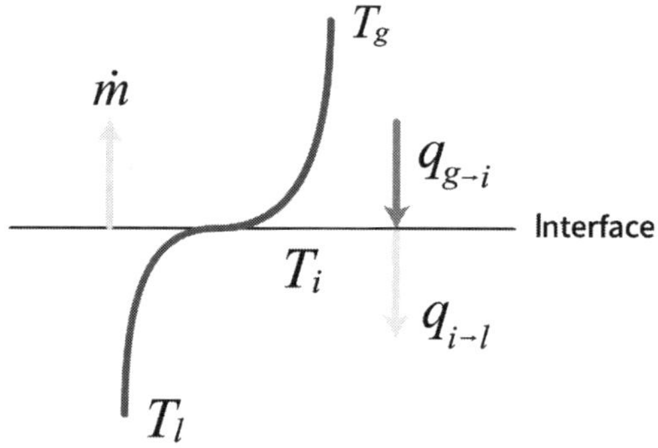

[그림 V-4] 계면에서 열전달과 상변화량($\dot{m} = \Gamma$) 관계

(4) 계면을 통한 운동량 전달

VOF 방법의 운동량 방정식에서 사용되는 표면장력에 의한 힘(F_{st})은 일반적으로 다음 식으로 계산된다.

$$F_{st} = \sigma\kappa \frac{2\rho}{\rho_g + \rho_l} \nabla \alpha_g$$

여기서 σ는 표면장력이고 $\kappa = -\nabla \cdot [\nabla\alpha_g / |\nabla\alpha_g|]$로 계산되는 계면의 곡률 반경이다. 위 식에서는 표면장력의 비균일성에 의한 마랑고니 효과는 고려되지 않는다.

Mixture 모델에서는 운동량 방정식 내 드리프트 속도를 통해 기체상과 액체상의 상대속도가 반영된다. 각 상에 대한 드리프트 속도는 두 상의 상대속도와 다음의 관계가 있다.

$$u_{dr,g} = (u_g - u_l)\frac{\alpha_l \rho_l}{\rho}$$

$$u_{dr,g} = (u_l - u_g)\frac{\alpha_g \rho_g}{\rho}$$

상대속도 계산에는 Manninen 모델이 널리 사용된다[5]. 이 모델은 구형 기포에 대한 상대속도에 관한 것으로, 상대속도는 다음과 같이 계산된다.

$$u_g - u_l = \frac{d_g^2(\rho_g - \rho)}{18\mu_l f} a$$

여기서 a는 기포에 미치는 가속도이고 f는 기포에 물과의 마찰에 관한 것으로, 아래와 같이 주어진다.

$$a = g - u \cdot \nabla u - \frac{\partial u}{\partial t}$$

$$f = \begin{cases} 1 + 0.15\mathrm{Re}_b^{0.687}, & \mathrm{Re}_b \le 1000 \\ 0.0183\mathrm{Re}_b, & \text{otherwise} \end{cases}$$

여기서 Re_b 기포 레이놀즈 수 있다.

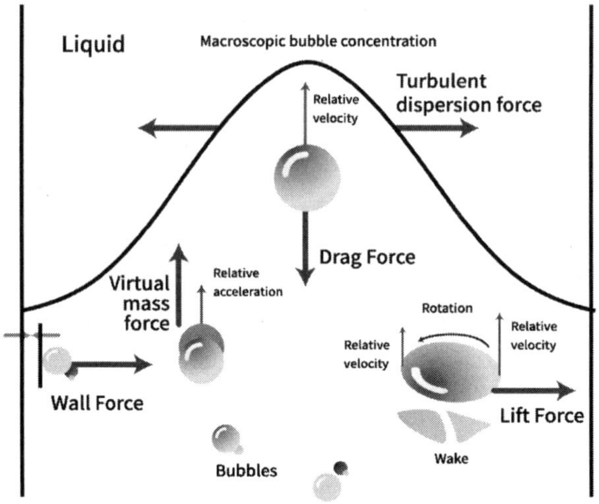

[그림 V-5] 계면 운동량 전달과 관련된 5가지의 힘

2유체 모델에서 계면 운동량 전달은 계면마찰(f_{sd}), 양력(f_{lift}), 벽면윤활(f_{wl}), 난류 확산(f_{td}), 가상질량(f_{vm})을 고려한다.

$$f_i = f_{sd} + f_{lift} + f_{wl} + f_{td} + f_{vm}$$

각각의 힘들은 기포류, 슬러그류, 처언류, 환상류, 액적류와 같은 유동형태에 따라 다르다. 본 교재에서는 기포를 대상으로 한다. 5가지 힘에 대한 설명은 아래와 같다.

- 계면마찰(Steady drag): 두 상간의 속도차에 의해 발생, 속도차 벡터로 작용

$$f_{sd} = \frac{1}{8}\rho_l C_D |u_g - u_l|(u_g - u_l)a_i$$

C_D는 기체상에 작용하는 저항계수이며 a_i는 계면면적밀도이다.

$$C_D = \begin{cases} \frac{24(1+0.15Re_b^{0.687})}{Re_b}, & \text{if } Re_b \le 1000 \\ 0.44, & \text{otherwise} \end{cases}$$ (Schiller & Naumman 모델[6])

$$Re_b = \frac{\rho_l |u_g - u_l| d_b}{\mu_l} \qquad \text{(기포 레이놀즈 수)}$$

d_b: 기포 직경

$$a_i = \frac{6\alpha_g}{d_b} \qquad \text{(구형 기포 가정)}$$

• 양력(Lift force): 기포 주위의 액체 유속이 균일하지 않아서 발생, 기포의 주 이동 방향에 수직으로 발생

$$f_{lift} = -C_{lift}\rho_l\alpha_g(u_g - u_l)\times(\nabla\times u_l)$$

C_{lift}는 기체상에 작용하는 양력계수이며 Tomiyama 모델이 일반적으로 사용된다[7].

$$C_{lift} = \begin{cases} \min[0.288\tanh(0.121Re_b), f(Eo')], & Eo' \le 4 \\ f(Eo'), & 4 \le Eo' \le 10 \\ -0.27, & 10 < Eo' \end{cases}$$

$$f(x) = 0.00105x^3 - 0.0159x^2 - 0.0204x + 0.474$$

$$Eo' = \frac{(\rho_l - \rho_g) g d_h^2}{\sigma}$$

$$d_h = d_b(1 + 0.163Eo^{0.757})^{1/3}$$

$$Eo = \frac{(\rho_l - \rho_g) g d_b^2}{\sigma} \qquad \text{(Eotvos 수)}$$

• 벽면윤활(Wall lubrication): 기포가 벽면에 근접할 때 기포를 벽에서 밀어내는 힘으로, 기포와 벽면 사이의 액막 압력이 높아져서 발생

$$f_{wl} = C_{wl}\rho_l\alpha_g(u_g - u_l)_{\parallel}^2 n_w$$

여기서 C_{wl}은 기체상에 작용하는 벽면윤활계수이며 상관식으로 결정된다. 하첨자 $\parallel$는 벽면에 평행한 방향을 의미하고, n_w는 벽면에 수직인 방향벡터이다. Antal 모델이 일반적으로 사용된다[8].

$$C_{wl} = \max\left[0, \frac{C_{w1}}{d_b} + \frac{C_{w2}}{y_w}\right]$$

$$C_{w1} = -0.01$$

$$C_{w2} = 0.05$$

y_w: 가장 가까운 벽까지 거리

- 난류확산(Turbulent dispersion): 액체의 난류유동에 의해 기포가 흩어지는 효과

$$\mathrm{f}_{td} = \mathrm{C}_{\mathrm{td}}\rho_{\mathrm{l}}\mathrm{k}_{\mathrm{l}}\nabla\alpha_{\mathrm{g}}$$

위 식은 Lopez de Bertodano 모델이며 C_{td}는 벽면윤활계수이다[9]. C_{td}는 기본적으로 1의 값을 갖는다.

- 가상질량(Virtual mass): 두 상산의 속도차의 시간변화율에 의해 발생, 증기상이 가속될 때 액체상도 가속해야 하므로 발생

$$\mathrm{f}_{vm} = \mathrm{C}_{\mathrm{vm}}\alpha_{\mathrm{g}}\rho_{\mathrm{l}}\left(\frac{\mathrm{du}_g}{\mathrm{dt}} - \frac{\mathrm{du}_g}{\mathrm{dt}}\right)$$

여기서 C_{vm}는 가상질량계수인데 기포류의 경우 0.5 값을 갖는다.

3. 실습(VOF 방법): 탱크 내 액체수소 슬로싱 현상

본 예제에서는 VOF 방법을 활용하여 액체 수소의 슬로싱 현상을 모의한다. 다음 그림은 초기 조건을 보여준다. 0.9m×0.9m 크기의 2차원 사각 수조에 액체 수소가 2/3 채워져 있다. 유체는 300K 포화상태이다.

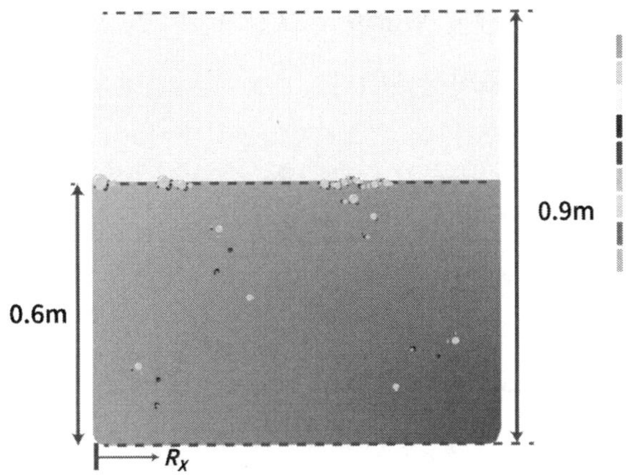

[그림 V-6] 액체 수소가 일부 채워져 있는 사각 수조

※ 30K 포화 상태에서의 증기 및 액체 수소 물성치

$\rho_l = 54.538\text{kg/m}^3$ $\rho_g = 10.445\text{kg/m}^3$

$\mu_g = 6.3773 \times 10^{-6}\text{Pa·s}$ $\mu_l = 1.715 \times 10^{-6}\text{Pa·s}$

$\sigma = 0.0034541\text{N/m}$

이 해석에는 상변화를 고려하지 않는다. 탱크가 수평으로 $R_X = A\sin(2\pi ft)$로 요동한다면 그 효과를 반영하기 위해 수직 향하는 중력가속도에 수평성분 $a_X = -A(2\pi f)^2 \sin(2\pi ft)$을 추가하면 된다. 이 문제에서는 증기와 액체의 밀도 차가 매우 크지 않기 때문에 증기의 움직임도 매우 중요하다.

4. 실습(Mixture 모델): 탱크 내 액체수소 boil-off 현상

액체 수소가 저장되어 있는 탱크는 외부로부터 열이 필연적으로 유입된다. 긴 시간이 지나면 액화수소는 포화상태에 도달하게 되고 액화수소가 조금씩 기화가 되어 수소 탱크 압력이 상승한다.

본 예제에서는 혼합 모델을 방법을 활용하여 액체 수소의 boil 현상을 모의한다. 다음 그림은 초기 조건을 보여준다. 9m×9m 크기의 2차원 사각 수조에 액체 수소가 2/3 채워져 있다. 유체는 300K 포화상태이다.

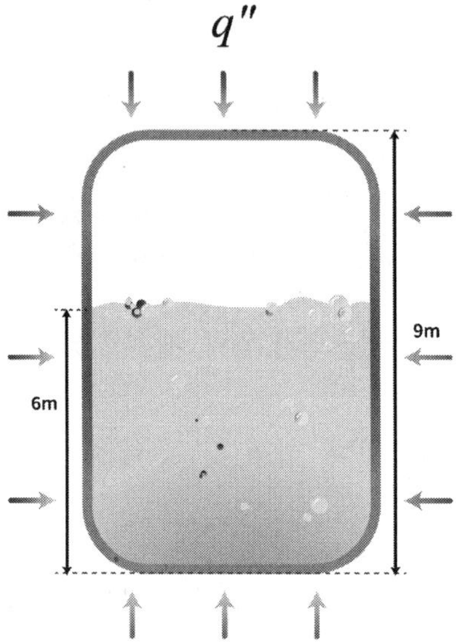

[그림 V-7] 액체 수소가 일부 채워져 있는 사각 수조

※ 30K 포화 상태에서의 증기 및 액체 수소 물성치

$\rho_l = 54.538\text{kg/m}^3$ $\quad \rho_g = 10.445\text{kg/m}^3$

$\mu_g = 6.3773 \times 10^{-6}\text{Pa·s}$ $\quad \mu_l = 1.715 \times 10^{-6}\text{Pa·s}$

$c_{p,g} = 25.284\text{kJ/kg·K}$ $\quad c_{p,l} = 30.425\text{kJ/kg·K}$

$k_g = 0.0946\text{W/m·K}$ $\quad k_l = 0.0946\text{W/m·K}$

$\sigma = 0.0034541\text{N/m}$ $\quad h_{fg} = 300\text{kJ/kg}$

이 문제를 해석할 때 다음 사항을 고려한다.

- 외부로 열이 10W/m²으로 유입
- 상변화 모델로 Lee 모델을 사용
- 액체 수소 높이가 매우 크므로 포화온도를 압력의 함수로 설정 필요
  (탱크 내 유체의 온도가 일정하다면 압력이 낮은 수면 위치에서부터 boiling 발생)

- 기화되면 탱크 내 압력이 상승하므로 증기 수소는 압축성 유체로 적용
- 중력에 의한 상분리를 고려하기 위해 기체와 액체의 속도차를 고려하는 슬립 (slip) 모델 고려

참고문헌

[1] D. Nichols and C. W. Hirt, "Methods for Calculating Multi-Dimensional, Transient Free Surface Flows Past Bodies", Proc. Of the First International Conference on Numerical Ship Hydrodynamics, Gaithersburg, Maryland, October 20-23, 1975.

[2] C.W Hirt and B.D. Nichols, "Volume of fluid (VOF) method for the dynamics of free boundaries", Journal of Computational Physics, Vol. 39, pp. 201-225, 1981.

[3] W. H. Lee. "A Pressure Iteration Scheme for Two-Phase Modeling". Technical Report LA-UR 79-975. Los Alamos Scientific Laboratory, Los Alamos, New Mexico. 1979.

[4] W. E. Ranz and W. R. Marshall, Jr. "Vaporation from Drops, Part I". Chem. Eng. Prog. 48(3). 141-146. March 1952.

[5] M. Manninen, V. Taivassalo, and S. Kallio. "On the mixture model for multiphase flow". VTT Publications 288, Technical Research Centre of Finland. 1996.

[6] L. Schiller and Z. Naumann. "*Z. Ver. Deutsch*". *Ing.* 77. 318. 1935.

[7] A. Tomiyama, H. Tarnai, I. Zun and S. Hosokama. "Transverse Migration of Single Bubbles in Simple Shear Flow". Chem. Eng. Sci. 57. 1849-1858. 2002.

[8] S. P. Antal, R. T. Lahey, and J. E. Flaherty. "Analysis of phase distribution in fully developed laminar bubbly two-phase flow". International Journal of Multiphase Flow. 17. 5. 635-652. 1991.

[9] M. Lopez de Bertodano. "Turbulent Bubbly Flow in a Triangular Duct". Ph.D. Thesis. Rensselaer Polytechnic Institute, Troy, New York. 1991.

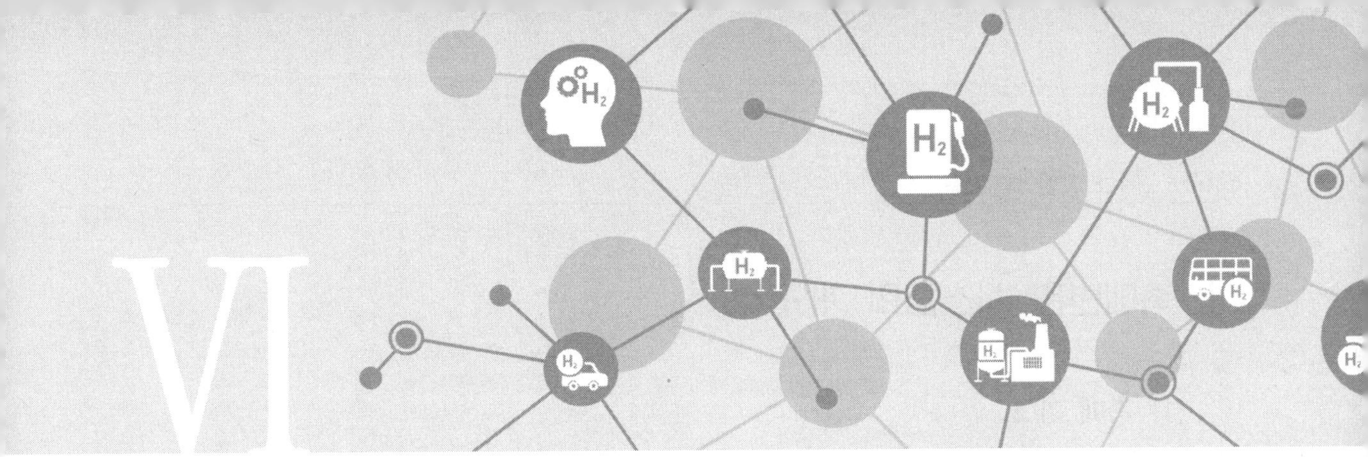

VI

수소 모빌리티용 촉매변환 시스템

김홍집

1. 촉매변환 시스템의 개요

(1) 촉매 개요

촉매는 화학반응의 반응율에는 영향을 미치지만 원래의 반응물이나 최종 생성물에는 영향을 미치지 않는 성분이다. 즉, 촉매는 반응과정 중에 소모되거나 다른 물질로 변환되지 않는다. 몇몇 알려진 촉매반응 메커니즘에서 보면 촉매는 반응물과 반응하여 중간생성물을 생성하는 것으로 알려져 있다. 이외의 많은 다른 촉매반응은 완전히 설명되거나 이해되지 않은 상황이다. 특별한 목적을 위한 촉매의 선택이나 준비를 지배하는 원리들 또한 아직 명확하지 않다. 현재, 셀 수 없이 많은 물질을 시도하는 시험과 관련된 연구 프로그램을 통하여 이 분야의 발전이 이루어지고 있다.

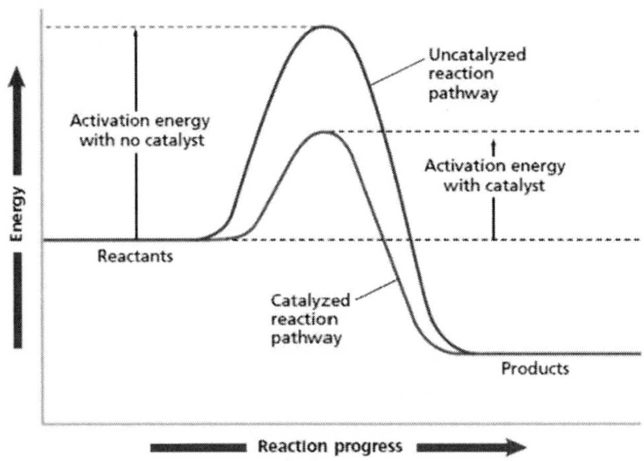

[그림 VI-1] 통상적 촉매의 역할

촉매는 화학공정 또는 광화학공정(photochemical processing)에서 촉매를 사용하지 않으면 반응이 너무 느리거나 혹은 효율을 높이기 위해서는 고온이 필요한 반응 등을 손쉽게 수행하기 위하여 폭넓게 사용되고 있다. 촉매는 또한, HC와 같은 엔진 배기가스의 유해한 성분을 CO_2나 H_2O와 같은 유해하지 않은 성분으로 변환시키는 데에 사용된다. 화학반응이 일어나는 동안 반응물은 최종 생성물이 생기기 전에 활성화에너지(activation energy, E)라고 불리는 에너지 장벽을 넘어야 한다. 위 [그림 VI-1]은 반응물에서 생성물로 변해가는 에너지 경로(energy path)의 한 예이다. 이러한 열역학 모델에서 촉매는 반응물에서 생성물로 변환이 일어날 때 활성화에너지를 낮춤으로서 실제의 반응율을 높여 주는 역할을 수행한다. 반응물과 생성물의 에너지 상태의 차이는 반응열(heat of reaction)이다. 이 예제에서, 생성물의 엔탈피는 반응물의 엔탈피보다 낮은데, 이는 화학반응 동안 열이 발생하는 발열반응을 나타낸다. 일반적으로, 촉매는 위와 반대로 반응과정에 열이 흡수되는 흡열반응일 때도 사용될 수 있다.

한편, 촉매는 반응의 순엔탈피(net enthalpy)과 순에너지(net energy)를 변화시키지 않는다는 특징을 가지고 있다. 촉매는 단지 최종 생성물 상태로 가는 과정의 반응율, 즉, 평형상태에 도달하는 반응동역학(kinetics of reacting equilibrium)에만 영향을 미친다. 촉매는 초기 및 최종 상태, 혹은 평형 그 자제의 에너지를 변화시키지 않는다. 따라서, 이에 상응하는 반응엔탈피(reaction enthalpy, ΔH), 반응 자유에너지(reaction free energy, ΔG), 그리고 평형상수(equilibrium constant)는 촉매의 영향을 받지 않는다.

촉매는 다음과 같은 활성도(activity)와 선택도(selectivity) 두가지의 기본적인 물성치로 특징을 나타낼 수 있다. 활성도(activity)는 촉매의 반응율을 향상시키는 능력과 관련이 있다. 만일 두개의 촉매가 똑같은 화학반응의 반응율에 영향을 주고 있다면, 좀 더 활성이 높은(active) 촉매에 의한 반응율이 높다. 선택도(selectivity)는 다른 반응에 비하여 특정한 반응을 가속시킬 수 있는 능력을 가리킨다. 이러한 거동은 서로 다른 촉매가 ethyl alcohol 의 분해(decomposition)에 미치는 영향을 분석한 연구에서 그 예를 찾을 수 있다. (Hougen, 1959) 활성화된 알루미나(alumina, Al_2O_3) 촉매를 사용한 경우에는 ethylene과 물이 생성되는데, 구리(Cu) 촉매의 경우에는 주로 acetaldehyde와 수소가 생성된다.

$$C_2H_5OH = C_2H_4 + H_2O \quad (Al_2O_3,\ 354\ ℃) \tag{1a}$$

$$C_2H_5OH = CH_3CHO + H_2 \quad (Cu) \tag{2}$$

촉매의 선택도(selectivity)는 주로 온도에 의존한다. 임의의 주어진 온도에서 선택성이 매우 강한 촉매는 온도가 변하면 그 선택도(selectivity)를 잃을 수도 있다. 예를 들어, 알루미나(alumina)가 있을 때의 ethyl alcohol의 분해는 354℃ 일 때는 위의 반응식 (1a)를 따르지만, 좀더 낮은 온도인 269℃에서는 아래의 반응식 (1b)와 같이 에테르(ether)가 주요 생성물이 된다. 즉,

$$2C_2H_5OH = 2(C_2H_5) + H_2O \quad (Al_2O_3,\ 269\ ℃) \tag{1b}$$

한편, 연소반응을 얘기할 때, 촉매의 활성도(catalyst activity)의 특성을 묘사하기 위하여 "light-off temperature"라는 용어를 자주 사용한다. 촉매반응기(catalytic reactor) 내에서 반응물의 변환은 온도에 따라 증가한다. 촉매의 "light-off"는 촉매반응을 일으키기 위해 필요한 최소의 온도를 가리킨다. 촉매반응의 반응율은 온도에 따라 점차로 증가하기 때문에 위의 정의는 매우 정확한 것은 아니다. 좀 더 정확한 정의를 내리자면, "light-off temperature"는 변환효율이 50%에 도달할 때의 온도를 나타내는데, 종종 T50으로 표현된다. 서로 다른 촉매의 활성도를 비교할 때, 가장 활성도가 높은(most active) 촉매는 주어진 반응에서 가장 낮은 "light-off temperature"를 나타내는 촉매이다.

촉매반응기(catalytic reactor)의 가스 유량은, 반응기(reactor)의 크기와 상대적인 표현으로서, 종종 공간속도(space velocity, SV)로 표현된다. 공간속도(space velocity)는 표준상태(STP)에서 반응기의 단위시간당 단위부피당 측정된 가스의 부피로 정의된다. SV는 종종 l/h로 표현되는 시간의 역수의 차원을 갖는다. 여러 가지의 촉매를 이용한 배출물 제어 시스템에서 공간속도는 일반적으로 10,000~300,000 l/h 사이의 범위에 있다. 모노리스 반응기(monolithic reactor)에서의 공간속도는 촉매의 바깥 치수, 즉, 세라믹 다공질(honeycomb)의 지름과 길이를 기초로 하여 계산된다. 이러한 방법은 담체(substrate)의 표면적, 셀 밀도, 벽 두께, 또한 촉매의 분포상태(catalyst loading) 등과 같은 것을 고려하지 않기 때문에 서로 다른 촉매의 비교에 항상 적합한 것은 아니다. 그럼에도 불구하고, 이것은 산업표준으로서 널리 사용되고 있다.

촉매시스템은 동상촉매(homogeneous catalyst)와 이상촉매(heterogeneous catalyst)

로 구분할 수 있다. 이상촉매는 지지촉매(supported catalyst)와 비지지촉매(unsupported catalyst)로 나뉘어진다. 다음은 각 항목에 대한 정의이다.

- 동상촉매(homogeneous catalyst)는 촉매가 반응매질에 용해될 수 있는 것을 가리킨다. 물 상태의 반응을 촉매반응시킬 수 있는 가용성 성분(water-soluble substance)이 이에 속한다.
- 이상촉매(heterogeneous catalyst) 시스템은 반응물과 서로 다른 물질상태(phase)에 있는 것이다. 예를 들어, 기체 상태의 반응을 촉매반응시키는 고체 촉매가 이에 속한다. 앞으로 다루게 될 개질기에서의 촉매는 통상 이러한 이상촉매의 형태를 가지게 된다.
- 지지촉매(supported catalyst)는 적당한 촉매가 부착될 수 있도록 적당한 형태와 넓은 표면적을 가지는 운반제(carrier) 성분으로 구성되어 있다.
- 비지지촉매(unsupported catalyst)에서는, 촉매의 전체구조(예를 들어, particle, bead, various extruded shapes, etc)가 하나의 촉매물질로 이루어져 있다.

촉매를 이용하는 대부분의 배출물 제어 시스템에서, 기체상태의 반응물은 고체로 된 이성 지지촉매(heterogeneous supported catalyst)를 통과한다. 한편, 활성 알루미나(activated alumina)와 실리카겔(silica gel)은 지지체(support)로 널리 이용되고 있는 재질이다. 이러한 운반제(carrier)에 부착된 촉매에는 일반적으로 백금(platinum)이나 팔라듐(palladium), 혹은 이의 합성물과 같은 귀금속이 사용된다.

이상촉매(heterogeneous catalysis)의 반응은 "활성점(active center)"라고 하는 화학적 활성도(chemical activity)가 높은 점에서 발생하는 것으로 알려져 있다. 촉매 표면의 활성도(activity)는 단위 면적당 active center의 개수에 비례하게 된다. 많은 경우 "활성점(active center)"의 밀도는, 촉매의 활성도를 파괴하기에 충분한 "촉매 독(poison)"의 양이 매우 작다는 것에서도 알 수 있듯이, 상대적으로 낮다. 촉매의 반응율은 active site의 개수에 의존하기 때문에 촉매의 표면적을 넓히거나, 혹은, 이 표면에 촉매성분을 세밀하게 분포시킴으로서 활성처(active site)의 개수를 최대화시키는 연구에 관심이 집중되어 있다. 이를 위하여, 촉매성분들은 일반적으로 Al_2O_3, SiO_2,

TiO_2, 그리고 SiO_2 -Al_2O_3 혼합물로 구성된 표면적이 넓고 다공질의 산화물로 구성된 지지체(support, carrier) 위에 산포된다. 운반제(carrier)는 그 자체가 촉매반응에 활성적(catalystically active)일 수도 있고 그렇지 않을 수도 있다. 하지만 어느 경우에 있어서나 그들은 가공이 끝난 촉매의 전체적인 안정성과 내구성을 유지하는 데에 중요한 역할을 수행한다.

배출가스 저감을 위한 촉매시스템에 사용되는 가장 보편적인 운반제(carrier)인 알루미나(alumina, Al_2O_3)를 이용한 이상촉매(heterogeneous catalyst)의 한 모델이 아래의 [그림 VI-2]에 나와 있다. 이 그림은 매우 넓은 표면적을 가지는 Al_2O_3 담층(washcoat)의 한 부분을 확대하여 나타낸 것이다. 여기에서 담층(washcoat) 표면에 형성된 세공(pore)의 지름은 20~10Å이다. 용액주입(solution impregnation)을 이용하여 이 구멍(pore)에 백금(Pt)을 도포시킨다. 백금(Pt) 입자나 미세한 결정은 점으로 표시되어 있다.

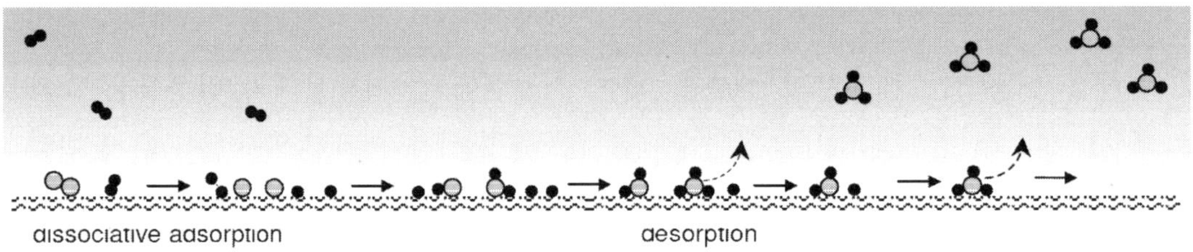

[그림 VI-2] Catalytic Sites Dispersed on a Carrier

한편, 모노리스의 다공질 지지체(monolithic honeycomb support)에 붙여져 있는 알루미나 층(alumina layer)을 "담층(washcoat)"이라고 한다. 윗 그림에는 나타나지 않았지만, Al_2O_3의 타입과 열적 이력(thermal history)에 따라서 washcoat의 내부 표면에는 표면 OH- 그룹(surface OH- group)이 풍부하게 존재한다. 각각의 세공(pore) 벽을 포함한 전 표면을 덮고 있는 이러한 OH- 그룹은 촉매성분을 물리적 혹은 화학적으로 흡착할 수 있는 활성점을 나타낸다.

담층(washcoat)의 물리표면적(physical surface area)은 각각의 모든 세공(pore)의 벽을 포함한 산화물(oxide)의 모든 내부 면적의 합이다. 촉매 요소들은 이러한 내부

벽면과 OH-가 있는 곳에 부착된다. 한편, 촉매 표면적(catalytic surface area)은 윗 그림의 백금(Pt)과 같은 활성적 촉매 요소(active catalytic component)의 모든 면적의 합이다. 활성적 촉매 재료의 미세한 결정(crystallite)의 크기가 작으면 작을수록 촉매 표면적(catalytic surface area)은 커진다. 또한 촉매표면적(catalytic surface area)의 크기가 커질수록 물질전달보다는 반응동역학(kinetics)에 의해 지배받는 반응에서의 반응율이 커진다.

오늘날 촉매에 사용되는 담층(washcoat)과 귀금속은 위에서 언급한 것보다 훨씬 복잡하다. 일반적으로, 담층(washcoat)은 안정제(stabilizer) 혹은 촉진제(promoter)로 작용하는 여러 성분을 총칭한다. 이러한 시스템에서는 담층(washcoat)의 요소들 뿐만 아니라 담층(washcoat)과 귀금속 사이에도 복잡한 상호작용이 일어난다. 이러한 상호작용은 조절이 되어서 촉매의 활성도(activity)와 내구성을 증가시키는 데에 사용되어야 한다.

아래에 나타난 바와 같은 담층(washcoat)와 촉매 요소 사이의 상호작용은 촉매 시스템의 활성도 및 내구성을 향상시키는 데에 이용된다.

- 안정화 작용(stabilization)
- 상승 작용(synergism)
- 차단 작용(segregation)

안정화 작용을 하는 성분들은 고온에서 표면적의 손실로 인한 악화를 방지함으로서 촉매의 내구성을 증가시킨다. 담층(washcoat) 요소들 사이의 상승작용(synergism)은 서로 다른 요소들을 각각 따로 사용했을 때보다 혼합물로 사용했을 때의 성능이 좋은 경우를 가리킨다. 배출물 제어 촉매 시스템에서는 이러한 상승작용을 많이 이용한다. 이러한 상승 효과의 한 예는 γ－알루미나(gamma-alumina)와 담층(washcoat)의 안정제(stabilizer)로 주로 이용되는 산화바륨(barium oxide) 사이의 상호작용을 들 수 있다. 1000℃에서의 화소(calcinations) 처리 후의 알루미나(alumina)의 비표면적(specific surface area)은 $90m^2/g$이고, 산화바륨(barium oxide)의 비표면적은 $1m^2/g$ 보다도 작다. 하지만 상승효과(synergistic effect)로 인하여, 알루미나(alumina)에 3%의 BaO를 혼합한 혼합물의 비표면적은 $130m^2/g$이 된다.

가끔 촉매의 요소들은 귀금속 간의 합금화(alloying) 또는 귀금속과 담층(washcoat)의 요소 사이의 반응과 같이 바람직하지 않은 효과들을 피하기 위하여 분리될 필요가 생긴다. 한 예로서, 승용차의 삼원촉매에서 팔라듐(palladium)과 로듐(rhodium) 사이에 합금이 생성될 수도 있다. 다성분담층(multicomponent washcoat)의 경우 그러한 합금은 서로 다른 담층(washcoat) 화학종에 주입(impregnation)이라는 과정을 통하여 물리적으로 분리될 수 있다.

이상촉매(heterogeneous catalyst)에서의 완전한 반응과정은 몇 개의 하부과정이나 하부단계로 나뉠 수 있다. 이러한 하부 과정은 물리적(즉, 물질전달), 그리고 화학적(즉, 반응동역학)인 특성으로 구성되는데, 이들 각각의 과정은 고유의 반응율을 가지고 있다. 반응의 전체 겉보기 반응율(apparent overall rate of the reaction)은 항상 가장 늦은 단계의 반응율보다 느리다. 시스템의 종류와 물리적 조건에 따라 어느 하부 단계도 전체반응율을 제한하는 반응이 될 수 있다. 이상촉매의 베드(bed)를 통과해서 흐르고 있으며 반응물(A)을 포함하고 있는 기체의 유동을 생각해 보자. 아래의 반응식 (3)에 따라 촉매에서 반응물(A)은 생성물(B)로 변환된다.

A에서 B로의 완전한 변환은 아래와 같은 물리적 화학적 과정과 관련이 되어 있다.

1. Bulk diffusion of reactants : 반응물 A는 carrier의 바깥 표면에 있는 촉매활성점(catalytic site)와 접촉을 해야 한다. 촉매담지된 운반제(catalyzed carrier)의 근방에 있는 기체의 경계층을 통하여 확산이 일어난다.
2. Pore diffusion of reactants : A 분자의 대부분은 다공질 운반제 망(carrier network)을 통하여 내부에 산포되어 있는 촉매활성점(active site)으로 확산을 해야만 한다.
3. Adsorption of reactants : 분자 A가 촉매의 표면에 도달한 후, 분자 A는 촉매활성점(catalytic site) 위에 화학적으로 흡착해야 한다. (chemisorb)
4. Catalytic reaction : 촉매활성점(active site)에서 일어나는 촉매반응은 화학적으로 흡착된(chemisorbed) 분자 A에 관련되어 있다. 이때 분자 A는 매우 활성화되어 활성화에너지 곡선의 최고치에 놓여 있게 되는데, 곧이어 생성물 B로 변환

된다.

5. Desorption of products : 반응 후에 생성물 B는 촉매활성점(catalytic site)에서 분리된다.
6. Pore diffusion of products : 생성물 B는 세공망(pore network)을 통과하여 바깥 표면으로 확산된다.
7. Bulk diffusion of products : 바깥쪽 표면에 도달한 후 생성물 B는 경계층을 통하여 주위 가스로 확산된다.

위의 단계들은 다음과 같은 세가지 영역으로 구분할 수 있는데, 각각은 서로 다른 메커니즘과 반응율 특성을 나타낸다.

1. Chemical reaction : 화학반응 메커니즘에는 촉매반응 그 자체인 step 4 뿐만 아니라 반응물의 각각 화학적 흡착(chemisorption of reactants)과 생성물의 분리인 step 3과 5가 포함된다. 위의 모든 화학반응의 반응동역학은 온도의 지수 의존성을 갖는다. 즉, exp(−E/RT)인데, 여기에서 E 는 활성화에너지를 나타낸다. 화학반응 뿐만 아니라 화학흡착(chemisorption)에서 E는 일반적으로 40kJ/mole (10kcal/mole) 이상의 값을 갖는다. (Heck, 1995)
2. Pore diffusion : Step 2와 6이 여기에 해당한다. 이 과정에서의 반응율은 주로 구멍(pore) 및 확산하는 반응물과 생성물의 크기와 형태에 의존한다. 세공확산율(rate of pore diffusion)은 대략 화학변환반응(chemical conversion reaction)의 반응상수인 k의 제곱근에 비례한다. 이의 활성화에너지는 화학반응의 절반 정도로서 약 25~40kJ/mole(6~10kcal/mole)이다.
3. Bulk mass transfer : Step 1(반응물)과 7(생성물)이 여기에 해당한다. 이 영역에서의 물질전달률(mass transfer rate)은 관계된 분자, 유동조건 및 촉매의(외부)표면적의 함수이다. 분자 확산율은 대략 $T^{3/2}$에 따라 변하며, 일반적으로 8~16kJ/mole(2~4kcal/mole)의 겉보기 활성화에너지(apparent activation energy)를 갖는다.

위의 7단계의 각각은 반응률을 제한하는 반응이 되어 이성촉매(heterogeneous catalyst)의 전체반응율을 제어할 수 있다. 반응율을 제한하는 메커니즘(rate limiting mechanism)은 화학반응(reaction), 세공확산(pore diffusion), 그리고 물질전달(mass transfer) 각각의 활성화에너지의 차이에 근거하여 결정될 수 있다. 아래의 [그림 VI-3]은 온도가 증가함에 따라 기체상태의 반응물 A에서 생성물 B로 변환되는 것을 나타낸다. 저온에서는 화학반응율이 확산에 비하여 상대적으로 느리다. 이 영역을 "reaction controlled regime"이라고 한다. 온도가 증가함에 따라 높은 활성화에너지와 지수함수 의존성을 갖는 반응의 속도가 증가하여 전체적인 반응율을 지배하는 반응은 화학반응에서 세공확산(pore diffusion)으로 이동한다. 마지막으로 고온에서, 화학반응과 구멍 확산은 충분히 빨라서 상대적으로 온도의존성이 적은 물질전달 과정이 반응율을 제한하는 반응이 된다.

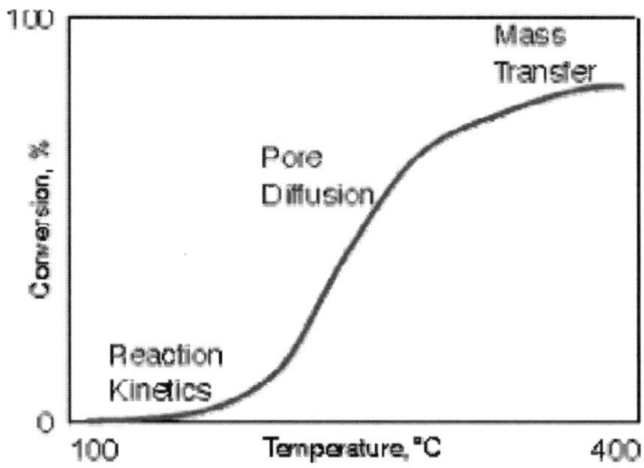

[그림 VI-3] Regions for Kinetic, Pore Diffusion and Bulk Mass Transfer Reaction Rate Control

[그림 VI-3]에서 변환곡선(conversion curve)의 기울기는 반응율을 제어하는 메커니즘의 정량적인 구분이 되는 기준이 될 수 있다. 점점 증가하는 기울기를 가진 곡선의 아랫부분은 화학반응이 지배하는 구역(chemical reaction control)을 나타낸다. (steps 3, 4, 5) 상대적으로 평평한 온도에 덜 민감한 부분은 물질전달에 의해 제어되는 영역(bulk mass transfer control)을 나타낸다. (step 1, 7) 가운데 부분은 구멍 확

산에 의해 지배받는 영역(pore diffusion control)이다. (step 2, 7)

화학반응 영역 각각의 반응은 아래와 같은 반응식으로 표현될 수 있다. 1차반응(first order reaction)이라고 가정하면 반응율은 다음과 같이 주어진다.

$$r = kC \tag{4}$$

여기에서

r : rate of reaction, kmole/m^{3}s

k : reaction rate constant, l/s

C : concentration of reactant A, kmole/m^3

반응율상수 k(reaction rate constant)는 온도에 따라 증가하는데, 이는 고온에서 반응이 활발함을 의미한다. K와 T 사이의 관계식은 다음과 같은 아레니우스식(Arrhenius equation)으로 주어진다.

$$k = k_0 \exp(-E/RT) \tag{5}$$

또는

$$\ln(k) = \ln(k_0) - E/RT \tag{6}$$

여기에서, R은 일반기체상수로서 8.31434 kJ/kmole·K, T는 온도이다.

실험적으로 측정된 반응율을 ln(k)와 (1/T)을 축으로 하여 그림을 그릴 수 있는데 이를 아레니우스 선도(Arrhenius plot)라고 한다. 방정식 (6)에 따르면, 실험데이터는 기울기가 $-E/R$이고 y 절편이 $\ln(k_0)$인 직선을 이룬다. 이러한 아레니우스 선도(Arrhenius plot)는 화학반응의 활성화에너지를 결정하는데 주로 사용된다. 만일 [그림 VI-3]에 해당하는 데이터를 아레니우스(Arrhenius) 좌표계에서 그려보면, 물질전달(mass transfer), 세공확산(pore diffusion), 그리고 반응동역학(reaction kinetics)에 대한 활성화에너지의 차이를 확실히 구분할 수 있다. 즉, 각각의 영역에 해당하는 직선 구간이 서로 다른 기울기로 가시화될 수 있다. 한편, 반응동역학(reaction kinetics)과 세공확산이 지배적인 구간(pore diffusion limited regime) 사이 같은 천이 구간(transitional area)에서는 직선이 나타나지 않는다.

모노리스 유동형 반응기(monolithic flow-through reactor)에서 반응물의 초기 및 최종 농도 사이의 관계를 결정하기 위하여 물질균형방정식(material balance equation)을 풀어야 한다. 1차원 플러그 유동(plug flow), 정상상태, 그리고 등온 조건이라는 가정하에 기본적인 물질균형방정식은 다음과 같이 주어진다.

$$v\left(\frac{dC}{dx}\right) = -r \tag{7}$$

여기에서, v[m/s]는 속도, r[kmole/m^3·s]은 단위체적당 반응율을 나타낸다.

만일 고려하고 있는 반응이 반응동역학에 의해 지배받고 있고 1차 반응이라고 가정하면, 반응율(r)은 식(4)로 주어진다. 이를 대입하고 정리하면 다음과 같이 반응물 A의 입구(C_i)와 출구(C_o)의 농도 사이의 관계식을 얻을 수 있다. 즉,

$$\ln(C_o/C_i) = -k\tau \tag{8}$$

여기에서, τ는 잔류시간을 뜻한다.

위의 방정식 (8)은, 반응상수 k와 활성화에너지 E를 알 수 있다면 반응동역학 영역(reaction kinetics regime)에서 작동하는 촉매반응기(catalytic reactor)의 변환효율을 계산하는데 사용될 수 있다. 그러나, 임의의 촉매에서의 반응에 대한 활성화에너지를 계산하는 일반적인 방법이 없다. 오히려, 반응의 활성화에너지는 각각의 촉매에 대하여 실험적으로 계산된다.

한편, 물질전달이 지배하는 영역(bulk mass transfer controlled process)에서 물질전달률(rate of mass transfer)은 다음과 같이 주어진다.

$$r = K_g \cdot a \cdot C \quad (9)$$

여기에서, K_g는 질량전달계수[m/s], a는 촉매의 체적당 기하학적 표면적[1/m]이다. 반응물 A의 입구와 출구에서의 농도 사이의 관계는 다음과 같다.

$$\ln(C_o/C_i) = -K_g \cdot a \cdot \tau \quad (10)$$

위의 관계를 분수 형태로 나타내면,

$$(C_i - C_o)/C_i = 1 - \exp(-K_g \cdot a \cdot \tau) \quad (11)$$

위에서 물질전달계수인 K_g는 실험데이터에서 구축된 여러 상관관계에서 구할 수 있다. 그러한 상관관계의 하나로서 표면적이 넓은 모노리스 담체(monolithic substrate)에 대한 관계식은 다음과 같다.

$$Sh = 0.834(d_h/L)Re^{0.544}Sc^{0.56} \quad (12)$$

여기에서, d_h는 촉매담체 채널의 수력학적 직경[m], L은 촉매담체의 길이, Sh는 Sherwood수, Re은 Reynolds 수, Sc은 Schmidt 수이다.

위의 무차원수는 다음과 같이 표현된다. 즉,

$$Sh = K_g a/D \quad (13)$$

$$Re = (W/A_F)d_h/\mu \quad (14)$$

$$Sc = \mu/\rho D \quad (15)$$

여기에서 D는 반응물의 공기 중에서의 확산계수[m^2/s], W는 총 질량 유량[kg/s], μ는 기체의 점성계수 [kg/m·s], A_F는 촉매 담체의 단면적[m^2], ρ는 작동 조건에서의 기체의 밀도[kg/m^3]이다. 위의 식에 따르면, 주어진 모노리스 형태와 배기가스 유동을 알고 있다면 특정한 요소의 변환효율을 계산할 수 있다. 먼저, 특정한 요소의 확산도

(diffusivity, D)는 다른 문헌에서 이용할 수 있는 방법을 이용하여 계산할 수 있다. 다음, Re와 Sc는 식 (14)와 (15)를 이용하여 계산한다. 다음, Sh는 식 (13)을 이용하여 계산하고, K_g는, 예를 들어 식 (12)와 같은 실험적 상관관계식으로부터 구한다. 마지막으로, 식 (11)을 이용하여 농도의 변화를 계산한다. 윗 계산의 전체적인 정확도는 K_g에 관한 상관관계식의 정확도에 의존한다. 한편, 위의 계산은 단지 물질전달이 지배하는 영역에서만 유효함을 기억하기 바란다. 따라서, 윗 식들은 충분히 높은 온도 영역에서만 유효하다. 온도가 감소할수록 세공확산(pore diffusion)과 반응동역학(kinetics)이 전체반응을 지배하는 반응이 되고 관측된 변환효율은 물질전달 영역에서 계산된 그것보다 작아진다.

2. 수소 모빌리티용 촉매변환 시스템의 종류

수소를 연료로 사용하는 대표적인 시스템에는 연료전지가 있다. 연료전지는 수소와 산소의 전기화학반응으로 화학적 에너지로부터 직접 전기에너지를 생산한다. 따라서 내연기관보다 효율이 높고, 동적 요소가 없어 소음이 없으며, 반응 후 전기와 물만 생성되기 때문에 친환경적이라는 장점이 있다[1]. 수소를 에너지원으로 사용하기 위해 수소를 저장하여 사용하는 방법과 수소를 실시간으로 생성하여 사용하는 방법이 있다. Rivard et al.[2]에 따르면 수소는 총 10가지 방법으로 저장할 수 있는데 수소의 끓는점은 대략 -252.9°C로 매우 낮기 때문에 온도 관리의 복잡성, 안 좋은 저장 효율, 높은 압력 유지 등 저장을 위한 복잡한 문제들이 수반된다. 또한, 수소의 최소점화에너지가 매우 낮고 폭연지수가 다른 연료에 비해 상대적으로 높기 때문에 수소의 고압 압축은 자칫하면 대형사고로 이어질 수 있다. 따라서 수소를 연료전지의 연료로 사용하기 위해서는 안정적으로 수소를 생산할 수 있는 인프라가 구축되어야 한다.

수소를 고압으로 압축시키지 않고 수증기 개질 반응을 통해 지속적으로 수소를 생산하는 방법이 있다. 수소는 탄화수소 계열의 연료의 화학 반응을 통해 발생시킬 수 있고 디젤, 가솔린, 에탄올, 메탄올 등을 통한 수소를 생산하는 다양한 연구들이 있다

[3-7]. 다양한 탄화수소 계열의 연료 중 메탄올은 수소 생성에 있어 몇몇 이점들이 존재한다. 메탄올은 탄소 원자가 하나이기 때문에 모든 알코올 중에서 분자 구조가 가장 간단하다. 또한 강한 탄소-탄소 결합을 분해할 필요가 없고 상대적으로 분열이 쉬운 탄소-수소 결합만을 분해하면 되기 때문에 낮은 온도 (200~350°C)에서 개질이 가능하다[8]. 이 온도는 다른 연료(에탄올 400°C, 메탄 500°C 등)와 비교해 볼 때 매우 낮다. 그렇기 때문에 자열을 이용할 수 있는 시스템 환경이 주어진다면 연소기가 불필요하며 선박, 자동차, 잠수함 등과 같은 운송 시스템에서 활용할 수 있다. 비록 메탄올은 유독성 물질이지만 대기압 조건에서 액체로 존재하여 운반이 편리하고 높은 수소 대 탄소 비를 가져 수소의 선택도(selectivity)가 높기 때문에 많이 사용한다[9].

수소는 연료전지 자동차에서 가스로 직접 공급받거나 자량 내부에서 화학물질을 포함한 다양한 수소로부터 생산된다. 일반적으로 석유화학업체들은 탄소 기반 소재 중 수소 대 탄소 비율이 가장 높은 메탄으로부터 수소를 생산한다. 그러나 니켈 촉매를 이용한 메탄으로부터의 수소 생산은 900℃의 고온에서 이루어져야 한다. 이러한 측면과 우리가 새로운 기반시설을 위해 많은 돈을 투자해야 한다는 사실은 이 대안이 연료전지 차량에 매력적이지 않게 만든다. 연료원으로서 디메틸에터(Dimethylether; DME)는 주변 온도에서 액체 형태이고 바이오에탄올보다 에너지 함량이 높다는 요구사항을 충족시키지만, 디메틸에터는 다음과 같은 메탄올의 탈수 과정을 통해 얻어지는 물질이기 때문에, 수소의 공급원으로서 그렇게 좋은 후보는 아니라고 할 수 있다.

$$2\ CH_3OH \rightleftarrows CH_3OCH_3 + H_2 \quad \Delta H_R = 23,4 kJ.mol^{-1}$$

디메틸에터의 개질은 먼저 고체 형태의 촉매를 사용하여 메탄올로 가수분해되는 첫 단계를 거쳐야 한다.

$$CH_3OCH_3 + H_2O \rightleftarrows 2\ CH_3OH \quad \Delta H_R = 37 kJ.mol^{-1}$$

두 번째 단계에서 수증기 개질[2]에서 수소로 전환되게 된다. 메탄올을 디메틸 에테르로 변환한 다음, DME의 수증기 개질을 통해 메탄올로 역변환하기 때문에 수소를 생산하는 연료로서의 개질은 정말로 의미가 없다. 그러므로 가장 적합한 후보는 메탄올 그 자체이다. 그것은 높은 수소 밀도를 가지고 있고, 액체이며, 수소로의 전환 과정은 상당히 낮은 온도에서 일어나기 때문이다. 메탄올을 사용한 수증기 개질을 메탄올 개질이라고 하는데 이 반응은 대부분의 반응 메커니즘이 흡열반응으로 이루어져 있기 때문에 지속적인 개질 반응을 위해서는 외부에서 열을 개질기로 공급하여야 한다.

메탄올 개질은 ① 메탄올 수증기 개질(methanol steam reforming, MSR), ② 메탄올 분해(methanol decomposition, MD), ③ 수성가스 전환(water gas shift, WGS) 세 가지 반응으로 간략화하여 고려할 수 있다[10]. 메탄올 수증기 개질 반응을 가속화하기 위해 구리(Cu), 니켈(Ni), 백금(Pt), 팔라듐(Pb) 등 여러 계열의 촉매들을 사용하는데 이 중 높은 활성도(activity)와 선택도를 갖는 구리 기반의 촉매를 가장 많이 사용한다[11]. Wan et al.[12] 은 구리 기반의 촉매인 $CuO/ZnO/Al_2O_3$, $CuO/ZnO/ZrO_2/Al_2O_3$, $CuO/ZnO/CeO_2/Al_2O_3$ 계열 촉매의 비율을 변경해가며 촉매 특성에 대해 분석하였다.

(1) 개질기의 종류

연료개질방식은 크게 수증기개질(SR, steam reforming), 부분 산화(POX, partial oxidation), 자열 개질(ATR, auto-thermal reforming), 3가지로 대별할 수 있다. 각각의 개질기에 대해서는 아래의 그림에 나타내었으며, 뒤에 장단점을 언급하겠다.

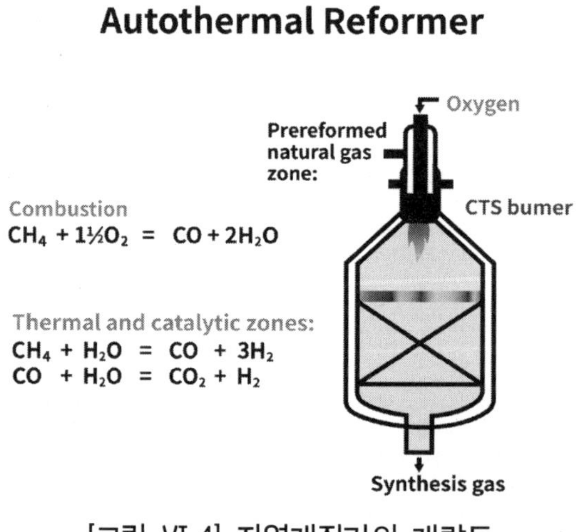

[그림 VI-4] 자열개질기의 개략도

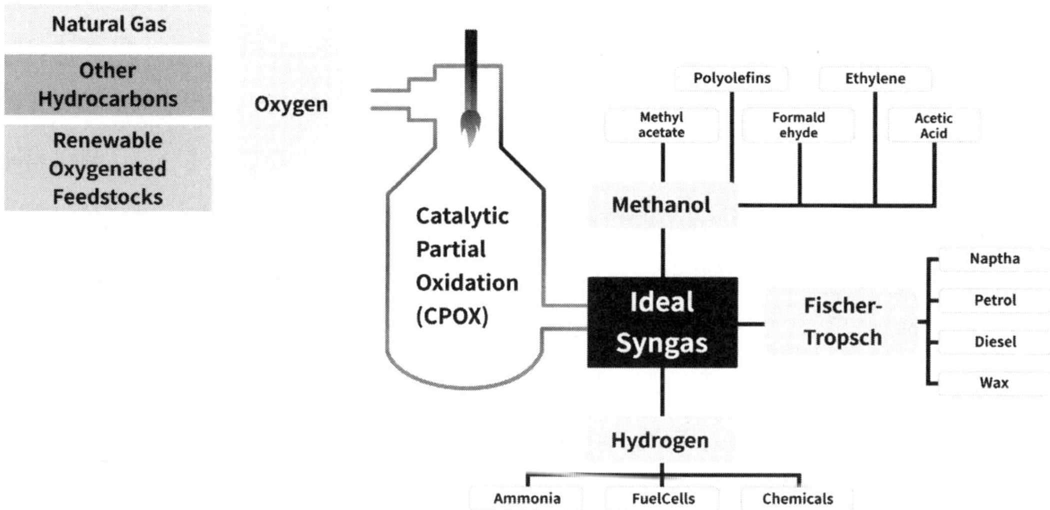

[그림 Ⅵ-5] 부분 산화 개질기의 개략도

메탄올의 개조는 내열 공정이기 때문에 열 공급이 필요하다. 최근 개발되고 있는 개질기들은 자열 과정(auto-thermal process)을 위해 설계되었다. Folded or plate-fin reformer(PFR)는 증발기, 연소기 및 개질기 등을 구성 요소로 하여 소형 장치의 형태로 결합됩니다. 공급되는 메탄올 전부가 완전히 변환되지는 않고, 일부분이 연소되어 열을 발생시킴으로써 나머지의 메탄올을 증발시키고 수증기 개질을 위한 온도로 유지하기 위한 열 공급원으로 사용이 되게 된다. 사실, 초기 시동 기간 동안 개질기는 전기 히터와 같은 외부 난방원이 필요하게 된다[3].

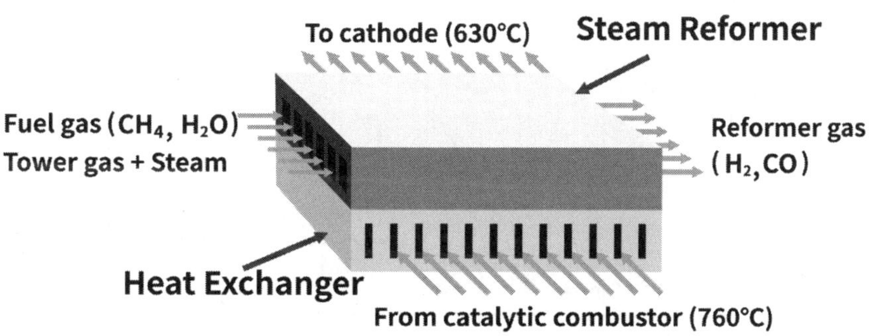

[그림 Ⅵ-6] 평판형 핀 형태의 개질기의 개략도

많은 반응들은 열역학적 상태로는 가능하다고 할 수 있을지라도 화학반응학 측면에서 일어나기 힘든 상황이 된다. 이는 이른바 활성화 에너지라고 하는 문턱값 때문이라고 하며, 활성화 에너지가 너무 높으면 발열 반응일지라도 반응이 일어날 수 없다. 이러한 경우, 우리는 모든 중간 단계의 활성화 장벽이 기체상 반응의 활성화 에너지에 비해 낮은 에너지 친화적인 경로를 제공함으로써 활성화 에너지를 낮출 수 있는 촉매라는 물질을 필요로 하게 된다.

이 사실에는 두 가지 결과가 있다.

1. 촉매가 활성화 에너지를 낮추거나 반응 속도를 높이는 정도에 따라 특정 조건에서 촉매 반응의 변환이 크게 달라질 수 있다. 하지만 가역 반응의 경우 평형 상태에 도달할 때까지 반응 속도를 가속할 수 있다. 평형상태의 구성은 열역학적으로 미리 정의되게 된다.
2. 촉매가 선호하는 반응 경로에 따라 반응의 선택성이 크게 달라질 수 있다. 이러한 사례의 예로는 메탄올 증기 개질의 메커니즘이 있다[4].

연속적인 반응 단계는 단일 반응으로 단순화될 수 있기는 하지만, 다음 [그림 VI-7]의 에너지 다이어그램은 촉매의 기능에 대한 개략적인 정보들을 줄 수 있다.

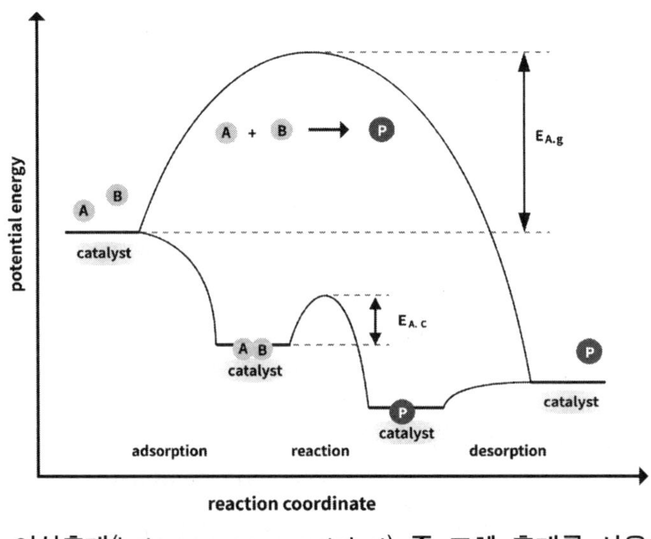

[그림 VI-7] 이상촉매(heterogeneous catalyst) 중 고체 촉매를 사용하였을 때의 기체상 반응의 포텐셜 에너지 다이어그램

이상촉매(heterogeneous catalyst) 작용은 분자 내 결합이 깨지거나 약해진 기체 중 적어도 하나의 흡착과 함께 시작되게 된다. 일반적으로 흡착은 발열 과정이다. 이후 촉매 표면에서 다른 종과 연속된 여러 단계로 반응한 후 생성물이 기체상으로 이탈하여, 이어지는 촉매 사이클에 사용되는 활성 부위를 생성한다. 따라서 촉매는 반응물을 흡착하는 데는 높은 친화력을 가져야 하지만 생성물의 탈착과 활성 부위의 생성을 가능하게 하기 위해서는 생성물에 대한 친화력이 낮아야 한다. 희석 가스를 사용할 경우, 촉매나 지지를 위한 재료에 대한 친화력이 낮은 것을 선택해야 한다.

철 촉매에 대한 암모니아 합성을 예를 들어 보면, 질소와 수소는 먼저 해리성 흡착을 거친 다음 일련의 반응으로 질소와 수소가 결합하여 촉매 표면에 암모니아를 형성하고, 적어도 암모니아 분자는 기체상으로 탈착됨과 동시에 활성 부위가 재생되게 된다.

촉매 반응은 표면에서 일어나기 때문에 비표면적이 높은 촉매를 생산하는 것이 바람직하다. 이는 부품 크기가 작거나 다공성이 높은 촉매를 합성함으로써 가능하게 할 수 있다. 미세 촉매 입자는 스프레이 드라이 또는 초음파 진동을 통해 나노 입자를 생성하는 등 다양한 기술을 통해 달성할 수 있다. 그러나 미세한 분말은 촉매 베드에 원치 않는 압력 구배를 유발하거나 반응 영역으로 방출될 수 있다. 이는 촉매가 손실되는 문제를 야기할 수 있기 때문에 촉매를 제품에서 분리해야 함을 의미한다. 탄소, 알루미나, 티타니움, 다공성 실리카, 제올리스와 같은 불활성 입자에 침전하거나 활성종을 분산시키는 것은 높은 비율을 가지는 표면 원자를 얻기 위해 사용되는 일반적인 방법이다. 탄소의 층 구조는 언급된 압력 문제를 피하기 위해 탄소가 돌출물이나 더 큰 입자에 눌리지 않도록 하기 때문에 단점이 있게 된다. 일부 촉매는 스펀지와 같은 폴리머 템플릿을 사용하여 생성되는데, 폴리머 템플릿은 석회화 단계에서 연소되어 다공성이 높은 촉매를 생성한다.

(2) 화학반응

반응속도론은 화학반응의 속도를 다루며 반응속도를 반응 메커니즘과 연관시킬 수 있게 한다. 20세기 초에는 단순히 농도, 압력, 온도와 같은 거시적인 과정 매개 변수만을 연구함으로써 결정되는 반응 속도에 대한 경험적 설명만을 다루었다. 그러나 20

세기 후반 분광학과 관련된 도구들이 광범위하게 개발됨에 따라 분자가 어떻게 반응하는지, 어떤 중간체가 검출되는지, 촉매의 어떤 종이 활성 중심으로 작용하는지를 조사함으로써 미세한 반응 수준을 연구할 수 있게 되었다. 오늘날에는 반응 조건에서 분자 과정을 조사할 수 있는 몇몇 현장 기술(in-situ techniques)이 있다. 이러한 측정 방법들은 우리가 화학반응 측면에서의 동적 거동과 촉매 과정에서 중간종의 형성을 따라 연구할 수 있게 해준다. 따라서, 반응속도론은 촉매 작용의 핵심 학문이다. 그것은 우리에게 미시적인 수준의 반응 분자를 거시적인 산업 반응 공학 세계와 연결하는 도구를 제공한다.

촉매의 설계와 개선을 위해서는 미시적 관점에서의 이해가 매우 중요하다. 그리고 반응기에 대한 개념을 개발하기 전에 주요 생산물이나 부산물의 형성에 대한 반응 메커니즘을 이해해야 한다. 그러나 실제 상황과 생산 단계에서는 개별적인 과정보다는 분자의 총체적인 반응과정에 더 관심이 있다. 예를 들어, 이것은 특정 반응 과정 동안의 변환과정과 반응 속도 및 이에 따른 에너지 생성 등이라고 할 수 있다. 이 때 온도는 반응에서 분자의 에너지 함량을 설명할 수 있는 가장 널리 사용되는 매개 변수가 된다.

반응 속도는 반응물의 소멸 속도 또는 생성물의 형성 속도로 정의된다. 개략적인 화학 반응의 경우 아래와 같은 반응식으로 설명할 수 있다.

$$\nu_A A + \nu_B B \underset{k_r}{\overset{k_f}{\rightleftharpoons}} \nu_C C + \nu_D D$$

여기서, A와 B는 반응물, C와 D는 생성물이며, 반응물과 생성물 앞에 있는 계수들은 이론 화학반응 조건에서의 몰을 나타내는 계수이다. 하첨자 f, g는 각각 정반응과 역반응을 나타내며, k는 반응상수이다. 또한 반응율은 아래의 식과 같이 나타내어 진다.

$$r = -\frac{dc_A}{\nu_A \cdot dt} = -\frac{dc_B}{\nu_B \cdot dt} = \frac{dc_C}{\nu_C \cdot dt} = \frac{dc_D}{\nu_D \cdot dt}$$

만약 반응이 기체상에서 발생할 경우, 농도 ci를 기체의 부분 압력(p_i /p_0)으로 대체할 수 있다. 여기서 p_0는 기준 압력으로 1 bar이다. 따라서 위 식은 아래와 같이 표현될 수 있다.

$$r=-\frac{dp_A}{\nu_A \cdot p_0 \cdot dt}=-\frac{dp_B}{\nu_B \cdot p_0 \cdot dt}=\frac{dp_C}{\nu_C \cdot p_0 \cdot dt}=\frac{dp_D}{\nu_D \cdot p_0 \cdot dt}$$

반응이 단일 단계에서 일어나고 반응 방정식에 의해 정확히 진행되는 것을 기초 반응이라고 하며, 그 비율을 다음과 같이 표현할 수 있다.

$$r=k_f \cdot c_A^{\nu_A} \cdot c_B^{\nu_B}-k_r \cdot c_C^{\nu_C} \cdot c_D^{\nu_D}=r_f-r_r$$

반응 메커니즘은 다수의 중간체를 포함하는 일련의 기초 단계이다. 이러한 단계는 표면에서의 흡착 및 탈착 단계를 포함한 이상촉매 반응을 의미한다.

기본 단계는 정수로 표현되는 반응차수를 가지고, 산업과 공학적인 목적에서 우리가 총체 반응의 반응 차수를 얻을 수 있다면 종종 충분하다. 위에서 표현된 비율 방정식을 통하여 이러한 정보들을 충분히 전달할 수 있다. 매개 변수화를 위해, 우리는 농도나 압력의 함수로써 반응 속도를 공식화할 수 있다.

$$r=k \cdot c_A^{n_A} \cdot c_B^{n_B} \cdot c_C^{n_C} \cdot c_D^{n_D} \text{ or } r=k \cdot p_A^{n_A} \cdot p_B^{n_B} \cdot p_C^{n_C} \cdot p_D^{n_D}$$

여기서 총체 반응(전진 반응 및 예비 반응)의 반응 차수는 ni(=n_A+n_B+n_C+n_D)의 합이다. 다음으로는 메탄올을 이용한 수소 개질에 대하여 살펴보도록 하겠다.

(3) 메탄올 - 수소 개질

메탄올로부터 수소를 생산하는 가장 중요한 과정은 메탄올 분해(MD), 수증기 개질(SRM), 부분 산화(POX)이다. 두 번째와 세 번째 과정의 조합인 메탄올의 결합 또는 산화적 개질도 널리 연구되었다[2,6,10,11]. 메탄올의 분해는 높은 CO 수율을 생성하는 강한 흡열 반응으로, 연료 전지 용도에 다소 적합하지 않다[1]. 수증기 개질 반응은 또한 흡열의 특성을 띠지만, 일반적으로 75%의 상당한 H_2 수율을 제공하는 동시에 높은 이산화탄소 선택성(~ 25%)을 유지한다[1,4,8]. 메탄올의 부분 산화는 빠른 시동과 동적 반응을 갖는 발열 반응이다[4]. 그럼에도 불구하고 반응기 내부에서 국소적인 고온 영역을 형성하는 특성은 Cu 입자를 소결시켜 촉매성능을 감소시키는 결과를 초래할 수 있다[8,11]. 또한 이 반응은 수증기 개질보다 상당히 낮은 양의 수소를 생성한다[1,8,9].

* 메탄올 수증기 개질(methanol steam reforming, MSR) 반응

$$CH_3OH + H_2O \leftrightarrow 3H_2 + CO_2$$

* 메탄올 분해(methanol decomposition, MD) 반응

$$CH_3OH \rightarrow 2H_2 + CO$$

* 수성 가스 전환(water gas shift, WGS) 반응

$$CO + H_2O \leftrightarrow H_2 + CO_2$$

가장 높은 수소 수율은 메탄올[1]의 수증기 개질에 의해 달성될 수 있는 것으로 알려져 있다. 수증기 개질의 가장 큰 단점은 부산물로 CO가 형성되어 100ppm의 낮은 농도에서도 Pt 전극[2,6,12]을 오염시켜 연료전지 성능을 저하시킨다는 것이다. 현재 2단계 촉매 반응기는 수성 가스 전환 반응(water-gas shift reaction), 산화 또는 메탄 형성반응을 통해 CO를 제거하기 위해 사용되고 있다[6,10]. 그러나 이 CO정화유닛은 많은 부피를 차지하고 수소를 많이 소모하여 연료전지의 효율을 감소시키기 때문에 다소 불편하다[8]. 기체 정화의 필요성을 없애기 위해서는 상당한 메탄올 변환과 H_2 선택성을 제공하고 가능한 한 가장 낮은 양의 CO를 발생하는 고성능 촉매가 필요하다[10,12]. 배출물 측면에서 CO가 완전히 없는 것은 수증기 개질 조건 하에서는 달성하

기 어려울 수 있다.

수증기 개질에 대한 Cu- 및 Pd 기반 촉매의 적용[1-6,8-12,13-18]에 대한 여러 연구가 문헌에 보고됐으며, 그 중 Cu는 낮은 온도에서의 높은 활성과 선택성 때문에 더 선호되어 왔다[1,12,19]. Cu 촉매도 열 불활성화(thermal deactivation)에 취약한 것으로 간주되지만 ZnO, Al_2O_3 또는 Cr_2O_3[20]와 같은 하나 이상의 산화물을 추가하면 소결되는 특성이 상당히 감소할 수 있다. 기존 Cu/ZnO 및 Cu/ZnO/Al_2O_3 시스템을 포함한 수증기 개질의 가장 효율적인 촉매에 대해 자세히 조사하였다[1,3,6,9,15,16,21-25]. 수증기 개질의 활성화 및 작동 조건에서 Cu/ZnO의 촉매 사이트에서의 특성화를 통해 Cu와 ZnO 상의 상호작용이 촉매 활성에 분명한 영향을 미친다는 것이 밝혀졌다[22,23]. Cu/ZnO/Al_2O_3 촉매의 경우, 높은 메탄올 변환과 낮은 CO 선택성이 얻어졌으며 [1,5,5,8,9,16], 화학 반응학적 분석은 전반적인 반응 메커니즘에 대한 중요한 정보를 제공했다[5,6,16,21,25,26]. 기존의 ZnO 또는 Al_2O_3로 지지된 Cu 촉매에 비해 ZrO2 함유 샘플은 수증기 개질 반응에 대한 활성도가 증가하고 CO 발생 수준이 감소했다[3,5,12,27-29]. ZrO_2의 개질에 대한 촉진 효과는 CuO의 감소 가능성 향상에 기인하며, Cu 분산도를 증가시키는 경향이 있다[29]. ZrO_2는 또한 반응 조건 [5,12,29]에서 Cu 결정체의 소결 작용을 방지하는 것으로 보고되었으며, 따라서 구조적 안정제로서의 역할을 하는 것으로 파악되었다. 마찬가지로, CeO_2를 지지 재료 또는 촉진제로 적용하면 Cu 기반 촉매의 효율성이 향상되는 것으로 밝혀졌다[11,30,31]. CeO_2는 시너지 효과를 통해 Al_2O_3 지원 Cu 촉매의 열 안정성과 활성을 증가시키고 수성 가스 변환 반응을 통한 CO 변환을 선호하는 것으로 밝혀졌다[30]. 또한 CeO_2는 높은 산소 저장 용량을 가지며[32,33], 환원 조건에서 형성된 부분적으로 감소된 CeO_2 부위는 이동 산소를 생성하며, 이는 촉매 성능에 유익한 영향을 미치는 경향이 있다[31,32]. ZrO_2-CeO_2가 지원하는 촉매의 경우, 열적으로 안정적인 고체 용액의 형성으로 이어지는 산화 단계 간의 상호작용은 두 단계 모두에서 산소의 이동성을 증가시키는 것으로 보고되었다[32].

(4) 개질 특성의 정량화

메탄올 수증기 개질 반응은 메탄올과 수증기를 반응시켜 수소를 생산해 내는 방법이다. 이 반응은 위 식과 같이 세 반응으로 간략화할 수 있는데 주로 구리(Cu) 기반의 촉매를 사용하여 반응 속도를 높인다고 한다. 반응 온도는 200~350°C의 범위를 갖는다고 알려져 있다. MSR 반응은 메탄올 수증기 개질 반응의 가장 영향력 있는 주반응이며 메탄올과 수증기에 열을 가해 수소와 이산화탄소를 생성하는 흡열 반응이다. 또한 메탄올 분해 반응의 경우도 메탄올이 수소와 일산화탄소로 분해되는 흡열 반응에 해당한다. 수성 가스 전환 반응은 메탄올 분해 반응에서 생성된 일산화탄소와 수증기가 만나 수소와 이산화탄소를 만드는 발열 반응에 해당한다. 이 세 반응에서 메탄올 수증기 개질과 수성 가스 전환은 가역반응으로 정반응과 역반응이 동시에 일어나 화학평형이 유지되고, 메탄올 분해는 비가역 반응이며 역반응 속도가 매우 느려 정반응만 일어나는 반응이다. 메탄올 개질의 성능을 평가하기 위해 메탄올 전환율(η), 수소의 수율(H_2 yield), CO 선택도(CO selectivity) 등의 인자들이 사용되고 시간당 공간속도(gas hourly space velocity, GHSV)를 통해 유량을 조절한다. 각 정의는 아래에 나타내었고, 여기서 X는 몰분율, F는 몰 유속이다.

- 메탄올 전환율 (methanol conversion rate)

$$\eta(\%) = \frac{X_{CH_3OH,in} - X_{CH_3OH,out}}{X_{CH_3OH,in}} \times 100 \tag{4}$$

- 수소의 수율 (H_2 yield)

$$H_2\,\text{yield}(\%) = \frac{1}{3}\frac{F_{H_2,in}}{F_{CH_3OH,in}} \times 100 \tag{5}$$

- CO 선택도 (CO selectivity)

$$S_{CO} = \frac{X_{CO,out}}{X_{CO_2,out} + X_{CO,out}} \tag{6}$$

• 시간당 공간속도 (Gas Hourly Space Velocity, hr-1)

$$GHSV = \frac{\dot{Q}_{\text{Reformer inlet}}}{V_{\text{Catalyst}}} \qquad (7)$$

메탄올 개질 반응 해석은 일반적으로 가장 영향력이 높은 MSR, MD, WGS 세 반응으로 간략화하여 진행한다. 세 반응의 반응속도 표현식은 아래 식들과 같고 각 계수를 table 3에 나타내었다. 아직까지는 반응속도에 대한 완벽한 식은 제시되기 힘들며, 고려하는 촉매에 따라 달라질 수 있다. 따라서 일반적으로는 실험치와의 보정을 통해 표현하게 된다. 아래의 식에서 C_R과 C_D는 보정 계수로써 실험에 따라 개질기의 기하학적 형상, 사용 촉매, 개질 온도 등이 다르므로 적절한 값을 선정해야 한다.

• 메탄올 수증기 개질 반응

$$R_{MSR} = C_R(A_1 + B_1 \ln SCR)\exp\left(-\frac{E_{MSR}}{RT}\right)C_{CH_3OH}^{0.6}C_{H_2O}^{0.4} \qquad (20)$$

• 메탄올 분해 반응

$$R_{MD} = C_D A_2 \exp\left(-\frac{E_{MD}}{RT}\right)C_{CH_3OH} \qquad (21)$$

• 수성 가스 전환 반응

$$R_{WGS} = A_{WGS}\exp\left(-\frac{E_{WGS}}{RT}\right)C_{CO}C_{H_2O} \qquad (22)$$

[표 Ⅵ-3] The coefficient used in the reaction rate expression

	Value	Unit
A_1	1.15×10^6	s^{-1}
A_2	7.09×10^7	s^{-1}
B_1	9.41×10^5	s^{-1}
E_{MSR}	84.1×10^6	J/kmol
E_{MD}	111.2×10^6	J/kmol
E_{WGS}	70×10^6	J/kmol
A_{MD}	3.8995×10^8	$m^3kg^{-1}s^{-1}$
A_{WGS}	4.0×10^7	$m^6kg^{-1}mol^{-1}s^{-1}$

Reference

[1] Ryan O'Hayre, Suk-Won Cha, Whitney G. Colella, and Fritz B. Prinz. Fuel Cell Fundamentals. John Wiley & Sons: Hoboken, NJ, USA, 2016, ISBN 9781119114208.

[2] Etienne Rivard, Michel Trudeau, and Karim Zaghib. Hydrogen Storage for Mobility: A Review. Materials, 12 (12) (2019) 1-22.

[3] Qimin Ming, Todd Healey, Lloyd Allen, and Patricia Irving. Steam Reforming of Hydrocarbon Fuels. Catalysis Today, 77(1-2) (2002) 51-64.

[4] Jurriaan Boon, Eric van Dijk, Sander de Munck, and Ruud van den Brink. Steam Reforming of Commercial Ultra-Low Sulphur Diesel. Journal of Power Sources, 196(14) (2011) 5928-5935.

[5] Dong Ju Moon, K. Sreekumar, Sang Deuk Lee, Byung Gwon Lee, and Hoon Sik Kim. Studies on Gasoline Fuel Processor System for Fuel-Cell Powered Vehicles Application. Applied Catalysis A: General, 215(1-2) (2001) 1-9.

[6] Seyyed Mohsen Mousavi Ehteshami, and Siew Hwa Chan. Techno-Economic Study of Hydrogen Production via Steam Reforming of Methanol, Ethanol, and Diesel. Energy Technology & Policy, 1 (2014) 15-22.

[7] Prashant Nehe, V. Mahendra Reddy, and Sudarshan Kumar. Investigations on a New Internally-Heated Tubular Packed-Bed Methanol-Steam-Reformer. International Journal of Hydrogen Energy, 40(16) (2015) 5715-5725.

[8] George A. Olah. Beyond Oil and Gas: The Methanol Economy. Angewandte Chemie International Edition, 44(18) (2005) 2636-2639.

[9] Daniel R. Palo, Robert A. Dagle, and Jamie D. Holladay. Methanol Steam Reforming for Hydrogen Production. Chemical Reviews, 107(10) (2007) 3992-4021.

[10] J.C. Amphlett, K.A.M. Creber, J.M. Davis, R.F. Mann, B.A. Peppley, and

D.M. Stokes. Hydrogen Production by Steam Reforming of Methanol for Polymer Electrolyte Fuel Cells. International Journal of Hydrogen Energy, 19(2) (1994) 131-137.

[11] Cheng-Chun Chang, Jhih-Wei Wang, Ching-Tu Chang, Biing-Jye Liaw, and Yin-Zu Chen. Effect of ZrO2 on Steam Reforming of Methanol over Cuo/ZnO/ZrO2/Al2O3 Catalysts. Chemical Engineering Journal, 192(1) (2012) 350-356.

[12] Yu Wan, Zhiming Zhou, and Zhenmin Cheng. Hydrogen Production from Steam Reforming of Methanol over CuO/ZnO/Al2O3 Catalysts: Catalytic Performance and Kinetic Modeling. Chinese Journal of Chemical Engineering, 24(9) (2016) 1186-1194.

연습문제

1. 촉매의 역할에 대하여 포텐셜 에너지 관점에서 설명하시오.

2. 활성화에너지의 관점에서 화학반응의 진행 경로에 대하여 설명하시오.

3. 개질기의 장단점에 대하여 논하라.

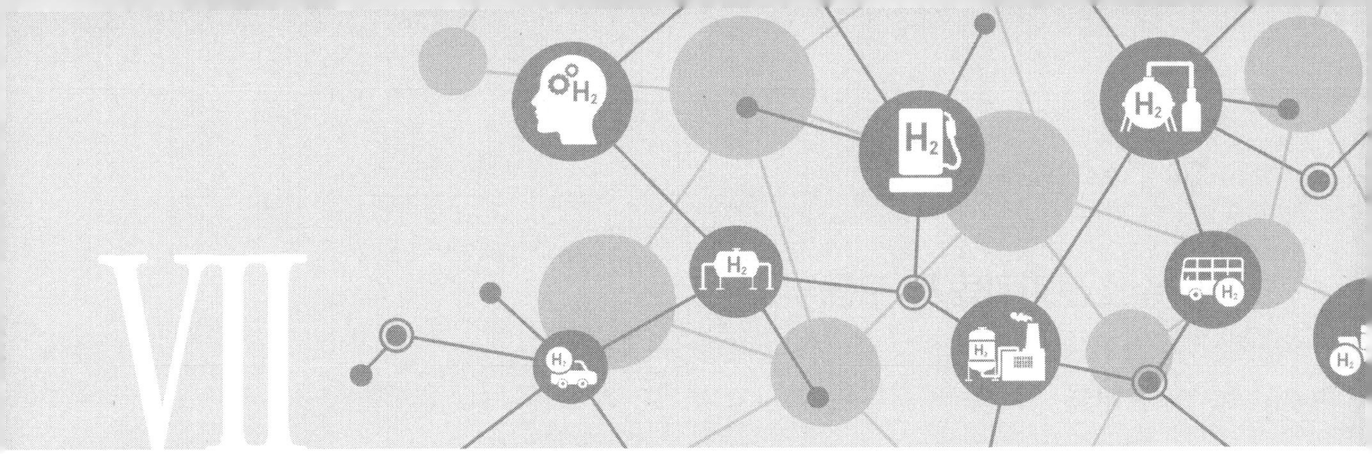

VII 수소전기자동차의 구동부

이경민

1. 수소전기자동차 구동부

(1) 개요

자동차의 파워트레인은 자동차의 이동을 위한 동력을 생산하고, 생산된 동력을 바퀴로 전달하는 부분으로 자동차 주행 성능을 결정하는 기본적인 요소이다. 내연기관(ICE, Internal Combustion Engine) 자동차의 파워트레인은 화석에너지를 폭발시켜 회전력을 발생하는 엔진, 발생한 엔진의 회전 에너지를 자동차의 주행에 적합한 속도와 토크로 조정하는 변속기로 구성된다. 배터리에 저장된 전기를 이용하는 배터리 전기자동차(BEV, Battery Electric Vehicles)와 수소를 이용하여 생산된 전기를 이용하는 수소전기자동차(FCEV, Fuel Cell Electric Vehicle)는 전기 에너지의 공급 방식이 상이할 뿐 전기모터를 구동부로 사용하는 측면에서는 동일한 전기자동차(EV)에 해당한다. 전기자동차의 구동부는 자기력을 이용하여 회전력을 발생하는 전기모터, 전기모터의 회전 에너지를 주행에 적합한 속도와 토크로 조정하는 감속기, 전기모터에 필요한 전압, 전류를 공급하는 전력변환장치로 구성된다. 전력변환장치는 AC-DC 간 변환과 모터의 제어를 위해 사용되는 컨버터, 인버터 등을 포함한다.

구분	형상	내용
전력변환 장치	 	• 인버터 : 직류(배터리)에서 교류(모터)로 변환 • DC컨버터:고압직류에서 저압직류로 강압 (배터리, 고압) → (모터 및 주변장치, 저압)
전기모터		• 영구자석, BLDC, 교류 동기 등 차종별 다양한 모터 사용 • 전기차 보급 확산에 따라 고출력 모터 출시 추세
기어박스	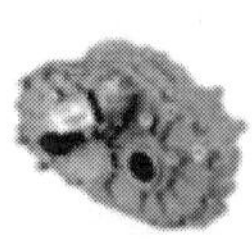	• BEV는 모터의 회전력을 효율적으로 전달하기 위한 감속기어 등을 채용 • PHEV는 기존 변속기와 모터, 엔진회전조합을 위한 클러치 등 추가로 설계복잡

[그림 Ⅶ-1] 친환경차 파워트레인의 구성품 (출처:KOTRA)

최근 전기모터 자동차는 파워트레인의 효율을 개선하고, 가격, 무게, 부피 감소를 위해 기존의 전기모터, 감속기, 모터 드라이브를 하나의 제품으로 모듈화하고 있다. 모듈화는 파워트레인의 무게와 크기를 감소시켜 탑승자 공간, 배터리와 같이 다른 용도로 사용할 수 있는 공간을 증가 시킨다. 또한, 모듈화를 통해 각 구성 요소를 연결하는 전력, 통신 케이블의 안정성을 확보하고 원가를 절감할 수 있다. 구체적으로 보쉬는 부품이 개별적으로 사용될 때보다 크기는 20%, 비용은 10~15%까지 감소시킨 e-Axle이라는 모터-변속기-파워일렉트로닉스 통합 시스템을 발표했으며, 독일의 부품기업 ZF는 자동차 섀시에 모터와 변속기, 파워일렉트로닉스를 일체화해서 바퀴만 끼우면 되는 섀시일체형 플랫폼인 mSTARS(modular Semi Trailing Arm Rear Suspension)를 개발했다. BMW의 모터, 변속기, 인버터 및 컨버터 등을 하나의 시스템으로 통합한 플랫폼으로 개발함으로써 공간 효율성과 동시에 원가 절감까지 추진하고 있다. 테슬라에 이어 전기자동차 시장에 새롭게 진입한 신생전기자동차 기업들은 전기자동차 섀시에 모터, 충전기, 인버터 등을 통합함은 물론이고 배터리까지 일체형으로 한 플랫폼화를 추진한다. 이를 통해 에너지 효율의 향상뿐 아니라 대량 생산이 가능해지면서 원가 구조도 개선할 수 있고, 파워트레인 전체 시스템의 플랫폼화를 통해 전기자동차 내부공간 활용도를 높여서 내연기관차에서 불가능해 보였던 여러 디자인을 전기자동차에서 구현할 수도 있을 것이다.

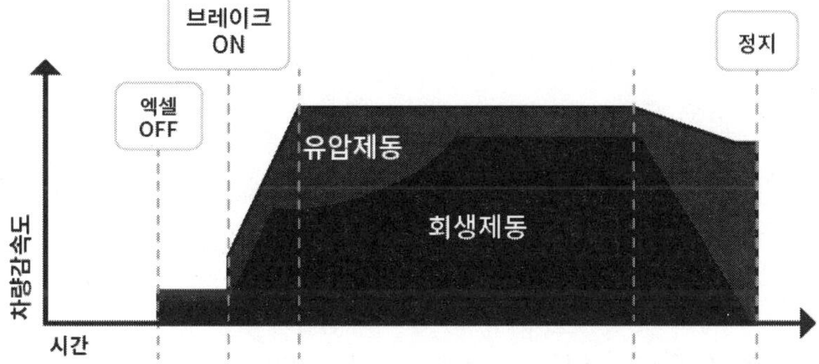

[그림 Ⅶ-2] 유압 제동과 회생 제동장치의 협조 작동 및 에너지 회수

(2) 파워트레인 특성 비교

파워트레인은 자동차의 효율, 즉 연비를 결정하는 중요한 요소로 내연기관 자동차의 연료 1리터당 주행거리(km/L), 전기자동차의 1kWh당 주행할수 있는 거리(km/kWh)에 큰 영향을 미친다. 내연기관인 디젤엔진의 효율은 45퍼센트 내외인 반면 모터는 엔진에 비해 구조가 단순하고 부가적인 손실이 적기 때문에 공급되는 전력의 90퍼센트 정도를 구동력으로 변환한다. 다만 공급되는 전력을 생산하는 과정에서 발생하는 에너지 손실, 예를 들어 발전소의 에너지 변환 효율과 송전, 변압 과정의 에너지 손실을 함께 고려하면 그 차이가 감소하지만, 이러한 손실을 고려하더라도 전기자동차가 내연기관 자동차에 비해 높은 효율을 가진다. 또한 전기자동차는 제동 과정에서 회생제동을 이용하여 에너지 회수가 용이하므로 전체적인 에너지 효율 상승이 더욱 유리하다.

자동차 파워트레인의 성능을 표현하는 대표적인 지표는 토크(Torque)와 출력(Power)이다.

토크는 물체를 회전시키기 위한 회전력의 개념으로 힘과 길이를 곱한 값으로 표현된다. 단위는 Nm 또는 kgf·m를 사용한다. 토크는 차량의 힘, 즉 가속도를 결정하는 중요한 요소이다. 일반적으로 자동차의 토크가 클수록 자동차의 가속력과 견인력이 좋다. 자동차의 토크는 일정한 상수 값이 아니고 엔진의 회전속도나 전기모터의 회전속도에 따라 변화하는 값이다.

출력 또는 일률은 단위시간에 할 수 있는 일의 양을 나타내는 것으로 힘과 속도의 곱, 또는 토크와 각속도의 곱으로 표현된다. 단위는 내연기관 자동차에서는 마력(PS), 전기자동차에서는 kW로 표현된다. 1마력은 1마리 말이 할 수 일률을 표현하는 값으로 0.735 kW에 해당된다. 큰 출력을 가지는 자동차는 높은 회전속도에서도 큰 토크값을 유지할 수 있으므로 고속에서도 지속적인 가속이 가능하다.

그림 3은 내연기관 자동차와 전기자동차의 회전속도에 따른 토크, 출력 특성 그래프이다. 내연기관 자동차는 일정 회전속도, 약 1000 rpm 이상에서 토크가 발생하고, 3500 rpm 내외에서 최대가 되며 이후에는 토크가 감소한다. 출력은 토크와 각속도의 곱이므로 약 5000 rpm 내외에서 최대가 된다. 자동차는 출발시와 가속시 큰 토크가

필요하고, 고속에서 정속 주행을 할 때에는 큰 토크가 필요하지 않으므로 내연기관의 토크 특성과 자동차의 동작에 요구되는 토크가 다르다. 따라서 내연기관 자동차에서 내연기관은 최대 토크가 발생하는 회전속도에서 동작하도록 제어하고, 다단변속기를 사용하여 차량의 출발시에는 내연기관의 회전 속도를 감속하고 토크를 증가시켜 바퀴에 전달하고, 자동차의 속도가 증가함에 따라 감속비를 점차 감소시키고, 자동차 바퀴의 회전속도가 빠른 고속에서는 내연기관의의 회전속도를 증속시켜 바퀴에 전달한다.

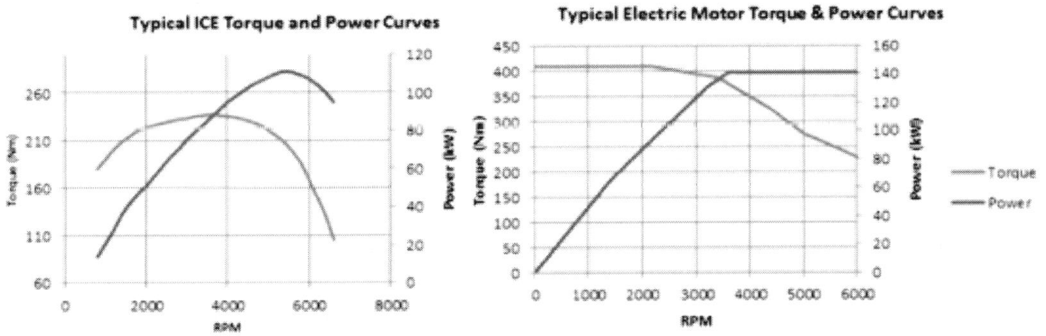

[그림 Ⅶ-3] 내연기관과 전기모터의 토크와 출력 비교(출처 : 유진투자증권)

전기모터는 전기에너지를 기계에너지로 변환하는 장치로 그림에서 보는 바와 같이 회전을 시작하는 순간에 큰 토크가 발생하고 속도 증가에 따라 토크가 감소하는 형태의 동작 특성을 가진다. 이러한 전기모터의 특성은 출발시에 큰 토크가 필요하고, 속도의 증가에 따라 토크보다는 마력이 중요한 자동차의 특성과 일치한다. 또한 전원 조작을 통해 역회전이 가능하기 때문에 전기 자동차의 경우 변속기가 아닌, 전기모터의 특성을 자동차의 필요 토크 범위와 일치시키기 위한 감속기와 전기모터의 제어를 위한 인버터 회로를 이용하고 다단변속기가 불필요하게 된다. 그러나 저속과 고속에서의 성능 모두 만족하기 위해 기어를 채용하는 경우도 있다.

표 1은 현재 판매되는 수소전기자동차의 모터 출력과 내연기관 차량의 마력과 토크를 비교한 값이다. 200 마력이 약 147 kW 에 대응되는 것을 고려하면 두 종류의 차량이 비슷한 수치를 나타내는 것을 확인할 수 있다.

[표 Ⅶ-1] 내연기관 차량과 수소전기자동차의 출력비교

구분	자동차	출력	최대 토크(kgf-m)
수소차 (모터출력)	넥쏘 (현대)	120 kW	40.3
	미라이 (도요타)	113 kW	34.2
	클라리티 (혼다)	130 kW	30.6
내연기관 차량	LF 소나타 디젤 (1685 CC, 2017년)	141 PS	37
	LF 소나타 가솔린 (1999 CC, 2017년)	168 PS	20.5
	산타페 디젤 (2151 CC, 2020년)	202 PS	45
	산타페 가솔린 터보 (2497 CC, 2020년)	281 PS	43

표 2는 내연기관 자동차와 전기 자동차의 파워트레인의 가격을 나타낸다. 두 자동차에서 파워트레인과 배터리를 제외한 부분의 가격은 약 $12,000 으로 큰 차이가 없다. 파워트레인 측면에서, 내연기관 자동차는 전체 차량 가격의 36% ($6,800), 전기 자동차는 전체 차량 가격의 13% ($3,778)를 차지하는 것을 확인할 수 있다.

[표 Ⅶ-2] 내연기관자동차와 전기자동차의 파워트레인 부품 가격 비중

파워트레인 부품 가격비중

내연기관차 (폭스바겐 Golf)			전기차 (GM Bolt)		
파워트레인	$6,800	36%	파워트레인	$3,778	13%
-엔진	$3,400	18%	-모터	$1,200	4%
-변속기	$1,200	6%	-파워일렉트로닉스	$1,802	6%
-파워트레인 기타	$2,200	12%	-파워트레인 기타	$776	3%
기타	**$12,000**	**64%**	**배터리**	**$12,300**	**43%**
			기타	**$12,600**	**44%**
합계	**$18,800**	**100%**	**합계**	**$28,678**	**100%**

주 : 제조간접비(overhead cost) 제외
자료 : UBS

(3) 전기자동차 파워트레인 현황

현재의 전기자동차는 기존 내연기관 자동차의 플랫폼을 활용하는 형태로 개발되었다. 기존 내연기관 자동차의 플랫폼을 활용하면 변속기나 디퍼렌셜 기어가 있는 곳에 1개의 전기모터를 설치하여 구동축, 디퍼런셜 기어를 통해 바퀴를 구동한다. 전기모터가 내연기관의 엔진에 비해 크기가 작아 설치가 용이하므로 차량 내부의 배치 및 설계, 무

개배분, 경량화에 유리하고, 동력전달 손실에서도 내연기관 자동차에 비해 유리하다.

최근에는 전기자동차 전용 플랫폼을 개발하여 적용하고 있다. 전용 플랫폼은 전기자동차의 배터리 배치와 내연기관 파워트레인의 제거로 인한 공간 활용과 같이 기존의 내연기관 자동차와 다른 전기자동차만의 특징을 잘 활용할 수 있는 구조로 개발되었다.

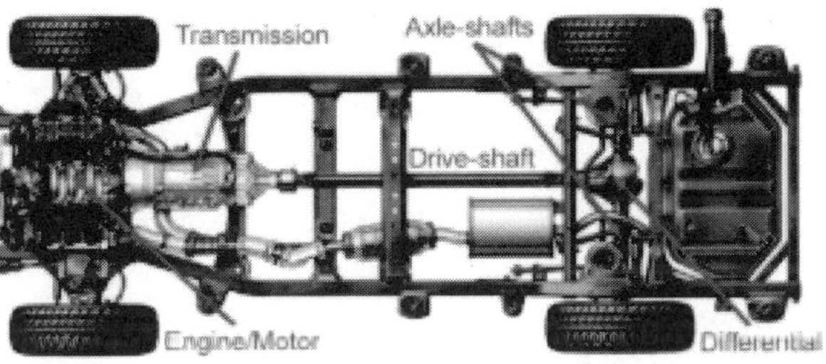

(a) 내연기관 자동차의 파워트레인 구성

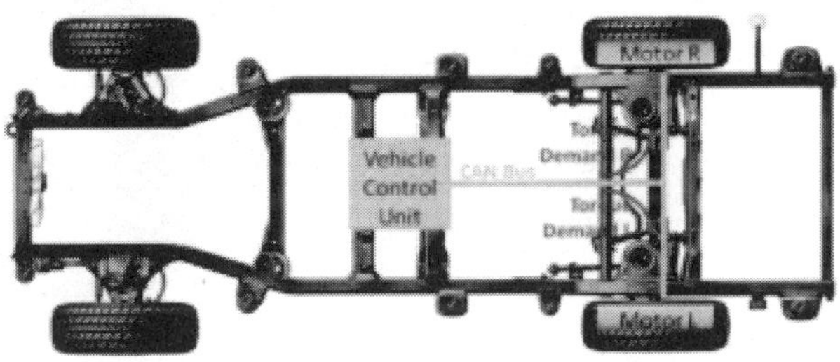

(b) 내연기관 플랫폼을 활용한 전기자동차 파워트레인 구성

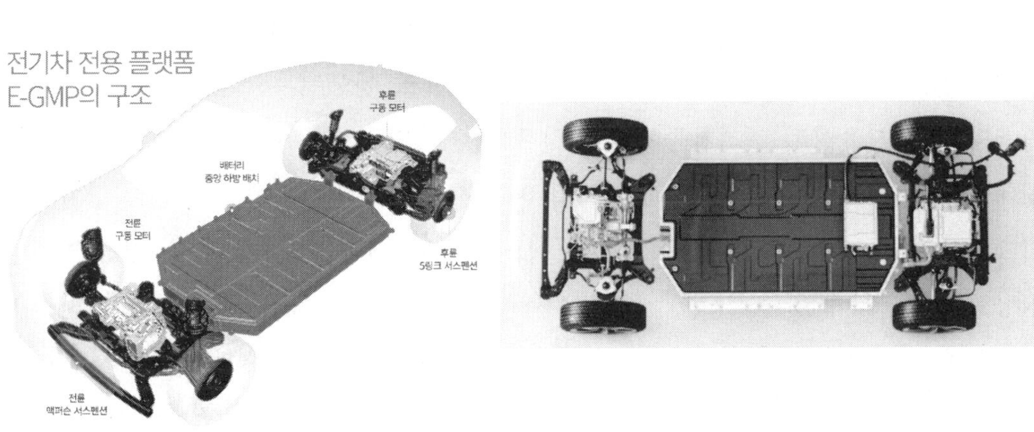

(c) 전기자동차 전용 플랫폼

[그림 Ⅶ-4] 차량 플랫폼 및 구성 비교(출처 ee.co.za/article, 현대기아자동차)

각 바퀴에 개별적으로 구동 모터를 설치하는 전기자동차의 개발도 진행되고 있다. 이 경우 개별 모터의 무게 감소, 디퍼런셜, 구동축과 같은 부품이 불필요하게 되어 동력 전달 과정에서 발생하는 에너지 손실을 최소화 하여 높은 동력전달 효과 경량화가 가능하다. 또한 각 바퀴의 독립적 제어를 통해 현재의 자동차로는 구현하지 할 수 없는 제자리 회전과 같은 주행도 구현할 수 있다. 다만 주행을 위한 바퀴들이 독립적으로 제어되므로 4개의 바퀴가 함께 연동될 수 있도록 정밀한 제어 성능이 요구된다.

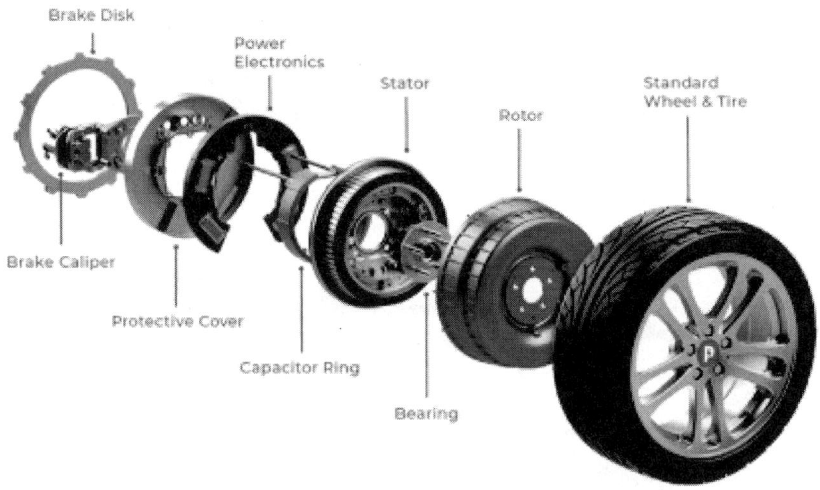

[그림 Ⅶ-5] 인휠모터시스템의 부품도(출처: powerelectronics.com)

전기자동차의 파워트레인은 궁극적으로 파워트레인의 모듈화와 각 바퀴별 구동모터 설치를 결합한 인휠모터시스템으로 발전될 것으로 예상된다. 인휠모터시스템은 그림 5와 같이 모듈화된 전기자동차의 파워트레인이 기존의 바퀴 및 제동장치에 결합된 형태이다. 인휠모터시스템은 모터가 직접 바퀴를 구동하기 때문에 동력전달 장치가 불필요하게 되어 기존 전기 자동차에 비해서도 동력 손실을 더욱 줄일 수 있고, 차량의 경량화도 가능하게 한다. 또한, 자동차 내부의 많은 공간을 차지하는 파워트레인을 바퀴로 모두 이동함으로써 탑승 공간의 확보가 용이하고, 다양한 형태의 자동차 디자인을 가능하게 한다. 인휠모터시스템의 설치 위치에 따라, 앞바퀴에 인휠모터시스템이 부착된 전륜구동자동차, 뒷바퀴에 인휠모터시스템이 부착된 후륜구동자동차, 바퀴 4개에 모두 인휠모터시스템이 부착된 4륜구동자동차와 같이 사용자의 요구에 따라 다양한 구동 시스템의 제작이 가능하다.

기존의 내연기관 자동차는 엔진과 탑승자의 무거운 하중이 스프링, 댐퍼로 구성된 현가장치를 통해 가벼운 바퀴에 하중을 가하는 형태로 바퀴의 접지력 유지와 노면의 진동 차단에 유리하다. 인휠모터시스템에서는 상대적으로 가벼운 차체의 무게가 현가장치를 통해 무거운 인휠모터시스템으로 전달되므로 자동차 타이어의 노면 접지력이 약화되고 차체에 전달되는 진동이 증폭되는 문제가 있다. 이러한 문제 해결을 위해 인휠모터시스템의 무게 감량과 서스펜션에 대한 연구 개발이 필요하다. 노면의 충격, 진동, 환경이 직접적으로 인휠모터시스템 내부의 전기모터에 전달되므로 내구성, 침수와 같은 상황에서 동작하기 위한 내환경성이 요구되고, 바퀴에 설치된 각 모터의 안정적인 동작을 위해서 전원과 신호 캐이블의 안정적인 연결도 보장되어야 한다. 독립적으로 동작하는 각 바퀴의 상태를 실시간으로 파악하고 제어하기 위한 다수의 센서와 고성능 프로세서도 요구된다.

현재 현대모비스를 비롯해 혼다, 토요타 GM 등 여러 업체들이 인휠모터시스템 개발을 진행하고 있다.

2. 전기자동차의 전기모터

(1) 전자기력 개론

1800년대 초에 덴마크의 물리학자 Oestered가 전류가 자기효과를 발생하는 것을 보였고, 그 후 프랑스이 과학자 Andre Marie Ampere가 이 관계를 수식을 통해 표현하였으며, 영국의 Faraday는 자기장의 변화가 전압을 발생시키는 관계를 발견하였다.

전기모터는 이와 같은 전기와 자계의 관계를 바탕으로 전기에너지를 기계적인 운동에너지로 변환하는 장치이며 발전기는 기계적인 운동에너지를 전기에너지로 변환하는 변환장치이다. 자기에너지는 전기에너지와 기계에너지의 사이에서 에너지 변환의 매개역할을 한다.

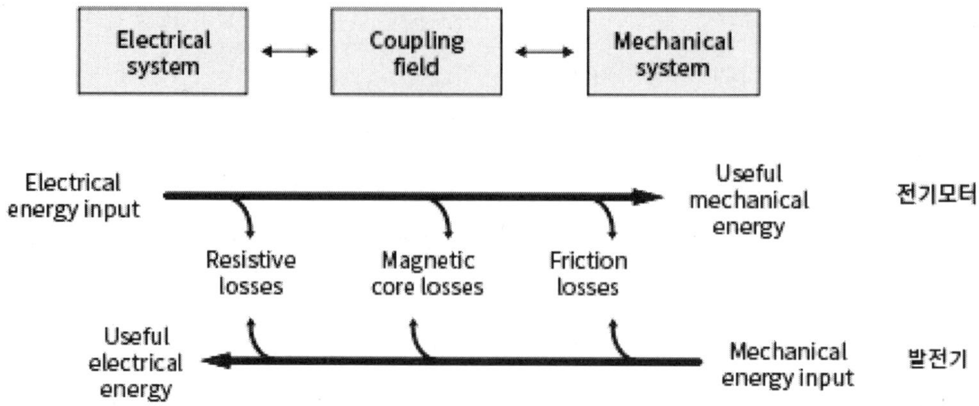

[그림 Ⅶ-6] 전기에너지와 기계에너지의 변환

1) 전기에너지

전기에너지는 일정한 시간 동안 전기가 하는 일의 양을 의미하는 것으로 전력량(= 전력(power)×시간(time) = 전압×전류×시간)으로 표현되며 단위는 Wh를 사용한다.

전기장 내에서 전기의 현상은 전하(electric charge)로 인해 발생하고, 전기에너지 식에서 전압과 전류는 전하의 이동과 관련된 물리량이다. 대표적으로, 물질의 원자를 구성하는 전자는 음전하를 가지고 전하량은 약 -1.6×10^{-19}C의 값을 가지고, 이에 대응되는 양성자는 1.6×10^{-19}C의 전하량을 가진다. 단순하게 중력과 비교하면 전기장은 중력이 미치는 공간, 전하는 질량에 대응된다. 다만 전하는 플러스와 마이너스 극성이 있어 인력만 발생하는 중력에 비해 척력도 발생하는 특징이 있다.

전압(electric pressure)은 전기장 내에서 두 지점의 상대적인 전기적 압력 차이를 의미하는 값으로, 전하는 전압이 높은 곳에서 낮은 곳으로 흐르게 된다. 단위는 볼트(V)를 사용한다. 단순히 이해하면 전압은 전하가 쌓인 양을 의미하며 전위차(electric potential difference)라고도 한다. 양전하가 +에서 -로 이동하면 전압, 즉 전위차는 감소하게 된다.

전류(current)는 단위시간당 이동한 전하의 양을 나타내는 것으로 단위는 암페어(A)를 사용한다. 1A는 1초에 1쿨롱의 전하가 흐르는 것을 뜻한다. 동일한 저항 값인 경우 전압, 전위차이가 크면 더 많은 전류가 흐르고 전압 차이가 작으면 적은 전류가 흐르게 된다. 전류는 그림 7과 같이 직류와 교류로 구분된다. 직류(DC, Direct current)

는 넓은 의미로는 전류의 방향이 변하는 않는 전류를 의미하고 좁은 의미로는 전류의 크기와 방향이 일정한 것을 의미한다. 교류(AC, alternating current)는 넓은 의미로는 전류의 방향이 시간에 따라 정방향, 역방향으로 변화하는 전류를 의미하고, 좁은 의미로는 정현파(사인파) 형태의 전류가 흐르는 것을 의미한다.

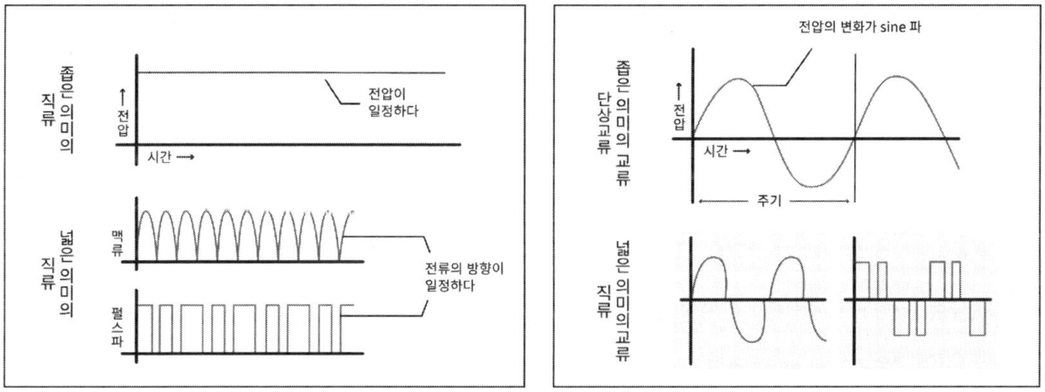

[그림 Ⅶ-7] 직류와 교류

일반 가정에서 사용하는 220V는 정현파 교류 전압으로 실효값(root mean square)이 220V, 최대 전압은 311V 인 단상 교류이다. 발전소에 발전하여 송전하는 전압과 공장과 같이 많은 전력이 요구되는 곳은 일반적으로 3상을 사용한다. 3상 전압은 3개의 정현파가 각 120도 위상차이를 가지는 형태이다. 3상 전압은 3상의 전압을 더하면 항상 0이 되는 특징을 가진다. 3상 교류는 2가닥의 선으로 연결되는 단상과 비교할 때, 3가닥의 선을 사용하여 전선의 소모량은 50%가 증가하는 반면에 전달하는 전력은 $\sqrt{3}$ 배 (단상 전력 $P = V \times I \times$ 역률 vs. 3상 전력 $P = \sqrt{3} \times V \times I \times$ 역률)가 되어 약 70% 정도가 증가하게 되므로 효율적인 전력 전달이 가능하다.

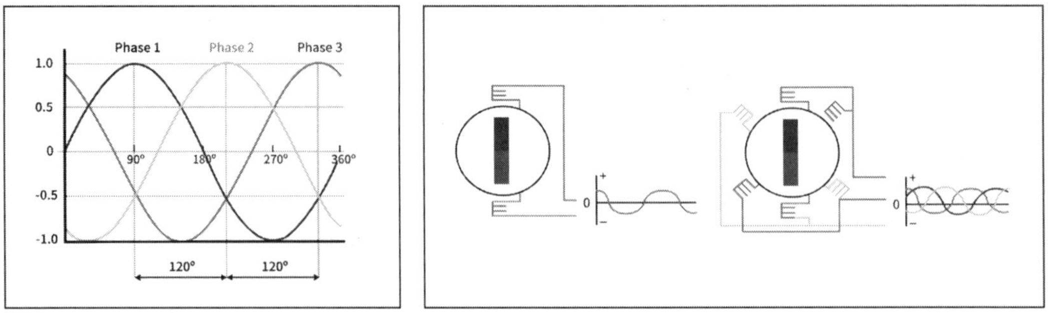

[그림 Ⅶ-8] 3상 전압과 단상과 3상 발전

저항(resistor)은 전류를 방해하는 물리량으로 단위는 옴(Ω)을 사용한다. 1Ω은 1V의 전압차이일 때 1A의 전류를 흘리는 값으로 일반적으로 V=IR이라는 옴의법칙(ohm's law)으로 전압-전류-저항 관계를 표현한다.

전력(Power)는 전기가 단위시간에 하는 일을 의미하며 단위는 와트(W)를 사용한다. 직류에서는 전압×전류으로 표현되지만, 교류에서는 전압×전류×역률로 표현된다.

2) 자기에너지

자기장(magnetic filed)은 자기에너지가 영향을 미치는 영역으로 그림 9와 같이 자(기)력선을 사용하여 표현한다. 이때 자력선의 밀도는 자기장의 세기에 비례하며 자력선은 N극에서 나와서 S극으로 들어가는 형태로 정의된다. 자기력선은 연속적인 선으로 갈라지거나 끊어지지 않고, 교차하지도 않는다.

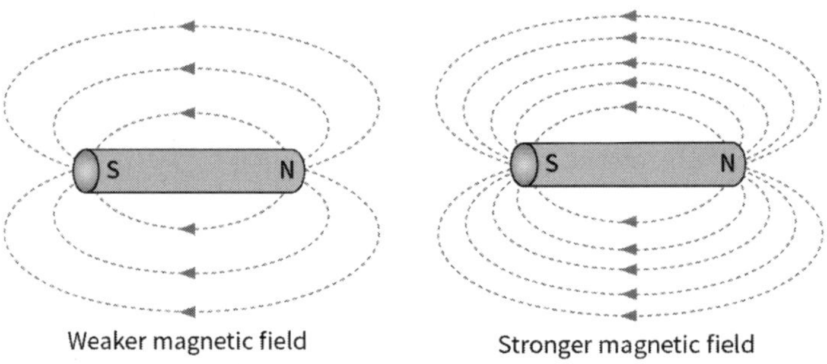

[그림 Ⅶ-9] 자기장

자기에너지는 자기장의 형태로 저장되는 에너지를 의미하며 자기에너지(W)는 다음 식과 같이 자속밀도(B)와 자계강도(H)의 곱을 부피에 대해 적분한 형태로 표현된다.

$$W = \frac{1}{2}\int B \cdot H dv$$

자속(Magnetic flux, ϕ)는 공급된 기자력으로 인해 공간에 발생하는 자기의 흐름을 표현하는 것으며, 전기에너지의 전류에 대응되는 값이다. 단위는 웨버(Wb)를 사용한다. 자속밀도(magnetic flux density, B)는 단위 면적당 자속을 표현하며 자속의 크기를 자속이 통과하는 단면적의 넓이로 나눈 값이다. 단위는 Wb/m^2 또는 테슬라(T), 가우스(gauss)를 사용하며 1 Wb/m^2 = 1 Tesla = 10000gauss 의 관계를 가지고 있다. 자속은 전류와 마찬가지로 저항이 작은 곳으로 흐르는 성질을 가지고 있어 매질이 동일한 경우에는 최단 거리로, 매질이 다른 경우에는 자기저항 성분이 작은 쪽으로 흐르는 성질을 가지고 있다.

기자력(Magnetomotive force, $\mathcal{F}$)은 자속을 흐르게 하는 힘으로 전기에너지에서 전하를 이동하도록 하는 전압에 대응되는 개념으로 단위는 AT(ampere-turn)을 사용한다. 자계강도(Magnetic field intensity, H)는 라고 하고 기자력을 길이로 나눈 단위 길이당 기자력으로 단위는 AT/m를 사용한다. 단위로부터 단순하게 이해하면 철심에 코일을 감아서 제작한 전자석의 기자력은 코일에 흐르는 전류(Ampere)의 크기와 코일의 감은 수(Turn)의 곱으로 표현하고 자계강도는 발생한 전체 기자력을 철심의 길이로 나눈 값이 된다. 기자력은 공간에 자기에너지를 공급하는 역할을 하는 것으로 공간에 존재하는 물질의 자기적 특성과는 무관한 값이다.

자기저항(Reluctance, R)은 주어진 기자력에 대해 통과하는 자속을 크기를 결정하는 요소로 전기 에너지의 저항에 대응되는 값으로, 전기 저항 $R(\text{전기저항}) = \frac{\text{비저항} \cdot \text{길이}}{\text{단면적}}$과 유사하게 $R(\text{자기저항}) = \frac{\text{길이}}{\text{투자율} \cdot \text{단면적}}$으로 표현된다. 이때 비저항은 물질의 고유한 특성으로 단위 길이, 단위 단면적의 저항 값을 의미한다. 투자율(permeability, μ=B/H)은 주어진 자계강도에서 발생하는 자속밀도 값으로 정의하고, 재료에 따라 다른 값을 가진다. 일반적으로 진공 중의 투자율(μ_0 = 4π×10^{-7})을 기준으로 상대적인 값인 비투자율(μ_r)로 표현한다. 강자성체에 해당하는 철의 상대 투자율은 선형구간에서 약 3000~5000 정도의 값을 가진다. 전기저항과 자기저항 모두 매질의 길이가 길어질수록, 단면적이 작아질수록 저항이 커진다.

자속쇄교수(flux linkage, λ)는 코일을 통과하는 자속과 코일의 턴수를 곱한 값으로 그림 10과 같이 권선수가 N인 코일에 자속 ϕ=BA가 통과한다면 자속 쇄교수 $\lambda = N\phi = BA$ 이다. 코일을 통과하는 자속량이 변하는 경우 코일에는 자속의 변화에 저항하는 방향, 즉 현재의 자속을 유지하기 위한 전압이 발생된다. 이를 유도기전력이라고 하고, 이에 따라 유도전휴가 흐르게 된다. 그림 10과 같이 전류가 흐르지 않는 전자석에 N극이 가까워지는 경우 전자석은 전류가 흐르지 않던 상태를 유지할 수 있는 방향으로 유도기전력이 발생하고 유도전류가 흐르게 된다. N극이 가까워지는 것은 S극이 멀어지는 것과 동일한 효과가 발생한다. N극이 멀어지는 경우는 반대 방향으로 유도기전력이 발생하고 유도전류가 흐르게 되며, S극이 가까워지는 경우에도 동일한 효과가 발생한다.

이때 유도기전력의 크기는 $\text{유도기전력} = \frac{\Delta \text{자속쇄교수}}{\Delta \text{시간}}$ 으로 표현된다. 이 값은 인덕터의 유도전압($V_L = L\frac{di_L}{dt}$)과 동일한 값이므로, 인덕턴스 (L)은 단위 전류의 변화에 따라 자속쇄교수의 변화하는 비 ($L = \frac{\lambda}{i} = \frac{N\phi}{i} = \frac{N\frac{\mu NiA}{l}}{i} = \frac{\mu N^2 A}{l} = \frac{N^2}{R}$)로 표현할 수 있다. 즉, 코일의 턴수(N)은 일반적으로 일정한 값이므로 동일한 전류 변화에 대해 자속(B)의 변화량이 많은 경우 인덕턴스가 크게 되므로, 자기저항이 작은 물질 자성체에 인덕턴스가 큰 값을 가지는 것을 알 수 있다.

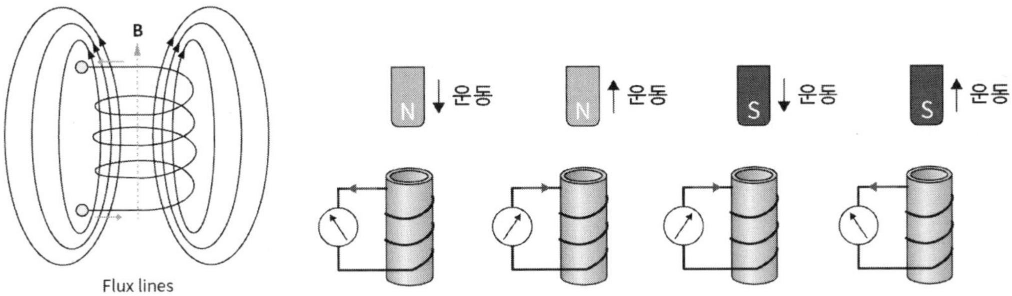

[그림 Ⅶ-10] 쇄교자속 및 유도기전력

전기에너지와 자기에너지의 변수와 단위와 대응되는 변수와 관계식들은 표 3, 4와 같다.

[표 Ⅶ-3] 자기에너지의 변수와 단위 정리

Magnetic variables and units

Variable	Symbol	Units
Current	I	A
Magnetic flux density	B	$Wb/m^2 = T$
Magnetic flux	Φ	Wb
Magnetic field intensity	H	A/m
Electromotive force	e	V
Magnetomotive force	F	A-turns
Flux linkage	λ	Wb-turns

[표 Ⅶ-4] 자기회로와 전기 회로 상사

Analogy between electric and magnetic circuits

Electrical quantity	Magnetic quantity
Electrical field intensity E, V/m	Magnetic field intensity H, A-turns/m
Voltage v, V	Magnetomotive force F, A-turns
Current i, A	Magnetic flux Φ, Wb
Current density J, A/m^2	Magnetic flux density B, Wb/m^2
Resistanve R, Ω	Reluctance $R = l / \mu A$, A-thrns/Wb
Conductivity σ, 1/Ω-m	Permeability μ, Wb/A-m

표 5는 전기저항의 비저항 값과, 자기저항의 비투자율 값이다. 전기 회로에서 도체와 절연물과은 고유저항 차이가 매우 크므로 전류가 전기회로 밖으로는 새지 않는 전기회로에 비해, 자기회로는 자성체와 진공의 투자율 차이가 1000~10000 정도로 자성체 외부로 자속이 흐르는 누설자속이 발생한다. 또한 전기회로의 비저항(ρ)은 전류와 무관하게 비교적 일정한 값을 가지나, 자성체의 투자율은 자속에 따라 비선형적으로 변하는 특징을 가지고 있어 전기회로에 비해 자기회로의 계산이 복잡하다.

[표 Ⅶ-5] 전기저항, 자기저항의 비저항과 비투자율 비교

물질	비저항(Ω·m)
은	1.6×10^{-8}
구리	1.7×10^{-8}
알루미늄	2.7×10^{-8}
텅스텐	5.6×10^{-8}
철	9.7×10^{-8}
흑연(반도체)	3.5×10^{-5}
규소(반도체)	2300
유리	10^{10} ~ 10^{14}
고무	10^{13} ~ 10^{16}
나무	10^{8} ~ 10^{11}

물질	비투자율	종별
은	0.99998	역자성체
주석	0.999983	역자성체
동	0.999991	역자성체
진공	1	
공기	1.00000004	상자성체
알루미늄	1.00002	상자성체
코발트	250	강자성체
니켈	600	강자성체
규소강(규소 4% 함유 철)	7,000	강자성체
순철	200,000	강자성체

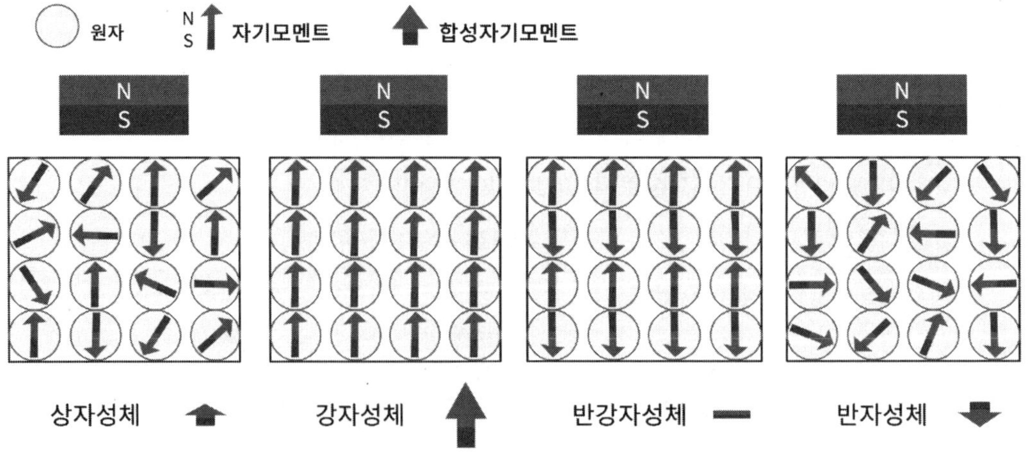

[그림 Ⅶ-11] 자성체의 분류와 자화 특성

3) 자기 재료

자기 회로에는 일반적으로 강(强)자성체(ferromagnetic material, ferromagnetic substance)가 사용된다. 강자성체는 자계(Magnetic field)에 놓여질 경우 자계의 방향으로 강하게 자화하는 재료, 즉 투자율이 큰 재료, 동일한 기자력에 대해 많은 자속이 흐르는 재료로 철, 니켈, 코발트 등이 대표적이다. 강자성체 물질은 자구(磁區)라는 매우 작은 자석으로 구성되어 있고 자화시 가해진 자계의 세기에 의해 자구가 정렬되고, 모든 자구가 정렬되면 자기장의 증가에도 불구하고 자속밀도는 증가하지 않는 포화 현상이 발생한다. 강자성체와 대비되는 재료로는 상(常)자성체(paramagnetic material, paramagnetic substance)와 반(反)자성체(diamagnetic material, diamagnetic substance)가 있다. 상자성체는 자계에 놓여질 경우 아주 약간만 자화하는 재료이다. 대표적인 재료로는 공기, 알루미늄, 백금 등이 있다. 반자성체는 자기장에 놓여질 경우 아주 약간 역방향으로 자화하는 재료로 대표적인 재료로는 동, 암모니아, 물 등이 있다. 그림 11은 재료에 따른 자화 형태를 보여주는 그림이다.

그림 12는 강자성체의 B-H 관계를 나타낸 자화 곡선이다. 그림 12 (a)에서 보는 바와 같이 자구의 정렬이 시작되는 낮은 자계강도에서는 B-H 가 선형적인 값을 가지며 투자율도 일정하다. 모든 자구가 정렬된 이후에는 자계강도(H)의 증가에도 불구하고 자성체의 자속밀도(B)가 더 이상 증가하지 않는 포화된 형태를 보인다. 자속 포화 후에는 자성체가 차지하는 공간의 투자율, 즉 진공중의 투자율에 해당하는 기울기로 자속이 증가한다.

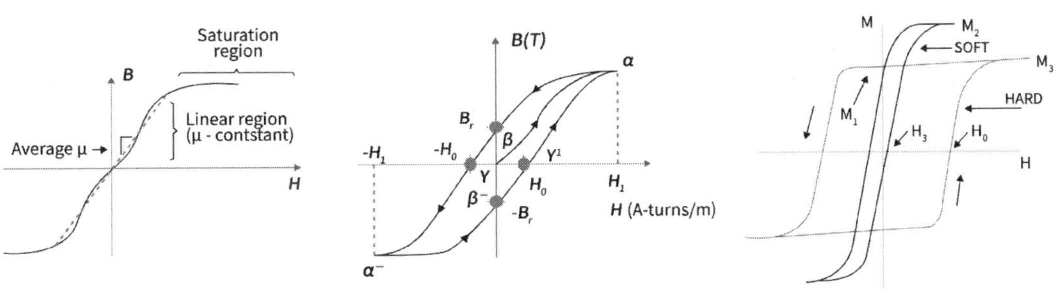

(a) 자화 곡선 (b) 히스테리시스 loop (c) Hard/Soft magnetic material

[그림 Ⅶ-12] 자성체의 자화 특성

자성체에 가해지는 기자력이 감소하더라도 한번 자화된 자구 중 일부는 자화된 상태를 유지한다. 이로 인해 그림 12 (b)와 같은 히스테리시스 루프(Magnetic Hysteresis loop) 형상이 나타나게 된다. 그림은 자계강도를 0 -> H_1 -> 0 -> $-H_1$ -> 0의 경로로 변화하는 경우 자속 값의 변화를 나타낸다. 기자력이 H_1에서 0으로 제거되더라도 남은 자구들로 인해 나타나는 자속을 잔류자속밀도(residual flux density, B_r)라고 한다. 자성체에 남은 자속을 0으로 만들기 위해 필요한 기자력을 보자력(coercive force, $-H_0$)이라고 표현한다. 영구자석은 자성체에 강한 기자력을 가한 후 기자력을 제거한 후의 잔류자속밀도 특성을 이용한 것이다.

자성체의 잔류자속밀도와 보자력은 자기력 유지 특성을 나타내는 것으로 이 특성에 따라 자성체를 그림 12 (c)와 같이 Hard magnetic material과 Soft magnetic material로 구분할 수 있다. Hard magnetic material은 큰 잔류자속밀도와 큰 보자력 값을 가지는 재료로 자화가 어렵지만 한번 자화되면 역방향으로 기자력이 가해지더라도 자속을 유지하는 특성이 있다. 이러한 특성은 외부의 기자력에 무관하게 자기력을 유지해야하는 영구자석에 적합한 재료이다. Soft magnetic material은 잔류자속밀도와 보자력 값이 작은 재료로 쉽게 자화되고 히스테리시스 곡선을 둘러싸인 면적이 작은 특성을 가지고 있다. 이러한 재료는 자속의 방향이 지속적으로 변화하는 히스테리시스로 인한 에너지 손실이 작은 특징을 가지고 있어 AC 전기기기의 철심(iron core) 재료로 적합하다.

4) 에너지 손실

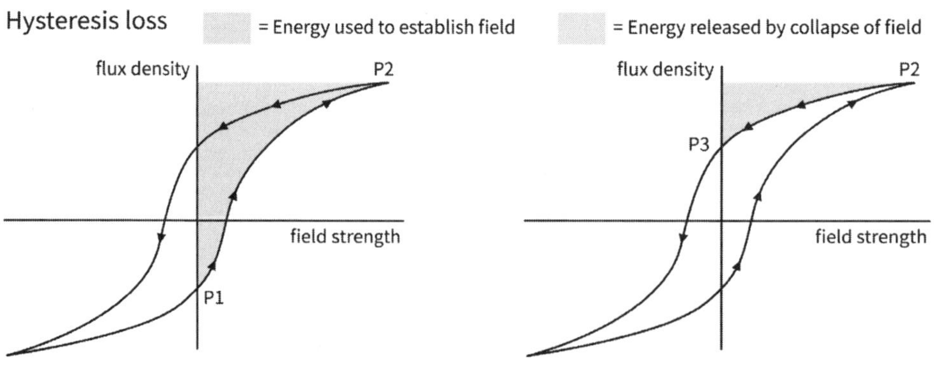

(a) 외부 에너지 공급으로 자기장 형성 (b) 자기장에서 외부로 에너지 방출

[그림 Ⅶ-13] 히스테리시스에 의한 자기에너지 손실

전류의 방향과 크기가 변하는 AC 회로에서 히스테리시스 현상으로 인해 에너지 손실이 발생한다. 단위부피당 자기에너지는 그림 13과 같은 BH 커브에서 Y 축과 BH 커브로 둘러싸인 면적에 해당한다. 자계강도가 0에서 H_1으로 증가하는 경우에는 외부에서 에너지가 공급되어 자기장을 형성하게 이때 단위 부피당 공급된 총 에너지는 그림 13의 (a)에 표현된 면적에 해당한다. 자계강도가 H1에서 0으로 감소할 때에는 BH 커브에 해당하는 에너지가 방출되게 되며 이 에너지의 크기는 그림 13의 (b)에 표현된 면적에 해당한다. 두 과정에서 에너지의 차이는 히스테리시스 루프의 내부 면적에 해당하는 값이 되고, 이 에너지 차이에 해당하는 양이 자계강도가 0 -> H_1 -> 0 변화하는 경우 히스테리시스 현상으로 인해 손실된 에너지에 해당한다. 자계강도가 0 -> H_1 -> 0 -> $-H_1$ -> 0 과 같이 1 사이클 변화하는 경우에는 히스테리시스 곡선 전체의 내부 면적에 해당하는 만큼의 자기에너지 손실이 발생한다.단위 시간당 에너지 손실은 동작주파수에 비례하여 증가한다.

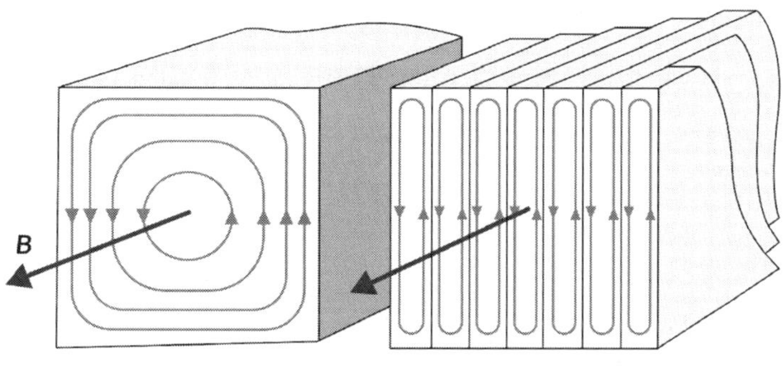

[그림 Ⅶ-14] 적층철심의 자기저항 증가와 와전류 손실 감소

자성체에서 전류의 크기와 방향이 변화하는 AC 기기의 경우에 유도기전력이 발생한다. 도체 자성체에는 유도기전력으로 인한 유도전류가 발생하고 유도전류와 철심의 저항으로 인해 줄열이 발생하는 와전류 손실(eddy current loss)이 발생한다. 와전류 손실을 줄이는 방법으로는 비저항이 큰 재료 선정를 이용하여 동일한 유도기전력에서 발생 전류를 최소화하는 방법과 그림 14와 같은 적층철심을 사용하는 방법이 있다. 적층 철심은 개별 철심의 단면적이 감소하고 이에 따라 개별 철심에 유도되는 전압과 전류가 감소하게 되어, 결과적으로 전체 철심의 줄열 발생이 감소하게 된다. 비저항이 큰 재료를 사용하는 방법은 재료를 변경해야 하므로 자성체의 기계적, 전자기적 물성치 변화를 고려하여 전체 장치의 설계를 변경해야 하므로 잘 사용되지 않는 방법이다. 적층철심은 자성체의 생산 방법만을 변경하면 되므로 많이 적용되고 있다.

5) 영구자석

영구자석은 외부의 에너지 공급 없이 자기장을 생성하는 재료로, 자계 발생에 전류가 불필요하므로 전기 출력이나 코일 온도와 무관하게 자계를 발생할 수 있고, 정해진 공간에 강한 자계를 안정적으로 공급할 수 있어 시스템의 단순화, 소형화에 유리하다. 우수한 자석의 기준은 단위 부피당 공급할 수 있는 자기에너지와 열 또는 외부의 감자에 대한 안정성이 기준이 된다. 자기에너지당 가격도 실제 산업현장에서 중요한 판단 요소이다.

자석은 제작은 강자성체, 특히 잔류자속밀도(Br)와 보자력(Hc)이 큰 Hard magnetic material에 강한 기자력을 가하여 자속이 포화된 후 기자력을 제거하더라도 자화가 유지되는 성질을 이용한다. 한 번 포화된 자석은 자계를 제거하여 가자력 값이 0이 되더라도 잔류자속밀도에 해당하는 자속밀도를 가지며 보자력 값에 해당하는 기자력이 가해지지 전까지는 자석의 성질을 유지한다. 영구자석으로 구성된 자기회로에서 영구자석이 공급하는 자계강도와 자속은 2사분면에 위치하는 영구자석 BH 곡선 상의 값이 된다.

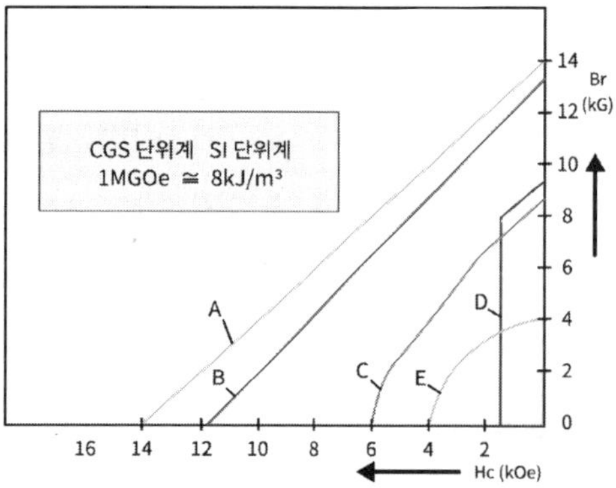

	자기 특성 / 자석 재료	잔류 자속 밀도 Br(kG)	보자력 Hc(kOe)	최대 에너지곱 BH (MGOe)
A	네오디뮴(Nd)계	12~14	10~	40~55
B	사마륨(Sm)계	10~12	6.5~	30~32
C	세륨(Ce)계	6.5~8.3	4.0~	10~16
D	알니코(주상 결정)	8.5	1.7~	10~
E	페라이트(Sr, Ba)	4.0	3.2~	4.0~

[그림 Ⅶ-15] 영구자석의 종류와 특성

영구자석의 종류는 그림 15와 같이 크게 3가지, 알니코, 페라이트, 희토류로 분류된다.

Al, Ni, Co가 주원료인 AlNiCo (알니코 자석) 자석은 대게 주조로 만들어진다. 알니코 자석은 기계적 강도가 강하며, 온도에 따른 자속량의 변화가 매우 적고 높은 자속밀도를 얻을 수 있으며, 고온에 강하다. (큐리점 850도, 영구자석 성질을 잃는 온도). 그러나 보자력이 약하므로 역방향의 작은 기자력에도 감자(자석의 성질을 잃음)되기 쉬워 길이 방향으로 착자하여 자석에 역방향으로 기자력이 가해지는 경우 단위 길이당 가해지는 기자력이 작도록 하여 감자를 방지한다. 응용분야는 meter, 통신분야, 적산전력계 등에 사용된다.

산화철, 탄산바륨($BaCO_3$)과 탄산스트론듐 ($SrCO_3$)을 주성분으로 하는 Ferrite 자석은 가격 대비 우수한 특성, 화학적으로 안정된 성질(산화물, 부식없음), 저렴한 가격, 낮은 밀도, 큰 온도계수, 큰 Hc, 낮은 Br, 높은 전기적 저항(와전류에 의한 발열 작음)과 내식성이 뛰어난 장점을 가지고 있다. 반면 깨지기 쉬운 단점이 있다. 스피커, 헤드폰, 자동차의 모터, 발전기 등에 사용된다.(냉장고 자석, 교육용)

최근 고성능 모터용 영구자석으로 많이 사용되는 희토류 자석은 사마륨 코발트 (Sm-Co) 자석과 네오듐, 철, 보론 (Nd-Fe-B) 자석으로 구분된다. 희토류 자석은 자기에너지가 높아 기기의 소형화에 적합하다. 사마륨 코발트는 잔류자속밀도, 보자력이 높고 온도특성도 좋으며 내식성(녹)과 고온에 강하지만, 낮은 기계적 강도로 취급이 어려운 단점이 있다. 네오듐, 철, 보론 (Nd-Fe-B) 자석은 주원료가 비교적 풍부하여 사마륨 코발트자석보다 저렴하고, 비중이 낮으며, 기계적 강도가 우수하고 잔류자속밀도와 보자력이 높다. 그러나 온도특성이 나쁘고 최고 사용온도가 낮으며 쉬운 산화로 코팅 등의 표면처리 필요한 단점이 있다.

6) 전기-기계 에너지 변환

자기 에너지를 이용하여 전자석 회로에서 발생하는 자속과 자기력을 계산한다.

그림 16과 같은 자기 회로에서 상부의 전자석이 철판을 당기는 자기력은 변위에 따른 자기에너지 변화량으로 표현할 수 있다. 계산의 단순화를 위해 철심 재료의 투자율

은 무한대로 가정하고 모든 자속은 철심, 철심과 철판 사이의 공간(공극)으로만 흐르고, 이외의 공간으로는 흐르지 않는다고 가정한다. 이러한 가정은 전기회로에서 전선의 저항을 0으로 가정하고, 전선과 저항체 이외로는 전류가 흐르지 않는 것과 유사한 조건이다. 이때 발생하는 힘의 크기는 아래 식과 같다.

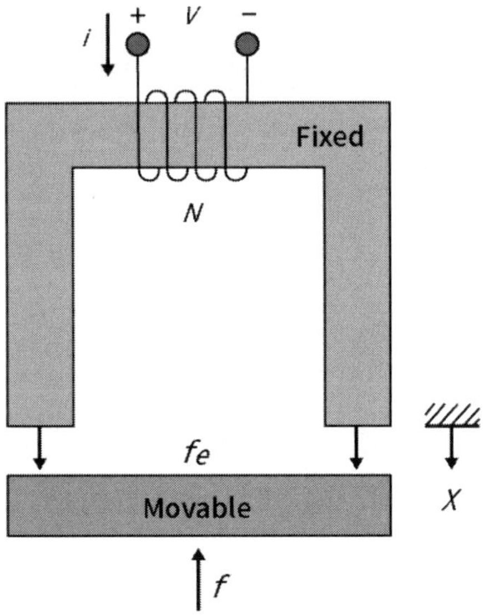

[그림 Ⅶ-16] 전자석의 흡입력

$$f = -\frac{\partial W_m}{\partial x} = -\frac{\phi^2}{2}\frac{dR(x)}{dx} = -\frac{\phi^2}{2}\frac{d}{dx}\left(\frac{l}{\mu A}\right)$$

또는

$$f = \frac{(Ni)^2}{2}\frac{dp(x)}{dx} = \frac{(Ni)^2}{2}\frac{d}{dx}\left(\frac{\mu A}{l}\right)$$

자기저항의 변화와 관련된 힘 또는 토크를 reluctance force 또는 reluctance torque라고 하며 흡입력만이 발생한다. 공극의 투자율과 단면적(A)이 일정하다고 가정하면 자기저항은 전자석과 철판의 간격(l)에 비례하는 값이므로, reluctance force와

reluctance torque는 전자석과 철판의 간격이 최소가 되는 방향, 즉 자기저항(R)이 감소하는 방향, 전자석과 철판 사이의 간격이 감소하는 방향으로 작용한다. 이 힘의 크기는 간격이 감소할수록 증가하므로 큰 힘과 토크를 발생하기 위해서는 전자석과 철판 사이의 간격을 작게 유지하는 것이 중요하다.

(2) 구동용 전기모터

1) 모터의 역사와 분류

모터는 페러데이의 전자기 유도(electromagnetic induction) 현상의 발견을 기초로, 1834년 발명된 직류전동기(DC motor), 1888년 테슬라가 발명한 동기전동기(AC synchronous motor)와 권선형 유도전동기(AC induction motor)로 분류된다. DC 모터는 모터에 DC 전원을 공급하면 내부의 기계적인 스위칭 작용을 통해 회전자가 회전하고, AC 모터는 모터에 AC 전원을 공급하면 AC 전원으로 인해 발생하는 회전자기장으로 회전자가 회전한다. 그러나, 최근 센싱 소자, 스위칭 소자 등의 발전에 따라 입력 전원만으로 모터를 분류하기에는 한계가 있다. 예를 들어 DC 모터로 분류되는 BLDC 모터는 DC 전원이 입력되나 모터 드라이브 회로내부의 반도체 스위칭 소자를 이용하여 AC 전원과 유사한 형태의 전압이 실제 모터에 공급된다. 실제 모터의 형태도 AC 동기모터와 많은 공통점을 가지고 있어, AC 동기모터를 BLAC로 부르기도 한다. 또한 AC 모터들도 정밀한 제어를 위해 공급되는 AC 전원을 DC 전원으로 정류 후 다시 AC로 변환하고 있어 전원만으로 AC와 DC를 구분하기가 어렵다. 따라서 최근에는 그림 18과 같이 DC, AC의 구분에 큰 의미를 두지 않고 모터의 구조와 동작원리만으로 분류하기도 한다.

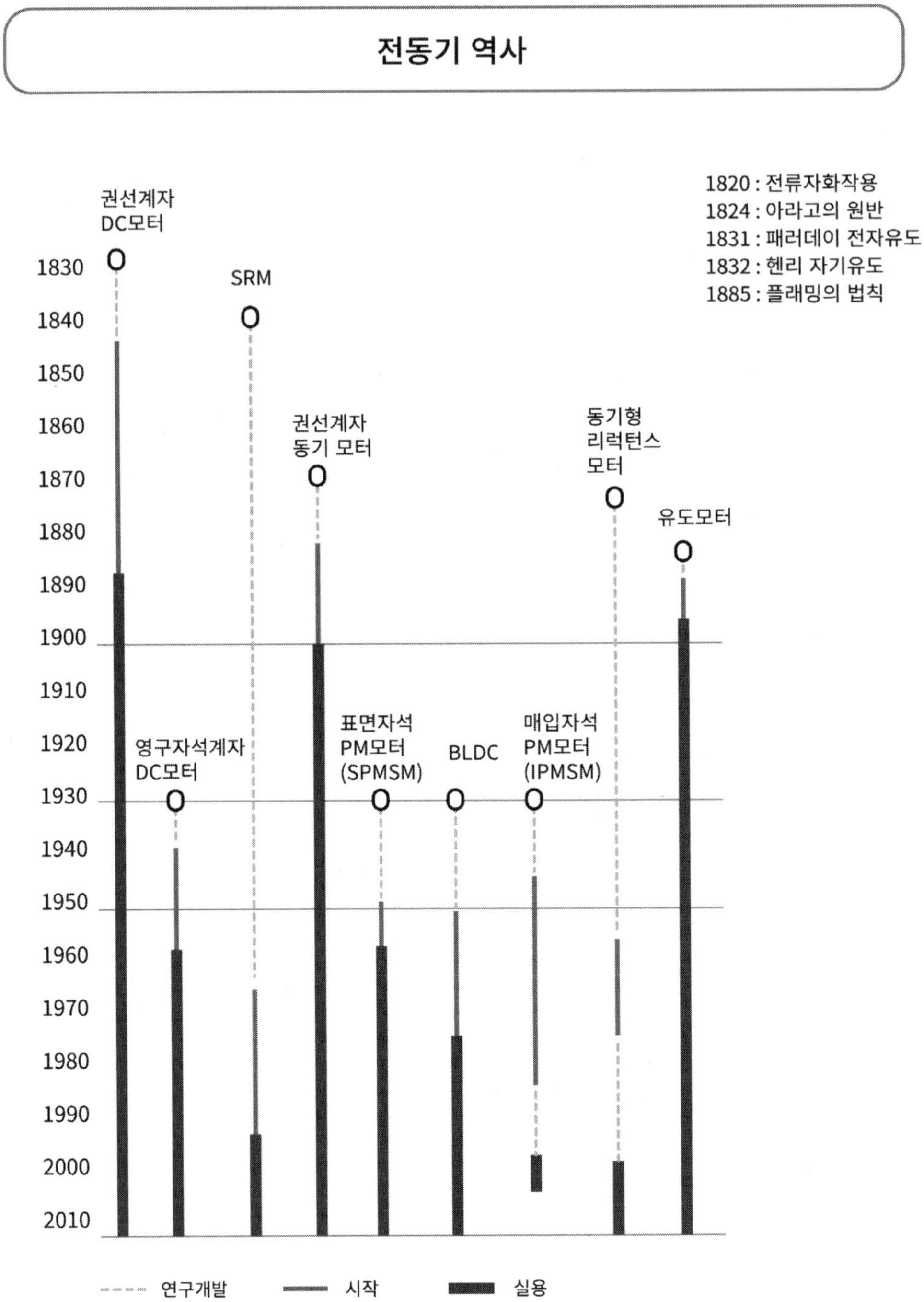

[그림 Ⅶ-17] 모터의 개발과 사용 역사(출처 : OTIS LG)

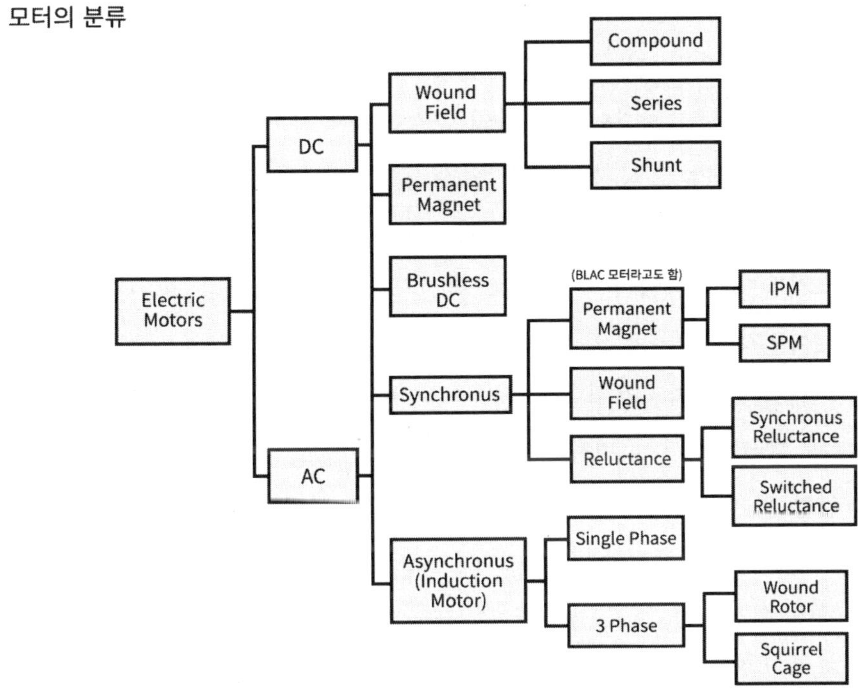

[그림 Ⅶ-18] 모터의 분류 예

2) 모터 기본 구조 및 회전 원리

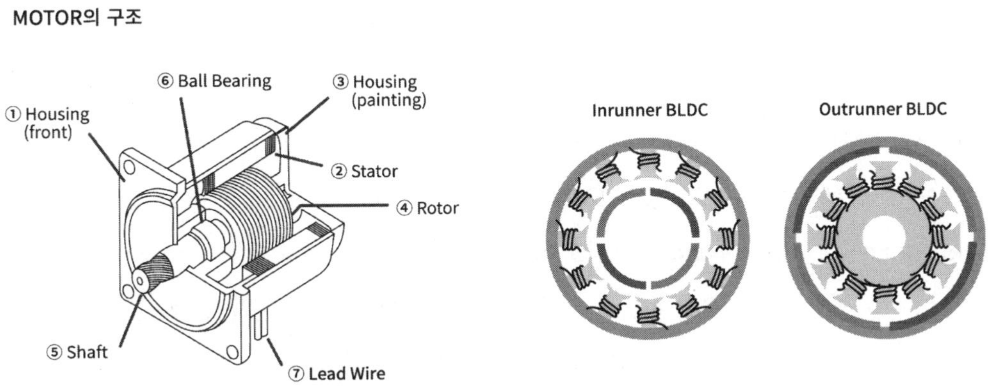

[그림 Ⅶ-19] 모터의 구조와 회전부에 따른 분류

모터는 정지하고 있는 고정자(Stator)와 기계 부하에 연결되어 회전하는 회전자(rotor)로 구성된다. 일반적으로 고정자는 외부 하우징에 설치되고, 회전자는 축에 연결되는 것이 일반적이나, 그림 19의 outrunner BLDC와 같이 내부의 축이 고정되고,

외부의 하우징이 회전하는 형태도 있다. 고정자와 회전자는 모터의 종류와 형태에 따라 상이하나 일반적으로 전자석, 영구자석, 철심으로 구성된다.

모터의 회전원리는 고정자와 회전자의 구성에 따라 크게 두 가지로 구분할 수 있다.

첫 번째는 고정자가 고정된 자기장을 생성하고, 생성된 자기장 안에서 회전자에서 발생하는 자기장이 고정자의 고정된 자기장과 상호작용하며 회전하는 형태이다. 이때 고정자의 자기장이 고정되어 있으므로 회전자의 회전에 따라 회전자의 자기장 극이 변경되어야 회전자가 연속적으로 회전할 수 있다. Brushed DC 모터에서는 Brush를 이용하여 기계적으로 회전자의 자기장 극을 변경하는 것이 대표적인 형태이다.

두 번째는 고정자에서 회전하는 자기장이 발생하고, 회전자에 고정된 자기장이 고정자의 회전하는 자기장과 상호작용하며 회전하는 형태이다. 이때 고정자의 회전하는 자기장은 실제 자석을 회전할 수 없으므로 고정자의 설치된 코일들에 차례로 전류를 흘려서 자석이 회전하는 것과 동일한 효과를 발생한다. 회전하는 효과를 발생하는 자기장을 회전자기장(Rotation magnetic field, RMF)라고 하고, 회전자기장의 회전속도를 동기속도(ns)라고 한다. 회전자기장은 고정자의 코일에 3상 AC 전원을 입력하면 쉽게 생성할 수 있고, 동기속도는 AC 전원의 주파수와 고정자의 극수에 의해 결정된다. 회전하는 자기장과 상호작용하는 회전자의 형태에 따라 AC동기모터와 AC유도모터로 구분된다. AC동기모터는 회전자가 동기속도와 동일한 속도록 회전하는 모터로, 회전자에 영구자석을 사용하지 않는 동기형릴럭턴스전동기(Synchronous Reluctance Motor; SynRM), 스위치드릴럭턴스(Switched Reluctance Motor; SRM)와 영구자석을 사용하는 표면부착형동기모터(SPMSM, SPM : Surface mounted Permanent Magnet Synchronous Motor)와 매입형동기모터(IPMSM, IPM : Interior Permanent Magnet Synchronous Motor)로 분류된다. AC유도모터는 회전자가 원판과 같은 도전체를 설치해 둔 형태이다. 이 원판에는 고정자의 회전하는 자기장에의한 유도기전력이 발생하고 이 유도기전력은 다시 자기장을 생성하게 되어 고정자의 회전자기장과 상호작용하며 회전자가 회전하게 되는 구조이다. 동작 원리는 복잡하지만, 영구자석없이 회전을 발생할 수 있고, 브러쉬와 같은 접촉부가 없으며, AC 전원을 연결하여 쉽게 회전할 수 있으므로 가장 많이 사용된다.

3) 전기자동차의 모터

자동차에 사용되는 모터에 요구되는 특징 중 한 가지는 내구성이다. 브러쉬를 사용하는 DC모터에 비해 AC모터는 전기적, 기계적 접촉없이 회전 토크를 발생할 수 있어 주기적인 보수가 필요 없고, 충분한 수명을 보장할 수 있다. 다만, AC모터가 DC모터에 비해 제어가 복잡한 단점이 있으나 최근 제어기술의 발달과 반도체 소자의 발달로 많이 해결된 상태이다. 따라서, 영구자석동기형모터, BLDC모터, AC유도모터등이 자동차의 구동모터로 사용되고 있다. 최근에는 큰 토크와 정밀한 제어를 위해 영구자석을 사용하는 PMSM이 주로 사용되고 있으나, 희토류의 가격 상승으로 인해 영구자석을 사용하지 않는 SynRM, SRM모터를 채용하는 전기자동차, 큰 토크 발생을 위해 IPMSM이 사용하는 전기자동자 등 사동차의 요구 사힝에 띠리 다양한 모터들이 개발 및 사용되고 있다.

전기차 구동모터의 상세 구분

구분	SPM	IPM	SynRM	SRM	IM
효율	○	○	△	△	×
회전수	△	○	○	○	○
고토크	○	○	○	○	×
가격	×	△	○	○	○
토크리플	○	○	○	×	○
장단점	- 고효율, 저소음 - 저속, 고 Torque 특성 → 저속특성우수 - 제조공정 상 불리, 착자의 불균일 - 온도 특성 불리(자석감자) - 고속운전 시 이탈 방지용 Can 요구(SPM) - 상용화된 제IC 및 Swithing Module 존재		- 온도 특성 우수 - BLCD 대비 저비용 - BLCD 대비 효율 저하	- 간단한 회전자 구조 - 온도 특성 우수 - BLCD 대비 효율 저하 - 다양한 Topology 작용	- 견고한구조 - 정속 운전 가능 - 장시간 연속운동 가능 - 적은 유지비 - 온도 특성 불리

회전자 구조

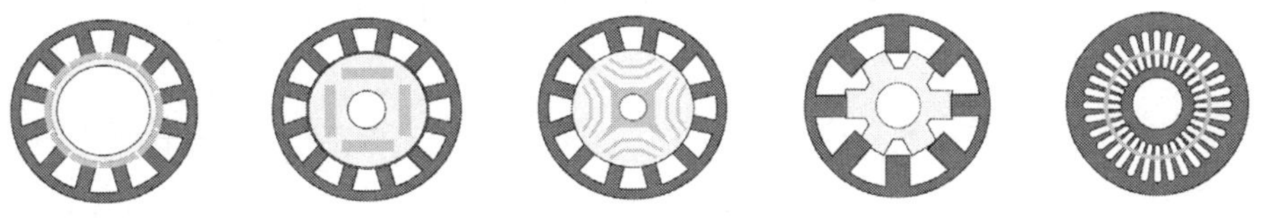

[그림 Ⅶ-20] 전기자동차에 사용되는 구동모터의 특징 비교(출처 : 글로벌 오토 뉴스)

[표 Ⅶ-6] 양산 전기자동차의 구동모터 현황

차종	구동모터	출력 /토크	효율 (%)
Soul EV (HMC)	PMSM	80 kW / 280 Nm	-
i3 EV (BMW)	PMSM	125 kW / 250 Nm	97
LEAF EV (Nissan)	PMSM	80 kW / 280 Nm	97
Model S EV (Tesla)	IM	225 kW / 430 Nm	90 ↑
Sonata HEV (HMC)	PMSM	30 kW / 205 Nm	-
Prius HEV (Toyota)	PMSM	60 kW / 207 Nm	96
Fluence (Renaut)	IM	70 kW / 226 Nm	94

4) AC 동기모터 (PMSM)

AC 모터는 회전자기장을 이용하는 모터로 회전자의 회전와 회전자기장의 속도의 관계에 따라 AC동기모터와 AC유도모터로 구분된다.

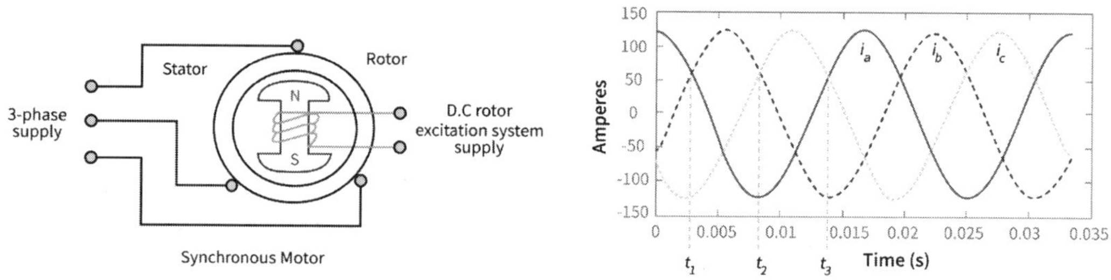

[그림 Ⅶ-21] 동기모터의 기본 구조와 3상 전류

회전자기장은 3상 전원을 이용하여 쉽게 만들 수 있다. 예를 들어 그림 21과 같이 3개의 코일로 모터의 고정자를 구성하고 3상 전류의 각 상을 각 코일에 연결한다. 이때 하나의 코일에 최대 전류가 인가되어 N극의 전자석이 되는 경우, 다른 두 코일에는 방향은 반대이고 크기는 1/2인 전류가 흘러 S극이 된다. 두 S극의 벡터 합은 앞선 N극과 방향은 반대이고 크기는 같아 하나의 자석과 동일한 효과를 가지게 되고, 이 자석은 3상 전류의 변화에 따라 일정한 크기를 유지하면서 회전하게 된다. 이때 동기속도($n_s = \frac{2\pi \cdot 주파수 \cdot 2}{극수}$)는 주파수에 비례하고, 고정자의 극수에 반비례한다. 극 수는 3상 전원으로 인해 고정자에서 생성되는 자극의 개수를 의미하는 것으로 N극과 S극이 쌍으로 존재하므로 2의 배수로 표현된다.

이때 회전자가 영구자석이나 각도에 따라 자기저항(또는 인덕턴스) 차이가 큰 형상으로 제작된 경우 회전자는 회전자기장과 정렬된 상태를 유지하기 위해 회전자기장의 동기속도와 동일한 속도로 회전한다. 다만, 회전자기장과 회전자의 자기장이 동일하게 정렬이 되면 토크가 발생하지 않으므로 고정자의 회전자기장과 회전자의 자기장은 부하의 크기에 따라 일정 각도를 유지한다.

AC 동기모터는 영구자석의 유무와 회전자의 형태에 따라 다음의 원리로 동작한다.

SynRM과 SRM은 영구자석이 없이 철과 코일, 돌극 (Salient pole, 회전자 위치에 따른 자기저항 차이의 비)로 이루어진 동기 모터로, 자기저항(Reluctance)이 최소가 되도록 회전자의 자기장이 고정자의 회전자기장을 추종하는 토크가 발생한다.

SPMSM과 IPMSM은 회전자에 영구자석이 설치된 형태로 영구자석의 설치 형태에 따라 분류한다. SPMSM은 원형회전자의 표면에 영구자석이 부착된 형태로 회전자기장과 영구자석 사이의 마그네틱토크만으로 회전자가 회전한다. IPMSM은 영구자석이 원형회전자에 매입된 형태로, 회전자의 돌극으로 인한 릴럭턴스토크와 영구자석으로 인한 마그네틱토크로 회전자가 회전하므로 SPMSM에 비해 고토크 발생이 가능하다. 구조적으로 영구자석이 철심 내부에 위치하고 있어 고속회전에도 자석의 분리 위험이 없어 고회전이 가능하지만, SPMSM에 비해 제어가 어렵고, 두 토크의 합성으로 인한 진동, 소음의 문제가 있다.

영구자석을 사용하는 모터는 발생토크가 큰 장점이 있으나 영구자석의 온도 한계로 고온 동작에 불리하고, 영구자석으로 인한 비용의 문제가 발생한다. 이에 비해 영구자석을 사용하지 않는 형태의 모터는 발생토크가 상대적으로 작지만, 비용이 저렴하고, 고온에도 사용이 가능하다.

5) AC 유도모터(IM)

회전자를 단순한 원판으로 제작한 경우 회전자는 회전자기장을 따라서 회전하는 현상이 발생한다. 그림 22를 기준으로 원판의 외부에서 자석이 시계방향으로 회전하면,

자석이 멀어지는 부분(상측)과 가까워지는 부분(하측)에서 각각 시계방향, 반시계방향의 유도전류가 발생하고, 두 유도전류 사이에서는 원판의 중심으로 흐르는 전류가 발생한다. 이때 고정자의 자기장과 회전자의 전류는 플레밍의 왼손 법칙으로 원판을 시계방향으로 회전시키는 힘이 발생한다. 간단하게 유도전류로 인해 원판에 전자석이 발생하고 이 자석이 회전자기장을 따라서 회전하는 것으로 이해할 수도 있다.

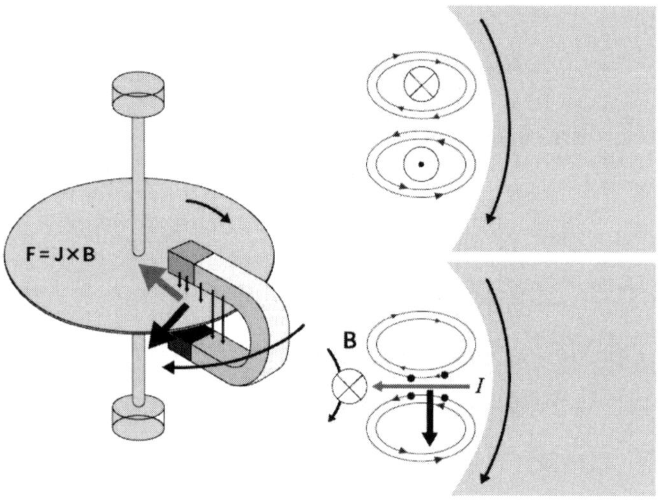

[그림 Ⅶ-22] 유도모터의 토크 발생 원리 – 아라고 원판

AC유도모터는 회전자와 고정자의 자기장이 상대적으로 정지하면 원판에 자기장 변화가 없어 유도전압이 발생하지 않고, 회전력도 발생하지 않는다. 따라서 유도모터의 속도는 동기속도(n_s)보다 작은 값을 가지게 되고 이 속도의 차이를 슬립($s = \frac{n_s - n_r}{n_s}$)이라고 한다.

유도전동기는 단순한 구조로 인해 가장 많이 사용된다. 회전자의 형태에 따라 농형 회전자(squirrel cage)와 권선형 회전자로 구분된다. 농형 회전자는 구조가 간단하고 운전이 용이하며, 가격이 저렴하다. 다만 기동 전류가 크고 기동 토크가 작은 단점이 있다. 권선형 회전자는 기동 전류가 작고, 기동 토크가 큰 반면, 회전하는 회전자에 전류 공급을 위해 슬립링과 같은 부가적인 장치를 사용하므로 구조가 복잡하다.

6) 브러쉬 DC 모터

브러쉬 DC모터는 일반적으로 DC모터라고 하고, 브러쉬가 없는 DC모터를 BLDC라고 한다. 브러쉬 DC모터는 고정자와 회전자로 이루어져 있으며 회전자는 전기자와 정류자(Commutator) 그리고 브러시(Brush)로 구성되어 있다. 모터의 회전은 그림 23를 기준으로 고정자에서 일정한 자기장을 생성한다. 회전자에는 브러시와 정류자를 이용하여 회전자에서 발생하는 자기장이 일정한 방향을 향하도록 하여, 회전자가 일정한 방향으로 회전한다.

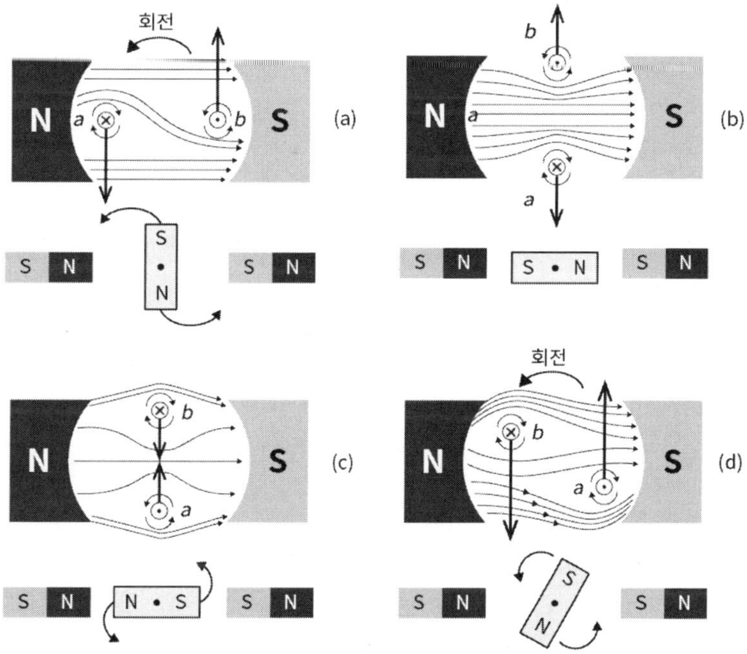

[그림 Ⅶ-23] Brushed DC 모터의 구조와 회전 원리

구체적으로 그림 23 (a)와 같이 고정자의 영구자석이 만드는 자기장(magnetic field)속에 회전자의 코일을 위치시키고 전류를 흘리면 회전자는 아래 그림과 같은 전자석이 되어 반시계방향으로 회전한다. 회전자가 회전하여 그림 23 (b)와 같이 회전자의 자기장과 고정자의 자기장이 동일방향이 되면 토크가 발생하지 않게 되므로, 브러쉬와 정류자를 이용하여 그림 23 (c)와 같이 회전자 코일에 흐르는 전류의 방향을 변

경하면 회전자는 회전을 계속하게 된다. 코일에 공급되는 전류의 방향을 반대로 하면 회전자는 시계방향으로 회전하게 된다.

그림 23과 같이 하나의 정류자를 사용하는 경우 회전자와 고정자의 자기장 사이각이 90° 일 때 (그림 23 (a)) 최대 토크가 발생하고 사이각이 0° 일 때 (그림 23 (b)) 토크가 0이 되므로, 그림 24와 같이 다수의 정류자를 이용하여 일정한 토크, 전압이 발생하도록 한다.

직류모터는 속도, 토크 및 회전방향의 제어가 용이하고 회전방향과 가속토크를 임의적으로 선택할 수 있다. 그러나 브러쉬와 정류자를 이용하는 복잡한 구조와 이로 인한 제작 비용 상승, 마모로 인한 제한된 수명, 정류과정의 접촉 저항으로 인한 에너지 손실 등의 문제로 자동차의 구동모터로 적합하지 않고 사용되지 않는다.

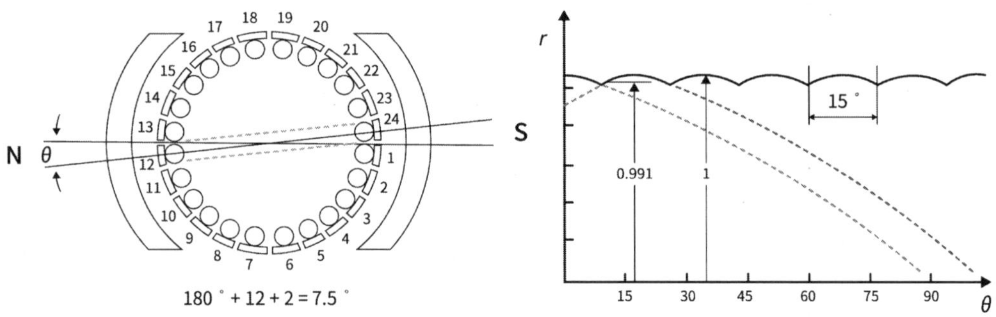

(a) 12개 전기자 코일의 간격 (b) 발생 토크

[그림 Ⅶ-24] 다수의 정류자를 이용한 토크 리플 감소

7) BLDC 모터

브러쉬 DC 모터에서 브러쉬는 회전자 코일에 공급되는 전류의 방향전환을 위해 연속적으로 정류자와 접촉을 반복하므로 마모되고, 접촉저항을 발생하여 모터의 성능을 저하한다. 이러한 단점을 극복하기 위해 브러쉬를 사용하지 않는 BLDC 모터가 개발되었다. 그림 25는 브러쉬DC 모터와 BLDC의 동작원리를 비교한 그림이다. BLDC 모터는 AC동기모터와 유사한 동작원리를 가진다. 브러쉬 DC 모터는 고정자에서 일정한 자기장을 발생하고 회전자가 회전하면서 자기장이 변화하나, BLDC는 AC모터와 유사하게 회전자는 자기장의 방향이 고정된 영구자석으로 구성되고, 고정자에는 전자석이 설치되어 회전자의 자기장 방향에 따라서 회전자에 인력 혹은 척력이 발생 수 있도록 고정자의 전자석에 선택적으로 전류를 공급한다. 고정자에 공급되는 전류는 회전자의 자기장 방향에 따라 결정되므로 회전자의 자기장을 측정하기 위한 홀 센서, 회전자의 자기장의 위치에 따라 선택적으로 전류를 공급하는 인버터 제어 회로가 필요하므로 DC모터에 비해 구동 및 제어가 복잡하다. 그러나 인버터에 위치한 전기적 스위칭 소자가 기계적 스위칭 소자인 브러시와 정류자의 역할을 대신하기 때문에 구조가 비교적 단순해지고, 브러쉬의 마찰로 인한 발열과 마모 문제가 없어 반영구적으로 사용할 수 있다.

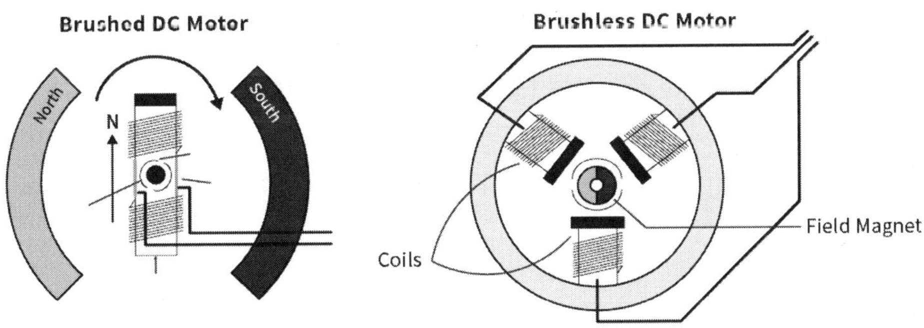

[그림 Ⅶ-25] Brushed DC motor와 Brushless DC 모터의 동작원리 비교

그림 26은 BLDC 모터 회전자의 자기장에 따른 홀센서 신호 값과 고정자의 각 상에 인가되는 전압을 나타낸다. BLDC 모터의 구조와 동작 원리는 회전자기장을 이용하여 영구자석을 포함하는 AC 동기모터와 유사하여 BLDC를 PMSM의 한 종류로 분류하기도 한다. BLDC와 PMSM은 영구자석의 착자 형태, 제어 전류의 형태, 효율 등에서 차이가 있다.

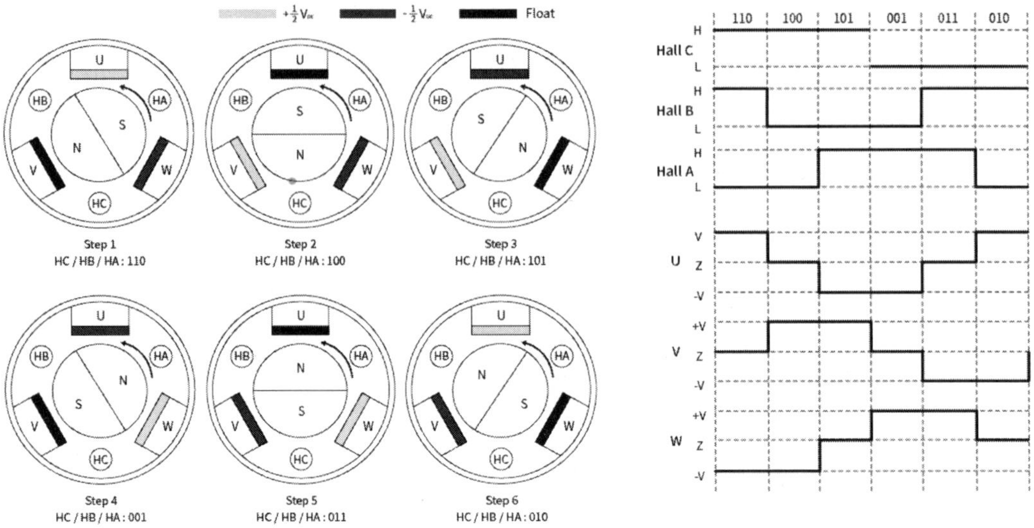

[그림 Ⅶ-26] BLDC 모터의 회전자 위치에 따른 전압 입력

연습문제

1. 전기모터에서 발생하는 아래의 손실과 각 손실을 최소화 하기 위한 방안을 설명하시오.
   1) 히스테리시스 손실
   2) 와전류 손실
   3) 동손

2. BLDC 모터의 동작원리를 설명하고 BLDC모터와 브러쉬 DC모터, PMSM와의 차이를 전기자동차의 구동부 측면에서 설명하시오.

3. AC 유도모터의 회전 원리와 슬립에 대해 설명하시오.

4. 희토류 영구자석의 주요 물성치를 페라이트, 알니코 영구자석의 물성치와 비교하고 각 물성치가 모터의 동작에 미치는 영향을 설명하시오.

참고문헌

- 신장환, 박종일, 파워트레인의 진화, 전기차 경쟁의 룰을 바꾼다, LG 경제 연구원, 2017. 12. 20.
- 김필성 등, 자동차 분야 신산업 동향 및 밸류체인 분석: 산업별 글로벌시장 진출전략 보고서, KOTRA, 2019. 2. 14.
- 현대기아자동차, 전기차 전용 플랫폼 E-GMP의 5가지 핵심 장점, https://tech.hyundaimotorgroup.com/
- Giorgio Rizzoni, Principles and applications of electrical engineering. McGraw-Hill Higher Education, 2007
- 채영석, 자동차용 릴럭턴스 전동기의 기술개발 동향, 글로벌 오토 뉴스, 2013

VIII

친환경 선박 기술 동향 및 수소연료 추진선

정 현

(Wikipedia: Hydrogen fuel ship)

1. 기후 변화와 해양 신재생 에너지 사업

(1) 신재생 해양에너지 개요

신재생 해양에너지는 파력, 조력, 해양 태양광 등 수세기에 걸쳐 다양한 방면으로 연구 개발되어 왔다. 신재생 해양에너지 분야는 무궁무진한 발전이 기대되나, 아직 국내에서는 미개척 분야이며 향후 국내 조선해양사 및 중공업사를 중심으로 급속한 발전이 기대되는 분야이다.

우리나라는 2004년 12월 31일 기존의 "대체 에너지 개발 및 이용 보급 촉진법"을 "신에너지 및 재생에너지 개발 이용 보급 촉진법"으로 개정하여 대체에너지라는 용어를 신재생 에너지로 공식적으로 대체하였다. 동법 제2조 1항에 따르면 신재생 에너지는 "기존의 화석연료를 변환시켜 이용하거나 햇빛, 물, 지열, 강수, 생물유기체 등을 포함하는 재생 가능한 형태로 변환시켜 이용하는 에너지"로 11개 분야를 지정하였다.

재생에너지는 태양열, 태양광발전, 바이오매스, 풍력, 소수력, 지열, 해양에너지, 폐기물 에너지(8개 분야)로 지정하였으며, 신에너지는 연료전지, 석탄액화가스화, 수소에너지(3개 분야)로 지정하였다. 특히 해양관련 신재생 에너지는 지구에서 차지하는 크기에 비례하여 방대한 양을 가지고 있어 지속가능한(sustainable) 에너지원으로 부각되고 있다.

신재생 해양에너지는 해양의 조수, 파도, 해류, 온도차, 바람, 태양열/광 등을 변환시켜 전기 또는 열을 생산하는 기술을 통칭하며 대표적으로 조력발전, 파력발전, 조류발전, 해수온도차 발전, 해상 풍력발전을 포함하고 있다.

[그림 Ⅷ-1] 신재생 해양에너지의 종류(좌로부터, 조력발전, 파력발전, 해수온도차 발전, 해상풍력발전)

조력발전(tidal power generator)은 조석간만의 차를 동력원으로 해수면의 상승하강운동을 이용하여 위치에너지를 전기로 변환하는 방식이다. 파력발전(ocean wave power generator)은 연안 또는 심해의 파랑에너지를 이용하여 전기를 생산하고, 조류발전(ocean current power generator)은 해수 유동의 운동에너지를 변환하여 전기를 생산한다. 해수 온도차발전(ocean thermal energy conversion)은 해양 표면층의 온도(약 20~30도)와 500~1000m 정도의 심해 냉수(4~7도)의 온도차를 이용하여 열에너지를 전기 에너지로 변환시켜 발전한다.

부유식 해상풍력(floating offshore wind turbine) 발전은 원해의 바람을 전기 에너지로 바꾸는 발전 기술이며, 기타 발전기술로 해양 생물자원의 바이오매스를 사용하거나, 염노차를 이용하는 발전 기술들이 있다. 이러한 신재생 해양에너지원은 재생 가능한 비고갈성, 환경 친화성, 기술주도형 자원, 공공성이 강한 특성을 지니고 있다. 각각의 신재생 해양 에너지들은 아래와 같은 입지 조건을 필요로 한다.

[표 Ⅷ-1] 신재생 해양에너지의 입지 조건

구분	조력발전	파력발전	조류발전	온도차발전
입지 조건	• 평균조차 : 3m이상 • 폐쇄된 만의 형태 • 해저의 지반이 강고 • 에너지 수요처와 근거리	• 자원량이 풍부한 연안 • 육지에서 거리 30km미만 • 수심 300m미만의 해상 • 항해, 항만 기능에 방해되지 않을 것	• 조류의 흐름이 2m/s 이상인 곳 • 조류흐름의 특징이 분명한 곳	• 연중 표·심층수와 온도차가 17℃이상인 기간이 많을 것 • 어업 및 선박 항행에 방해되지 않을 것

(2) 신재생 해양에너지 산업의 개요

신재생 해양에너지 산업은 전세계적으로 각광받는 새로운 산업으로 부상하고 있다. 해양에너지 기술위원회(IEC/TC114)는 2009년 8월 설립된 IEC/TC114의 간사국은 영국이 맡고 있으며, 이 기술위원회는 조력, 조류 및 파력 에너지 변환설비에 대한 성능측정, 평가 기술보고, 계통연계 사양, 설계, 제조자, 공장 시험, 인증제도 등에 대한 업무를 수행하고 있다. 현재 우리나라를 비롯해 캐나다, 중국, 덴마크, 미국, 프랑스, 일본 등 13개국이 정회원으로, 브라질, 네덜란드, 폴란드, 스페인, 우크라이나 등 5개국이 준회원으로 활동하고 있다.

■ 해상 조력발전의 산업현황

조력발전이란 조석이 발생하는 하구나 만을 방조제로 막아 해수를 가두고 수차발전기를 설치하여 외해와 조지내의 해수를 가두고 수차발전기를 설치하여 외해와 조지내의 수위차를 이용하여 발전하는 방식이며 해양에너지에 의한 발전방식 중에서 가장 먼저 개발되었다. 현재 개발 가능한 조력자원을 보유한 국가는 세계에서 손꼽을 정도로 한정되어 있기 때문에 이들 국가에서는 조력자원을 미래의 중요한 대체 에너지 자원의 하나로 지목하여 이에 대한 조사와 연구를 활발히 진행 중이다.

해수의 흐름을 댐 설치 없이 활용하는 조류발전의 경우 풍력발전과 그 원리나 이론에 있어 유사하다. 유속이 0 ㎧에서 시작하여 최고유속까지 변동하는 조류의 특성을 반영하기 위해 전력변환시 최고효율점을 자동으로 찾아갈 수 있는 제어시스템에 대한 연구가 이 분야에서 매우 중요하다.

우리나라의 경우 1970년대에 한국해양연구원에 의해 충청남도의 가로림만과 천수만을 대상으로 조력발전 예비 타당성조사가 실시된 이래, 현재 조력발전소 건설사업을 추진 중이며, 상용화를 위한 프로토타입으로서 실해역형 100kW급 조류발전시스템을 우리나라 실정에 적합하게 개발된 부유식 지지구조물 및 계류시스템과 함께 남해안 여수 금오수도 수심 40m 해상에 설계·제작·설치하여 실험을 진행하고 있다.

프랑스 La Rance에서 240MW급 조력 발전소를 1966년 건설하여 현재까지 성공적으로 운영 중이며 평균 가동률이 97%로 매우 높은 수준으로 보여주고 있다.

우리나라에서는 경기만을 중심으로 서해안 중부해역은 조차가 크고 잘 발달된 해안 덕에 천혜의 조력에너지 자원보고로 알려져 있으며, 국내에서는 조력발전은 시화호 수질개선과 해양에너지 개발을 목적으로 254kW급 조력발전소가 건설 중이다.

앞으로 연구 개발되어야할 주요 대상은 연안구조물 설계와 시공기술, 조력발전소의 주요부분인 수차발전기의 설계제작기술, 발전계통기술, 발전시스템의 자동제어기술, 해수에 의한 소재의 부식방지기술 등이 있다. 우리나라에서의 조력발전 건설은 서해안에 부존하는 천혜의 조력에너지를 개발함으로써 지역경제의 균형발전을 도모할 수 있을 것으로 기대되고 있다.

■ 해상 파력 및 조류발전 산업현황

'05~'09년 세계 조류발전 규모는 약 1억달러이며, 영국이 세계시장을 선도하고 있다. 국가별로는 영국 및 미국이 에너지 기업주도로 조류발전에 대한 연구개발을가장 활발히 진행하고 있으며, EU의 해양발전 기술특허 중 파력발전이 70% 이상이며 중조류발전부분이 20%를 점유하고 있다. 미국의 경우 파력(61.2%)에 이어 조력발전이 전체 해양에너지 이용 기술특허의 15.6%를 차지하고 있으며 매년 10% 이상 증가추세이다.

Ocean Power Technologies(미국), TeaMWrk Technology BV(네덜란드), Wavegen (영국), MCT(영국) 등은 정부지원을 바탕으로 독자적인 발전모형을 개발하고 정부와 공동으로 상업화를 추진 중이다. Osprey(영국)사는 2MW급 상용 파력발전장치를 개발하였고. 포르투칼은 Azores를, 영국은 Islay라고 하는 파력 발전장치를 운영 중이다.

[표 Ⅷ-2] 주요 국가의 파력발전 주요 산업

국가	사업명	회사	발전기	연도	용량 (MW)
미국	Kaneohe Marine Corps Base Phase	Ocean Power Technology	PowerBuoy	2004	1
	Lockheed Phase	Ocean Power Technology	PowerBuoy	2005	0.05
영국	EMEC	Ocean Power Delivery	Pelamis	2004	0.75
	Cornwall	Ocean Power Delivery	Pelamis	2007	-
	Orkneys	Ocean Power Delivery	Pelamis	2008	-
	Milford Haven	Wavegen	LIMPET	2008	4~7
	-	Teamwork Tech. BV.	AWS	2005	4
일본	-	이데미쓰고산, 미쓰비스엔지니어링		2011	1~2

국내의 경우, 울돌목 50~100MW, 장죽수도 100~200MW, 맹골수도 200~300MW 정도 등 서·남해역에 약 1000MW 정도의 조류에너지가 부존하고 있는 것으로 추산된다.

특히 국내에서는 100MW급 조류발전기를 울돌목에 설치하여 실용화를 추진 중이다.

파력에너지는 풍력과 같이 어느 정도 예측은 가능하나 정확한 장기예측이 어렵다는 단점을 지니고 있다. 전세계적으로 약 2TW 정도의 파력에너지가 있는 것으로 추정되며 우리나라의 경우는 연안을 따라 약 650MW의 파랑에너지가 부존되어있는 것으로 추산하고 있다. 파력발전의 경우 아직 본격적인 상용화는 이뤄지지 않고 있으나 가까운 장래에 기술개발과 함께 상용화에 이를 것으로 기대있다.

■ 해수 온도차 발전의 산업현황

해수 온도차 발전이란 수온이 연중 4℃에서 거의 변하지 않는 차가운 심층수와 따뜻한 표층수의 온도차로부터 저온비등매체(냉매)를 이용하여 발전하는 방식이다. 해수 온도차 발전방식은 고온의 표층수(온배수)로 기화된 작동유체(암모니아 등)를 저온 심층수로 응축시켜 발생하는 유체 흐름으로 발전하는 원리이다.

온도차 발전을 위해서는 온도 차이가 17도 이상이어야 하며, 클수록 효율 좋다. 발전설비는 증발기, 응축기, 터빈, 펌프, 발전기, 라이저(취수관) 등으로 구성되며, 발전설비를 탑재할 해양구조물 및 위치유지 계류시스템 필요하다. 폐쇄순환식(Closed cycle type), 개방순환식(Open cycle type), 복합순환식(Hybrid cycle type) 등이 있다.

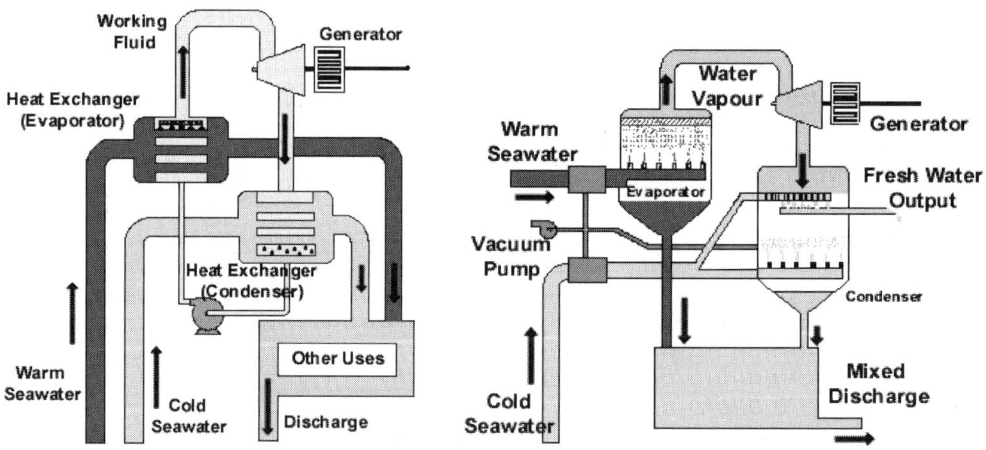

(a) closed cycle type (b) open cycle type

[그림 Ⅷ-2] 해수 온도차 발전 시스템의 원리 및 개념도

표면온수를 사용하여 오존층을 파괴하지 않는 암모니아나 프로필렌 등과 같은 작동유체를 증발시켜 터빈 발전기(Turbine Generator)를 구동시키는 방법이며, 바다표면의 온수는 작동유체 시스템에 유입되어 열교환기를 통하여 열전달이 일어나며 이때 비등을 통해 작동증기가 생성되고 생성된 증기가 터빈을 회전시켜 전력을 생산하는 시스템이다. 터빈을 나온 증기는 해저로부터 끌어올린 심층냉수에 의하여 응축기에서 응축액으로 바뀌며 재순환되고, 해양 심층수라는 에너지 공급원이 거의 무한하고 발전방식 또한 기존 화석연료를 전혀 소비하지 않아 이산화탄소(CO_2)와 같은 유해물질을 발생시키지 않는 청정 자연에너지이다. 해수 온도차발전시스템(OTEC : Ocean Thermal Energy Conversion)은 저온의 심층수로 응축된 작동유체(암모니아 등)를 고온의 표층수로 기화시키면서 발생하는 유체흐름으로 터빈을 돌리는 것으로, 미국·일본 등에서 실용화 연구를 한창 진행 중이다.

- 미국: '92년 하와이 자연에너지 연구소(NELHA)에서 210kW급 실험
- 일본: '81~'85년에 50kW, 75kW, 120kW급 육상플랜트 실험에 성공
- 인도: '04년에 1MW급 해상플랜트 실험 수행

[그림 Ⅷ-3] OTEC 플랜트 개념도 (energinat.com)

우리나라도 동해 해수의 90%를 차지하는 저온(연중 2℃이하)의 해양심층수와 고온(20~35℃)의 발전 온배수(일 6,000만톤)가 풍부하여 온도차 에너지 이용의 잠재력은 충분한 실정이나 선진국에 비해 해수 온도차 에너지 이용기술 개발이 체계적으로 이루어지지 않아 기술개발의 여지가 크다고 평가된다. 해수 냉난방 시스템은 해양연구원 해양심층수연구센터 건물('07), 강원대 삼척캠퍼스 해양관광레저스포츠센터 건물('08), 해양대학교 기숙사('09) 등에서 100RT급(약 1,000평 냉난방 규모)이하 소규모 현장적용 실험 수준으로 연구 및 적용 중이다. 온도차 발전은 실험실 수준의 연구에 머물러 실용화를 위한 핵심기술 개발이 시급한 상황이다. 국토해양부는 2010~2015년간 연구개발 사업으로 250억원을 투입하여 '해수 온도차 에너지 이용기술 개발 사업'을 추진할 계획이며, 무한한 동해 심층냉수를 전력원으로 활용함으로써 해안 도시의 전력 공급을 획기적으로 보완 가능하다고 평가된다. 추가적으로 영양염류가 풍부한 심층냉수를 사용하여 신 어장 환경 조성과 해상 수산 양식의 활성화가 기대되며, 해양 심층수를 육상 운송하여 식품, 의약품, 화장품 등 심층수 관련 산업과 해수 사우나, 해수풀장 등 관광 산업의 진흥을 유도할 수 있을 것으로 기대된다.

■ 해상 풍력발전의 산업현황

(a) 덴마크 미델그루덴 해상 풍력발전단지

(b) 부유식 해상풍력발전

[그림 Ⅷ-4] 해상 풍력 발전 시스템

육상에서의 풍력발전은 설치장소가 한정되고, 경관 손상이나 소음 등의 문제가 있어, 유럽에서는 풍력발전기를 해양에 설치하는 해상 풍력발전이 시작되고 있으며 미국도 활발히 진행 중이다.

[표 Ⅷ-3] 유럽에서 운전 중인 해상 풍력발전단지 현황표

단지명 (국명)	발전기 수 (모델명)	총용량 (MW)	발전 개시년	해안으로부터의 거리 (km)	수심 (m)
Vindeby(덴마크)	11(Bonus 450kW)	5	1991	1.5	2-5
Lely(네덜란드)	4(NedWind 500kW)	2	1994	0.8	5-10
Tuno Knob(덴마크)	10(Vestas 500kW)	5	1995	6	3-5
Irene Vorrink(네덜란드)	28(Nordtank 600kW)	16.8	1996	0.02	5
Bockstigen(스웨덴)	5(Wind World 550kW)	2.75	1998	4	5.5-6.5
Blyth(영국)	2(Vestas 2MW)	4	2000	1	8.5
Middelgrunden(덴마크)	20(Bonus 2MW)	40	2000	2~3	3-6
Utgrunden(스웨덴)	7(Enron Wind 1.425MW)	10	2000	8	7-10
Yttrns Stengrund(덴마크)	5(NEG Micon 2MW)	10	2001	5	6-10
Horns Rev(덴마크)	80(Vestas 2MW)	160	2002	14	6-12
Samso(덴마크)	10(Bonus 2.3MW)	23	2003	3.5	20
Fredenrikshavn I (덴마크)	1(Vetas 3MW) 1(Bonus 2.3MW)	5.3	2003	0~0.8	1

해상은 육지에 비해 바람의 난류와 높이나 방향에 따른 풍속변화가 적으며 육상 풍력발전기는 소음문제로 인해 날개 끝단 속도가 60m/sec로 제한되고 있으나 해상 풍력발전기는 100m/sec까지 가능하여 발전용량의 대형화 가능하다고 평가된다. 신재생 해양에너지 중 해상 풍력 발전 관련 국외의 산업 규모는 다음과 같고, 풍력에너지의 비율은 아직 1.4%에 불과한 실정이다.

[표 Ⅷ-4] 유럽 풍력발전 현황(2009년말 기준, 유럽 풍력에너지 협회)

국가	영국	덴마크	스웨덴	네덜란드	독일	벨기에	아일랜드	핀란드	노르웨이	계
단지수	12	9	5	4	4	1	1	1	1	38
터빈수	287	305	75	130	9	6	7	8	1	828
MW	882.8	639.1	163.6	246.8	42	30	25.2	25	2.3	2056

우리나라는 삼면이 바다로 둘러싸여 있고 서해는 수심이 얕으며, 풍속의 변화도 심하지 않아 해상풍력발전의 적지로 평가되며, 국내 해상 풍력발전은 원해가 아닌 근해에서 주로 추진 중이다. 추진현황은 다음과 같다.

기업	지역	규모
금호산업	전남 여수	2000억원
한국 남부 발전	부산	350MW
한국 수력 원자력	제주시	30MW
동국 S&C	전남 신안	90MW
포스코 건설	전남 서남해안	600MW
한화건설 컨소시엄	인천 무의도	2.5MW*39
한전 및 발전 자회사	전남 서남해안	3000MW

그러나 해상 풍력발전에서는 기초 및 설치공사의 기술적 어려움과 경제성 조사 그리고 기존 전력 계통으로의 연결, 보수점검 등의 해결해야 할 문제들이 산재해 있다. 특히 불규칙적인 해양환경으로 인해, 설치될 발전 시스템이 견뎌야 할 환경하중(environmental load)이 해역에 따라 다르지만 평상시 정상 운영할 때의 환경하중의 수배~수십 배에 이를 수 있다. 이렇게 발전 시스템의 생존조건 (survival condition: 극한 해양환경 중에 시스템에 파손되지 않고 견딜 수 있으려면 만족해야 하는 조건)을 만족하는 설계를 따르다보면 과도한 초기 투자비가 요구되어 경제성이 악화되기도 한다. 일반적인 해양 에너지 시스템의 가장 큰 취약점 중의 하나가 바로 이러한 생존조건에 따른 경제성 문제이다.

2. 친환경 규제와 친환경 선박 기술 동향

국제해사기구 (IMO)에서 온실가스 배출을 줄이기 위한 환경규제를 발표하면서, 산업 전반적으로 친환경 선박에 대한 관심이 높아지고 있다. 본 장에서는 선박 유인 오염물질에 대해 그 개요를 다루고, 친환경 선박의 기술개발 동향에 대해 살핀다.

(1) 친환경 규제 동향

국제해사기구(IMO: International Maritime Organization)은 유엔산하 전문기관으로 선박의 안전과 보안, 선박에 의한 해양 및 대기오염 방지 등을 관장하는 국제기구이다. IMO은 본래 해상 안전을 관할하는 기구로 출범하였으나, 1954년 "석유에 의한 해양오염 방지를 위한 국제협약 (OILPOL 협약)"의 구 관리기관으로 지정된 이래 해양오염에 대해서도 관장하고 있다. 이후 1973년 석유 뿐 아니라 그 이외의 각종 오염물질 배출을 포괄적으로 규제하기 위한 국제협약인 "MARPOL(Marine Pollution Treaty)"를 채택하였다. 이 협약은 1978년 채택된 의정서에 의해 수정되어 MARPOL 73/78로 불리고 있다.

MARPOL 협약은 본문 조항 외에 6개의 부속서(Anncx)로 구성되었는데 이 중 부속서 VI(Annex VI)이 "선박으로부터의 대기오염 방지를 위한 규칙(Regulation for the Prevention of Air Pollution from Ships)"으로, 1997년부터 채택되어 전세계적으로 해양 대기오염 방지 조치의 근거가 되었다. IMO의 전문위원회 중 하나인 MEPC(해양환경보호위원회: The Marine Environment Protection Committee)의 합의와 결정에 따라 MARPOL 73/78 Annex VI의 개정을 통해 온실가스 저감을 포함한 대기오염 방지를 위한 각종 조치가 이루어지고 있다.

[표 Ⅷ-5] 선박기인 오염물질

육상 배출물	대기 배출물	수중 배출물
침전물, 쓰레기, 유류 잔유물, 폐선박 등	황산화물 (SOx), 질소산화물 (NOx), CO_2, 미세먼저 (PM), 휘발성 유기화학물 (VOCs) 등	선박평형수, 오수, 냉각수

IMO는 이렇듯 기후변화 및 지구온난화 방지를 위해 선박배출 온실가스 및 대기오염물질 감축을 위한 다양한 규제를 시행 및 강화를 추진하고 있다. 세계 경제성장과 국제무역 촉진에 따라 해상운송 수요가 증가하였고, 보편적 선박 연료인 벙커유의 가공시 배출되는 황산화물로 인해 많은 대기오염이 발생하고 있다. 화석연료 연소과정에서 배출되는 황산화물은 수분과 반응해 산성비가 되는 오염물질이며, 선박 배출가스에

포함된 황산화물(SOx), 질소산화물(NOx), 미세먼지(PM), 휘발성 유기화합물(VOCs) 등은 인체에 치면적인 영향을 미치는 물질들로 분석된다.

국제사회는 기후변화 및 지구온난화 방지를 위해 2020년 이후의 새로운 기후변화 체제 수립을 위한 파리협정을 채택하고, 국제해사기구를 통해 국제 해운에 대한 CO_2 감축 조치의 조속한 이행을 촉구하고 있다, 기술 및 운영조치(technical and operational measures)와 시장기반 조치(market-based measures) 두 가지로 구분하여, 에너지효율설계지수(EEDI: Energy Efficiency Design Index for new ships - 선박이 1톤의 화물을 1해리 운송할 때 배출되는 이산화탄소의 양) / 선박에너지효율관리계획서(EEOI: Energy Efficiecy Operartional Indicator - 운항중인 선박에서 실제로 배출되는 이산화탄소의 양, EEDI와 동일단위) 및 GHG(green house gas) 펀드와 탄소배출권 거래 등을 규제 내용으로 적용하고 있다. IMO는 온실가스 초기 규제로서 저공해의 고효율 엔진과 기자재의 사용을 목적으로 2013년 1월부터 계약되는, 400GT 이상의 신조선에 EEDI를 제한하는 기술적 조치를 시행하였고, 초기 규제는 2000~ 2010년에 건조된 선박의 평균 효율로서 선종, 선형별로 지수를 산정하여 이를 기준으로 시행하였으므로 그리 강한 규제는 아니었다. 그러나 2015년부터 규제치가 최초 규제치(phase 0) 대비 10% 하향하고(phase 1) 이후 매 5년 즉, 2020년(phase 2)과 2025년(phase 3) 각각 최초 규제치 대비 10%씩 추가 하향하며 규제를 강화를 안으로 시행되고 있다.

IMO는 2018년 4월 개최된 MEPC 72차 회의에서 온실가스 배출 저감을 위한 초기 전략에 대한 결의안으로 채택하였다. 결의안의 최종 목표는 파리협정의 온도목표와 일치하는 수준의 선박 온실가스 배출 감축안을 설정하여 2050년까지 선박의 총 해상배출량을 2008년 대비 50% 이상 감축함으로써 탄소중립을 실현한다는 것이다. 이에따라 다음의 단계별 목표를 설정하고 이를 달성하기 위한 조치들을 시행해 나가기로 결정하였다.

- 2030년까지 선박의 탄소집약도(선박이 단위무게의 하물을 단위거리 운송하는데 배출한 온실가스의 양 또는 단위톤수의 선박이 운항하는데 배출하는 온실가스 양)를 2008년대비 40% 저감
- 2050년까지 선박의 탄소집약도를 2008년대비 70% 저감

IMO의 온실가스 감축 초기전략에 대응하기 위해 세계 각국은 에너지 효율이 높고 온실가스 배출량이 적은 친환경선박 핵심기술 개발을 활발히 진행하고 있다. 저탄소 연료인 LNG를 활용한 선박부터 수소, 암모니아 등을 활용한 무탄소 연료 추진선박과 전기추진선박 등 다양한 친환경 추진연료에 대해 모색하고 있으며, 일부 상용화되어 실제 적용되고 있기도 하다. 현재 배기가스 저감기술 (LNG 추진선, 저유황유, 배기가스 후처리장치 등)은 화석연료를 사용하므로 CO_2 규제 대응에 한계점을 갖고 있는 것으로 평가되고 있다.

IMO는 2020년 75차 MEPC 회의에서 이미 phase 2가 실행된 EEDI 규제가 계획된 수준으로는 IMO 초기전략 실현에 미흡하다는 판단하에 이를 강화하기 위한 MARPOL 73/78 Annex VI를 채택함으로써 기준을 강화하는 조치에 합의하였다. 개정된 부속서에는 탄소배출량이 많은 선종과 선형을 중심으로 phase 3의 시행일을 기존 2025년 1월에서 2022년 4월로 앞당겨 조기 시행하고 규제치도 최초 기준 대비 30% 하향에서 선종과 선형에 따라 50%까지 하향하도록 강화하였다. 또한 온실가스 감축률 목표실현을 위하여 EEDI를 보다 강화하려는 phase 4에 대해 검토를 시작하였다.

IMO는 온실가스 감축목표 달성을 위한 실질적 조치를 위해 2019년부터 5,000GT 이상의 국제항행 선박에 대한 연료사용, 온실가스배출량 등을 제출하도록 의무화하고 이를 수집, 분석하는 데이터수집시스템 (DCS)을 시행하여 데이터를 축정하고 활용하고 있다.

EEXI (energy efficiency existing ship index)는 신조선 뿐만 아니라 현존선들도 해당 시점의 해당 선종 및 선형에 적용되는 동일한 EEDI를 충족할 것을 요구하는 조치로, 현존선들이 규제를 맞추기 위해 배출가스를 줄이는, 현존선들의 운항속도 감속이 대거 이루어질 것으로 전망된다. EEXI 규제는 2023년부터 해당 시점에 신조선에 적용되는 EEDI와 동일한 수준의 이산화탄소 배출 효율을 현존선들도 충족시킬 것을 요구하고 있으며, 미충족시 엔진출력 저하, 즉 운항속도를 감속하여 해당 규제치를 충족시켜야 한다. 신조선과 달리 현존선들은 연료 공급 시스템의 변경, 엔진의 변경 및 개조 등 다양한 대안도 있으나 경제성을 고려하면 운항속도 감속이 대부분 선박에서 최적의 대안으로 알려져 있다.

CII(carbon Intensity Indicator)는 선박이 실제 운항하며 배출한 온실가스의 양을 기준으로 A~E까지 5단계 등급을 부여하며, D와 E 등급 선박은 개선계획서를 제출하고 개선 결과에 따라서 운항을 지속할 수 없도록 하는 제재까지 가할 수 있는 매우 강력한 규제이며, 등급부여의 기준선을 2023년부터 2026년까지 매년 2%의 온실가스배출 저감이 가능한 수준으로 하향 조정하여 선사들의 부담을 가중시킬 것으로 예상된다.

이 이외에도 시장기반조치는 선박의 배출량에 따라 인센티브 또는 페널티를 가함으로써 선박의 효율과 성능개선을 유도하는 조치로, 현재 각국에서 탄소배출권 거래제, 탄소세, 탄소펀드 등 다양한 안이 제출되어 논의되고 있는 중이다.

(2) 친환경 선박 기술 동향

현재 국내외 선사들은 어떻게 환경규제를 대응할지에 다소 혼란에 빠져 있는 것으로 보인다. 2023년부터 규제에 의하여 선박의 운항속도 감축 (EEXI), 효율개선 비용(CII), 온실가스 배출권 구입 비용 등 막대한 비용이 소요될 위기에 처해있으며, 2025년부터 규제되는 온실가스집약도 역시 EU가 요구하는 수준으로 개선해야 하는 부담을 지게 된 상황이다. 강력한 규제에 대응하여 노후선을 교체하고 저탄소 추진 선단의 비중을 높여야 하는 필요성을 절감하고 있으나 뚜렷한 대안이 제시되지 않아 투자 전략에 혼란을 느끼는 상황으로 관측되며, 이러한 혼란의 원인은 대안으로 제시되고 있는 대부분의 연료와 추진방식이 모두 기술적 혹은 연료공급의 문제점 등과 같은 아직까지 상용화하기 어려운 난관을 가지고 있기 때문이다.

단기적 대양 연료로서 LNG, LPG, 바이오연료, 메탄올, 에탄올, 암모니아 등이 검토되고 있고, 이들 중 LNG, LPG, 메탄올, 에탄올 등은 이미 엔진이 개발되어 있어 상용화되었거나 상용화에 가까운 단계에 있다. 이들 각각의 연료는 재생에너지 등을 활용하여 탄소가 배출되지 않는 전기분해로 생산한 수소에 이산화탄소, 질소 등을 합성하여 생산하는 e-fuel도 대안으로 검토되고 있다. 연료 뿐 아니라 연료전지, 배터리 전기추진, 원자력 등 내연기관 이외의 선박 추진 방식에 대한 검토도 함께 이루어지고 있다. 대안 연료와 추진 방식 이외에도 이산화탄소 포집기술 역시 선박에 적용하여 해상 온실가스 저감에 활용하는 방안이 검토되고 있다. 이처럼 다양한 대안들이 연구 및 검토되고 있으나 아직까지 중요한 기술적 과제들이 남아 있어 선박 시장에서 탄소중립을 위한 대안은 아직까지 뚜렷하게 제시되지 못하고 있다.

우리나라에서는 2020년 "환경친화적 선박의 기준 및 인증에 관한 규칙"이 시행되어 '환경 친화적 선박의 기준'과 '친환경적 에너지' 법률로서 정의되었다. 환경친화적인 선박의 기준은 아래와 같다.

- 「선박평형수 관리법」 선박평형수 처리설비 형식승인시험 기준
- 「해양환경관리법」 대기오염방지설비 중 질소산화물 및 황산화물 배출저감을 위한 설비가 갖춰야 하는 기준
- 「해양환경관리법」 선박에너지효율설계지수 허용값
- 그 밖에 해양오염 저감 또는 선박에너지효율에 관한 기술 기준으로서 산업통상부장관 및 해양수산부장관이 정하는 기준

환경친화적 에너지의 정의는 아래와 같다.

- 액화천연가스(LNG)
- 압축천연가스(CNG)
- 액화석유가스(LPG)
- 메탄올
- 수소
- 암모니아
- 그 밖에 산업통상자원부장관 및 해양수산부장관이 깨끗한 해양환경조선을 위해 필요하다고 인정하는 에너지

■ LNG

LNG는 황을 함유하고 있지 않아 황산화물 배출이 없고 질소산화물 배출도 크게 줄일 수 있으며 연료 효율 등을 감안하면 이산화탄소 배출량을 석유연료 대비 약 40%까지 감소시킬 수 있어 청정연료로까지 평가된다. 다만, 온난화지수 (이산화탄소의 온실가스 효과를 1로 하여, 동일 질량의 가스가 이산화탄소 대비 몇 배의 열을 흡수하여

대기 중에 가둘 수 있는지의 특성을 기술하는 지수) 28로 높은 온실효과가 있는 메탄이 벙커링과 연료탱크 저장시, 그리고 불완전 연소 등에 의해 공기로 누출되는 메탄슬립(methane slip) 문제로 전체적인 온실가스 저감 효과는 석유연료 대비 약 20% 내외로 평가된다.

최근까지 상용화된 선박연료로서는 가장 높은 온실가스 저감효과를 나타내고 있어 선박의 이중 연료로서 채택이 증가하고 있으며 이러한 추세는 최소한 2030년까지, 장기적으로는 2040년 까지도 이어질 것으로 기대고 있다. 2020년 이후 발주된 VLCC의 31%와 12,000TEU 이상급 대형 컨테이너선의 24%가 이중연료로서 LNG를 채택하였고 향후 LNG연료추진선으로 개조 가능한 LNG ready 타입까지 고려하면 VLCC의 48%, 대형 컨테이너선의 37%가 채택하여 대체 연료 중 가장 현실적으로 적용이 많이 되고 있다. 또한, 아시아에서 한국, 중국, 일본, 싱가포르, 중동의 오만, 유럽의 프랑스, 네덜란드 등이 LNG 벙커링설비 확대 투자에 적극적인 정책을 발표하며 연료로서의 입지가 강화되고 있다. 이렇듯 LNG는 장기적으로 수소가 무탄소 연료로서 자리잡기까지 약 20여년간 선박의 연료로서 중요한 역할을 할 것으로 기대된다.

그러나 LNG 역시 화석연료의 하나로서 이산화탄소를 여전히 배출한다는 한계가 있고, 생산-유통-보관 과정에서 발생하는 메탄까지 WTW (well-to-wake) 원칙에 의해 선사가 책임져야 한다는 부담으로 LNG에 대한 부정적 시각이 여전히 존재하고 있다. 다만, 암모니아 등 신연료에 대한 기술적 타당성, 안전성 등에 대한 불확실성이 아직 높고, 현재까지 상용화된 연료 중 가장 온실가스 배출이 적다는 점, 황산화물 규제에서 자유로운 점 등으로 LNG는 현재 발주되고 있는 신조선에 있어서 가장 많이 채택되고 있는 대안이다.

■ 메탄올

메탄올 추진선은 2020년 8월 세계 최대 컨테이너선사인 머스크가 메탄올을 연료로 추진하는 대형 컨테이너선 8척을 세계 최초로 발주하며 차세대 저탄소 선박으로서의 가능성을 제시하였다. 이미 메탄올 전용 탱커들이 화물을 연료로 사용하는 방식으로 적용해서, 새로운 연료의 등장은 아니나 이들 탱커는 MR급의 중형선 규모로, 연료소

모량이 많은 대형 컨테이너선이 환경규제가 강화되는 시점에서 채택한 점은 차세대 연료로서의 가능성을 보여준다는 점에 의미가 있다.

메탄올은 기존 메탄올운반선의 건조와 운항을 통한 기술적 데이터가 축적되어 있고 연료가 상온에서 액체상태로 존재하며, 부식 등의 문제가 크지 않아 기존 연료탱크의 사용이 가능하고 엔진도 이미 개발되어 있어 상용화를 위한 기술적 문제가 크지 않은 장점이 있다. 단위 부피당 에너지밀도가 기존 선박 연료(HFO)의 약 43%로 동일 화물량과 항속거리를 위하여 연료탱크가 2배 이상 커져야 한다는 문제가 있으나 선형 개발에 큰 문제는 없으며, 현존선의 개조도 비교적 간단한 편이다.

메탄올(CH_3OH)은 성분에 탄소를 포함하고 있어 연료로 사용 시 이산화탄소가 배출되며, DNV-GL에 의하면 운항시 배출되는 이산화탄소의 양은 기존 석유계 선박연료 대비 약 10% 저감되는 수준이며, Well-to-Wake 개념으로 생산단계까지 고려하면 기존 연료와 거의 같거나 오히려 약 5% 증가하는 수준으로 평가된다. 이렇게 이산화탄소 저감이 미약한 수준임에도 불구하고 저탄소 연료로서 채택한 이유는 재생에너지를 이용하여 생산한 그린수소(H_2)와 연소시 포집한 이산화탄소를 결합하여 생산하는 그린 메탄올(또는 e-메탄올)을 사용할 경우 이산화탄소 배출을 크게 감소시킬 수 있기 때문이다. Methanol Institute에 의하면 그린 메탄올을 사용할 경우 생산을 포함한 전체 과정에서 최대 95%까지 이산화탄소 저감이 가능한 것으로 알려져 있다. 그린 메탄올을 생산하기 위해서는 탄소배출이 없는 재생에너지를 이용한 그린 수소의 생산이 필수적이며 이러한 조건을 갖추고 생산이 가능한 지역은 주로 유럽에 집중되어 있고 아시아 지역의 생산은 거의 없는 수준이며, 현재 절반 이상의 메탄올은 석유화학 기초유분 생산이나 다양한 산업재 및 소비재 생산에 투입되고 있으며 선박연료로서 그린 메탄올의 충분한 공급을 기대하기는 단시기에 어렵다고 평가된다.

그린 메탄올 연료는 기술적 장애요인이 매우 낮은 수준으로 차세대 탄소중립 연료로서는 잠재력을 충분히 가지고 있으나, 생산 및 공급 능력의 한계로 단기적인 연료채택의 확대는 그 가능성이 낮을 것으로 전망되고 있다.

■ 암모니아

암모니아(NH_3)는 탄소를 함유하고 있지 않아 이산화탄소의 배출이 전혀 없는 연료로 폭발 위험이 극히 낮고 저장과 운송조건이 10bar의 기압과 -34℃ 수준이므로 -253℃의 냉각을 요구하는 액화수소에 비해서는 다루기가 훨씬 용이하다. 암모니아는 체적 에너지밀도가 낮아 석유계 연료대비 약 4배 크기의 연료탱크가 요구되는 단점이 있으나, 초저온 유지를 위하여 단열재 등의 부피가 커져 석유계 대비 7배 수준의 연료탱크 크기가 필요한 액화수소 보다는 연료탱크가 작다는 장점이 있다. 또한, 암모니아는 생산 공정이 잘 알려져 있고 아시아 지역에서도 많은 물량을 생산하고 있으며 비료용으로 많은 물량의 교역이 이루어지고 있어 산업적으로 대량으로 공급하기 용이한 장점이 있다. 암모니아는 궁극적으로 수소를 에너지원으로 이용하는 연료로서, 내연기관과 연료전지 추진이 모두 가능한 연료이나 연료전지의 선박 적용까지는 상당 기간이 소요될 것으로 예상되어 우선 내연기관이 개발되고 있다.

세계적인 선박엔진 제조사인 MAN은 당초 2023년까지 암모니아 엔진개발을 완료할 것으로 계획, 발표하였으나 점차 개발이 지연되어 2020년 8월, 개발 완료 후 첫 제품 출시 시점을 2024년으로 연기하였다. 또한, 내연기관에서의 수소 연소 효율 등의 문제로 암모니아 단독 연료로 사용되기는 현재로서는 어려울 것으로 보이며 석유 등이 보조연료로 사용되어 이중 분사되는 혼소시스템이 시험되고 있는 것으로 알려져있다. 기술부문 전문가들은 현재 암모니아가 약 70%를 차지하는 혼소시험까지 성공한 것으로 추정하고 있으며 약 30%는 보조연료로서 화석연료가 사용되어 일정 수준의 이산화탄소를 배출하는 한계를 나타낼 것으로 예상하고 있다.

암모니아 연료추진 선박은 이산화탄소 배출이 크게 저감되는 대신 이산화탄소 대비 265배의 온실가스 효과를 가진 아산화질소(N_2O)를 배출하며, 이를 기술적으로 저감할 수 있을 것으로 예상하나 엔진개발 이후 배출량을 확인하여야 하는 불확실성이 남아있다. 아산화질소는 질소산화물(NOx) 저감장치인 SCR(Selective Catalyst Reduction), EGR(Exhaust Gas Recirculation) 등으로 제거 또는 저감이 가능할 것으로 예상되나 확실한 수준은 엔진개발 후 배출량을 확인하여야 하며 암모니아의 온실가스 저감 효과를 낮출 가능성은 여전히 존재한다.

암모니아는 심할 경우 사람을 사망에 이르게할 수 있을 정도의 심각한 독성을 가지고 있어 누출 사고 등에 대한 높은 우려가 있으며 이러한 우려로 인해 선박연료로서 부적합하다는 주장까지 제기되고 있다. 독성에 대한 문제는 선박연료로서 활용되기 이전 안전성에 관한 국제적 논의와 연구가 뒷받침 될 것으로 예상된다.

현재 생산되고 있는 천연가스 기반의 브라운 암모니아는 생산과정의 이산화탄소 발생으로 온실가스 저감 효과가 낮아 향후 선박연료로서 재생에너지를 활용하여 생산한 그린 수소를 기반으로 하는 그린 암모니아가 활용되어야 한다. 그린 암모니아 생산과 유통은 메탄올과 수소 등 타 그린 연료 대비 비용이 낮을 것으로 예상되나 그린 암모니아의 가격은 현재 생산되고 있는 브라운 암모니아 가격 대비 2~3배 높을 것으로 추정하고 있다. 그린 암모니아는 수소에 비하여 저장, 운송비용이 낮고 메탄올에 비하여 탄소포집 비용이 낮아 이들 연료대비 생산 및 유통가격이 낮은 특성이 있으며 그린 수소 대비 약 32%의 비용 절감 효과가 있을 것으로 추정되고 있다. 현재 암모니아의 가격이 에너지밀도까지 고려하였을 때 저유황유와 유사한 수준으로 추정되어 그린 암모니아의 경제성은 현재로서는 매우 낮은 것으로 평가되고 있다.

이산화탄소 기반 생산 공정 중 탄소를 포집하는 블루 암모니아의 경우 이산화탄소 발생을 약 85~90% 저감할 수 있으며 그린 암모니아보다 경제성이 높을 것으로 예상되어 대안으로서 검토되고 있다.

2021년 5월 IEA가 발표한 “Net Zero by 2050-A Roadmap for the Global Energy Sector” 보고서에 따르면 2050년까지 선박 연료의 45%를 암모니아가 차지할 것으로 전망하고 있다.

이렇듯 암모니아는 아직가지 엔진개발도 완료되지 않은 상황이나 해운 및 조선업계에서 가장 먼저 사용화할 것으로 기대하는 무탄소 연료이다. 그러나 아직까지 독성, 경제성 등 해결해야 할 기술적 과제가 남아있으며, 이러한 불확실성이 단기적으로 선박연료로서 효용을 제한할 가능성도 있다.

■ 탄소포집 및 저장

무탄소 또는 저탄소 연료 추진선박의 개발과는 별개로 이미 육상에서 시행하고 있는 탄소포집과 저장(CCS : carbon capture and storage, 이하 "탄소포집") 기술의 선박적용을 위한 연구개발도 진행 중에 있다. 탄소포집은 연소 전 또는 연소 후에 이산화탄소 등 온실가스를 별도로 처리, 분리하여 가압을 통해 액화하고 이를 파이프라인이나 선박을 통해 운송하여 지하 1.5~2Km 깊이 암석층 등에 저장하는 기술이며, 연소 전처리는 천연가스에서 수소를 추출할 때 분리된 탄소를 포집하는 등의 과정을 의미하며, 연소 후처리는 연소된 연기로부터 화학적 방법 등을 통해 이산화탄소를 분리, 포집하는 것으로 내연기관 선박에서는 연소 후 처리가 적용된다.

최근에는 포집된 이산화탄소를 산업이나 제품 제조, 서비스 등에 활용하는 CCUS (carbon capture, utilization, storage)의 개발도 세계적으로 활발하게 추진되고 있다. 무탄소 혹은 저탄소 연료로서의 대안이 불확실한 상황에서 선박에서의 탄소포집은 해상 환경규제의 강화 속에 이미 육상에서 실현된 기술을 적용하여 규제를 충족시키려는 선주들의 관심이 집중되고 있다. 신조선 뿐 아니라 현존선에서도 큰 규모의 개조없이 포집과 액화장치, 저장장치 등을 선박에 장착하여 규제를 회피할 수 있는 대안으로 부상하고 있으며. 신조선 투자여력이 부족하고 어떠한 연료를 선택해야 할 것인지 전략이 확립되지 않은 선주들은 기존 보유 선대의 운영을 지속할 수단으로서 탄소포집 및 저장 기자재에 관심을 보이고 있다.

항해 중 상당기간을 저장, 보관해야 하고 해상에서 이를 전용 운반선에 인도하여 저장소까지 장거리 운송비용을 부담해야 하기 때문에 현재까지 경제성에 대한 불확실성이 존재하고 있다. 특히 환경단체 등을 중심으로 탄소포집 및 저장과정에 더 많은 에너지를 소비하여 오염을 증가시키고, 영구저장을 위한 지층 내에서의 유출로 인한 다른 종류의 오염에 대한 의견이 제시되는 등 부정적 여론도 상존하고 있다. 이런 여론을 포함하여 탄소포집은 탄소중립의 궁극적 대안이 아니라는 공감대가 형성되고 있으나 무탄소연료가 상용화되기까지 상당기간 임시적 대안의 역할을 할 수 있을 것으로 전망된다.

■ 수소

수소 (H_2)는 탄소배출과 공해가 없는 무탄소 연료로서, 궁극적인 선박 연료가 될 수 있을 것이라는 전망이 지배적이다. 그러나 수소의 운반 및 저장이 쉽지 않고 연료전지 추진선박에 대한 해결되지 않은 기술적 난제들이 여전히 남아있기 때문에 여전히 불확실성이 높은 대안 중 하나이다.

연료로서 수소를 활용한 추진방식은 내연기관과 연료전지를 활용한 전기추진 방식 등 2가지로 나눌 수 있다. 그러나 수소 내연기관은 연료효율이 매우 낮아 연료전지 추진이 대세가 될 것으로 보인다. 수소가 내연기관으로 사용될 경우 연소 특성상 단독으로 사용되기는 어려우며 암모니아 엔진에서와 같이 다른 화석연료가 보조적으로 사용되는 혼소엔진이 될 가능성이 높으며 이에 따라 무탄소 연료로서의 가치는 감소할 가능성도 있다.

선박에 적용이 가능할 것으로 검토 중인 연료전지로는 PEMFC(Polymer Electrolyte Membrane Fuel Cell)와 SOFC(Solid Oxide Fuel Cell) 등 2종류가 있다. 이중 PEMFC는 소형화 성공으로 이미 자동차를 중심으로 상용화되었으나 100℃ 이하의 저온에서 작동하고 연료로 순수 수소를 사용하여야 하며 촉매로서 순도 높은 백금을 사용하여야 하는 특성상 대형 선박에 적용하는 것이 현재로서는 적절하지 않다고 평가된다. SOFC는 700~1,000℃의 고온에서 작동하고 효율이 높으며 순수 수소가 아닌 수소 함유 연료로도 작동이 가능하고 백금촉매를 필요로 하지 않아 선박 적용 가능성이 높아지고 있다. 그러나 무게와 부피가 선박에 적용하기에는 너무 커 아직까지 검토 단계에 머물러 있다.

연료전지는 이미 육상에서 자동차에 상용화되어 있으나 이를 선박용으로 대형화하는 데에는 여전히 많은 과제들이 남아 있다. 그 중 하나는 가격이 너무 높다는 점이며 향후 충분히 개선될 수 있을 것으로 예상되지만 상용화를 위한 수준까지는 상당한 노력과 시간이 필요할 것으로 보인다. 현재 선박에 적용가능한 연료전지의 가격은 KW당 2,000달러 수준으로 알려져 있다. 이는 동일한 출력의 내연기관의 10배 이상의 비용이며, 이를 보조엔진을 포함하여 약 35MW의 엔진이 장착되는 VLCC에 적용할 경우 7천만 달러, 75MW급인 23,000TEU급 초대형 컨테이너선의 경우는 약 1억 5천만달러의 비용이 소요되는 것으로 예측되며 이는 전체 선박가액의 약 70~100%에 해당한다. 상용화를 위해서는 탄소규제 비용 절감 등의 이익을 감안하더라도 약 70% 이상의 가격 인하가 필요할 것으로 추정된다.

연료전지와 연료공급장치의 부피와 무게 역시 기술적 해결책이 필요한 과제이며, 35MW를 기준으로 310K dwt급 VLCC유조선 적용을 가정하여 연료전지의 크기와 무게를 계산하면 SOFC의 경우 1,226GT, 1,849톤까지 이를 수 있다. PEMFC의 경우 31만dwt(약 16만CGT)의 VLCC에 적용하는데 있어 단위 스택의 부피와 무게가 작아 35MW급으로 화물의 운송에 지장을 줄 정도의 수준은 아닌 것으로 판단되지만, 아직까지 부피와 무게가 큰 SOFC의 경우 최근 소형화 개발된 스택을 적용하여도 부피와 무게가 PEMFC의 14.5배와 6.6배 큰 수준이므로 더 소형화하는 연구개발이 필요하다.

또한, 부피가 큰 액화수소를 사용하지 않고 LNG나 암모니아를 연료로 사용하더라도 이들 연료에서 수소를 분리하여 연료전지에 공급하는 장치와 LNG의 경우 탄소포집 설비까지 선내에 설치되어야하므로 이들 장비 또는 설비에 대한 소형화 연구도 필요하다.

연료전지의 또 하나의 심각한 문제는 짧은 수명과 이에 따른 잦은 교체가 필요하다는 점이다. 연료전지의 수명은 항해시간이 긴 선박의 특성상 약 2~3년에 불과하며 이에 따라 2~3년마다 모든 스택을 교체하여야 하는 심각한 문제점이 있다. 이러한 점 때문에 운행시간보다 주차시간이 더 긴 자동차와는 달리 원거리 항해를 주로 하는 선박에 연료전지를 적용하기는 어렵다는 견해도 여전히 상존하고 있다.

수소의 특성상 영하 253℃의 초저온 냉각이 필요하여 운송과 보관에 많은 비용이 소요되며 체적당 에너지 밀도가 낮을 뿐 아니라 초저온 유지를 위한 냉각재 등의 부피로 인하여 연료 탱크가 기존 석유계 대비 7배까지 확대되어 선박에 이를 적용하기 쉽지 않다. 큰 규모의 연료탱크를 고려한 선박을 설계하는 것은 비효율적이며 설계조차 쉽지 않을 것으로 예상되며, 향후 생산과정에서 온실가스가 배출되지 않는 그린 수소를 사용하여야 하므로 이를 생산할 기반이 약한 아시아 지역의 경우 그린수소를 수입하여야 할 수 있으나 수소운반선이 대형화 될 가능성이 불확실하며 부피밀도가 낮아 매우 많은 물량을 수입하여야 하는 어려움이 있다. 이러한 문제점들로 인하여 선박에서의 수소연료는 액화수소를 직접 사용하기보다 LNG를 개질하여 수소를 얻고 분리된 탄소를 포집하는 방안과 보관·저장이 용이한 그린 암모니아를 수입하여 이로부터 수소를 분리하여 사용하는 방안이 적극적으로 검토되고 있다.

■ 기타

차세대 연료에 대한 불확실성이 높아지면서 소형 원자로(SMR)를 이용한 원자력 추진선을 하나의 대안으로 검토하고 있다. IAEA 기준에 의하면 300MW 이하급 원자로를 소형 원자로(SMR: Small Modular Reactor)로 분류되는데, SMR은 국내 기술력으로 90년대 후반부터 개발에 착수하여 수출실적까지 보유하고 있는, 국내 자체 기술력으로 설계와 제작이 가능한 수준의 기술이다. 원자력 추진선은 한번 건조되면 선박의 수명이 다할때까지 연료를 재충전할 필요가 없고 탄소배출이 전혀 없다는 장점이 있다.

현재 군용 선박으로는 많은 원자력 추진 함정들이 오래 시간 실전 배치되어 운용된 실적이 있으나 아직까지는 상선에 적용된 사례는 없다. 일반 원자로에 비해 SMR의 안전성이 높은 것으로 평가되고 있으나, 세계 환경단체들은 여전히 SMR에 대해서도 강한 반대의견을 표명하고 있으며, 위험성에 대한 우려로 원자력 추진 상선의 자국 입항을 금지하는 국가들도 있을 것으로 예상된다. 특히 사용후 폐기 선박에 대한 처리에 있어서도 국가간의 이해충돌 문제, 보상문제, 등 해결이 쉽지 않은 문제점을 여전히 가지고 있다.

배터리를 활용한 전기추진은 연안 소형 선박에 제한적으로 활용될 것으로 예상되며, LNG 등 탄소저감 연료와 함께 하이브리드 추진 시스템으로 주로 활용될 것으로 전망된다. 아직까지는 배터리의 에너지 밀도가 낮아 무게와 부피가 크고 선박에 사용할 수준으로 대형화하기에는 한계가 있으며, 충전 설비 건설의 한계 등으로 에너지 소모량이 적은 소형 연안선박에 국한되어 사용될 것으로 전망된다.

3. 수소연료 추진선

최근까지 액화천연가스(LNG)가 충분히 친환경 연료의 역할을 수행할 것으로 예측되었으나, 현재는 Zero-emission fuel(탄소무배출 선박 연료)이 필연적이라는 공감대가 형성되고 있다. 현재 운행중인 선박은 LNG를 추진연료로 사용하면서, 환경규제에 대응할 수 있도록 연료 저감 설비(energy saving device)나 선상 이산화탄소 포집 설비(onboard carbon capture)를 구축할 것으로 예상되지만, 새롭게 설계되는 선박의 경우 탄소무배출 선박 연료를 추진 연료로 사용할 가능성이 높다.

무색 무취 무독성 가스인 수소는 지구상에 다양한 화합물 형태로 풍부하게 존재하고 있다. 수소는 거의 모든 에너지원을 사용하여 생산할 수 있으며, 현재 화석 연료가 사용되는 대부분의 산업 분야에 연료로 사용될 수 있는데, 이산화탄소 등 배기가스를 전혀 배출하지 않고 질량당 에너지 밀도가 석유보다 높기 때문에 장거리 무공해 운송수단에 사용될 수 있는 대체연료로 주목받고 있다. 하지만 수소의 매우 낮은 끓는점으로 인해(대기압에서 영하 253℃) 액화수소의 운송과 저장에 각별한 주의가 필요하며, 체적 밀도가 석유에 비해 상대적으로 낮기 때문에 석유와 동일한 양의 에너지를 갖는 액화수소를 보관하기 위해서는 석유보다 약 5배 큰 저정공간이 필요하다는 단점이 있다. 또한, 현재 수소의 약 95%는 화석연료에서 추출하여 생산되고 있기 때문에 수소연료의 전체 수명주기를 고려하면 온실가스 절감에 기여하지 못한다는 점도 수소연료의 중요한 당면 과제 중 하나이다. 이러한 문제점들을 해결하고 수소를 성공적인 무공해 대체연료로 사용하기 위해 세계 각국에서 다양한 연구가 진행되고 있다.

수소연료 추진선의 시스템은 아래와 같이 크게 세 부분으로 구성된다.

- 수소연료 저장·공급 시스템: 연료인 수소를 저장하고 연료전지 시스템에 수소 공급
- 수소 연료전지 시스템(+ ESS) : 수소를 연료로 전기를 생산하고 저장
- 전기 추진 시스템: 생산된 전력을 선박의 추진동력으로 전환

(1) 수소 연료 저장 및 공급 시스템

수소연료 저장 및 공급 시스템은 수소를 극저온의 액체 혹은 기체 상태로 연료탱크에 저장하는 수소연료 저장시스템과 수소연료전지 시스템에서 요구하는 온도, 압력 등의 조건에 맞추어 상압 극저온 액체상태의 수소를 기화시키거나 고압 상태의 수소를 연료전지시스템에 공급하는 시스템을 지칭한다. 시스템은 통상 10bar 이하, 상온이라는 연료전지 공급 조건에 부합하는 수소를 공급하기 위해 펌프, 기화기, 열 교환기 등의 기자재로 구성된다. 연료탱크는 다시 고압저장탱크와 액화저장탱크로 나눌 수 있다.

고압저장탱크는 상온에서 기체 상태의 수소를 30~70MPa 범위의 압력을 가해 저장

하는 방식으로 연료 소모가 적은 소형선박에 적합하다. 고압저장탱크에 필요한 기술로는 저장용기 내외벽 구조설계, 보강재 및 저장용기 지지구조 설계, 고압환경에서의 용접 허용구 조강도 확보, 복합재료(CFRP, GFRP, Graphene)라이너 개발 등이 있다. 액화저장탱크는 0.5~1MPa 압력에서 수소를 영하 250도 이하로 액화하여 저장하는 방식으로 연료소모가 많은 중대형선박에 적합하다. 액화저장탱크에 필요한 기술로는 극저온과 수소취화성에 안정적인 재료 개발, 단열재료/구조 기술 등이 있다.

연료공급시스템은 연료전지에서 전기를 생산하기 위해 수소를 연료전지에 공급하는 장치로 수소공급장치(펌프), 열교환기, 수소 기화기 등으로 구성된다. 연료공급시스템에는 연료전지 가동에 필요한 온도와 압력으로 수소를 안정적으로 공급하는 기술과 기화기를 포함한 기자재 안전성 평가 등이 필요하다. 선박용 수소연료공급시스템(HGS; Hydrogen Generation Systems) 시장은 아직 초기 단계로 향후 성장 잠재력이 크고, 미래에 큰 폭의 시장 수요 증가가 예상된다.

■ 액화 수소 화물창

액화수소 화물창은, LNG 화물창 기술과는 다른 3가지 도전과제가 있다. 첫 번째 도전과제는 공기 액화 온도보다 낮은 초저온성이다. LNG는 저장 온도가 -160℃ 부근이므로, 공기가 포함되는 단열층을 사용하더라도 큰 문제가 없다. 반면, -250℃ 부근인 액화수소 저장탱크는 질소 액화온도(약 -200℃)보다 낮으므로, 반드시 진공이어야 한다. 소형 탱크는 진공 단열을 하는 것이 크게 어렵지 않으나, 선체 운동과 이를 통한 sloshing 충격하중까지 고려해야하는 대형 화물 탱크는 진공단열이 쉽지 않다. 두 번째는 낮은 밀도이다. 액화수소 밀도는 70kg/m^{3}로 LNG 밀도의 1/6 수준이다. 따라서, 화물탱크의 공간 효율을 높여서 되도록 많은 화물을 실을 수 있어야 한다. 또한, 화물이 너무 가벼우므로, 높이방향으로 확장이 가능한 화물탱크이면 금상첨화이다. 세 번째 도전과제는 결정적인 증발가스의 역할이다. LNG는 가장 저렴한 연료 중의 하나인 반면, 액화수소는 가장 비싼 연료 중의 하나이다. 이러한 이유로, LNG 운반선의 증발가스를 선박연료로 사용하는 것은 경제적으로 타당하지만, 액화수소 운반선의 증발가스를 선박연료로 사용하는 것은 그렇지 않다. 또한, 화물 선적/하역을 위해 예비 냉각

시 발생하는 증발가스가 상대적으로 많다. 액화수소의 밀도가 낮은 탓이다. 평상시나 화물 선적/하역 시 발생하는 증발가스를 버리는 경우, 액화수소 수송방식은 암모니아나 LOHC(Liquid Organic Hydrogen Carrier: 액상유기수소운반체) 수송 방식에 비해 현저하게 떨어지게 된다. 반대로, 증발가스를 버리지 않은 경우에는 액화수소 수소방식이 훨씬 경제적이다. 따라서, 증발가스를 탱크 내부에 저장할 수 있는 압력탱크가 화물탱크로 채용되는 것이 바람직하다.

이상 언급한 세 가지 도전과제를 종합하면 액화수소 운반선의 화물탱크는 대형화, 진공단열, 공간효율, 압력식의 4가지 요건을 모두 만족해야 한다. 이러한 4가지 요건은 액화수소 수출터미널이나 수입터미널의 저장탱크에도 그대로 적용된다.

액화수소 운반선 화물탱크를 개발하는 접근법은 크게 실린더 화물탱크 방식, 멤브레인 화물탱크 방식, 새로운 화물탱크 방식으로 나뉜다. 실린더를 이용할 경우, 진공 단열과 압력식 이라는 요건은 만족시키지만, 대형화와 공간효율은 만족시키기 어렵다. CNG(압축천연가스)를 실린더로 이용하여 운송하고자 하는 CNG 운반선 개발이 2000년 초에 전세계적으로 시 도되었으나, 단 한 건도 실제 프로젝트로 이어지는 못했다. 탱크 자체도 문제이지만, 다수 탱크를 연결하는 배관과 전계장이 유발하는 안전과 운전 복잡성, 그리고 과도하게 커지는 선체 및 이에 따른 과도한 연료소모량, 그리고 운반선에 대응하는 육상설비 등이 상용화를 가로 막는 중요한 이유였다. 초저온 액화수소 탱크의 경우에는 이러한 문제들이 더 심각하게 되므로, 이를 극복하는 기술 개발이 이루어져야 한다.

멤브레인 화물탱크 방식은 대형화와 공간효율 조건은 만족시키지만, 진공단열과 압력식의 요건은 만족시키지 못한다. LNG 멤브레인 탱크는 근본적으로 선체가 화물의 부하를 견디 도록 되어 있으며, 선체와 탱크 멤브레인 사이에 단열층이 화 물의 부하를 선체에 전달하게 된다. IMO 규정에 따라 멤브레인 탱크는 기본적으로 누출이 발생할 수 있으며, 누출을 감지 하기 위하여 단열층에 질소를 통과시키게 된다. 멤브레인 화물탱크를 액화수소에 적용하기 이해서는 이 단열층을 진공 방식으로 바꾸어야 한다. 또한, 수송 경제성을 확보하기 위해서 는 증발가스를 재액화해야 한다.

기존 화물탱크 기술의 한계가 분명하여 새로운 액화수소 화물탱크 기술을 개발하려는 시도도 이루어지고 있다. 국내 기업인 (주)래티스테크놀로지는 자유형상의 압력탱크인 격자형 압력탱크를 이미 선박용 LNG 탱크로 상용한 바가 있는데, 이 탱크는 대형화, 공간효율, 압력식의 3가지 요건을 만족한다.

(2) 수소 연료전지 시스템(+ ESS (Energy Storage System))

연료전지(Fuel Cell)는 수소와 같은 화학에너지를 전기에너지로 변화시키는 발전 장치를 일컫는다. 연료전지시스템은 연료전지 스택, 수소 등의 연료공급장치, 공기 공급장치, 열관리장치로 구성된다. 이 중 핵심기자재인 연료전지 스택(stack)은 발전 장치에 해당하며 전극, 전해질, 분리판으로 구성된 셀이 적층으로 이루어진 구조이다. 스택은 막전극접합체(MEA, Membrane Electrode Assembly), 가스확산층, 분리판, 가스켓 등으로 구성되며, 연료전지의 특성은 전해질에 따라 달라진다. 작동온도 및 사용 용도에 따라 고분자 전해질 연료전지(PEMFC; Polymer Electrolyte Membrane Fuel Cell), 용융탄산염 연료전지(MCFC; Molten Carbonate Fuel Cell), 고체 산화물 연료전지(SOFC; Solid Oxide Fuel Cell) 등으로 구분된다. 연료전지의 스택을 제외한 나머지 구성품을 BOP(Balance of Plant)라고 하며 공기공급장치, 연료변환기, 열관리장치 등이 해당된다. 대형 선박에 적용하기 위한 연료전지 시스템은 이전 장에 기술한대로, 전력양, 경제성, 효율 등을 고려해야 하며 현재 다양한 시스템에 대한 고려가 진행되고 있다.

(3) 전기 추진 및 제어 시스템

전기 추진·제어시스템은 전기추진시스템(EPS; Electric Propulsion System)과 통합제어 및 모니터링시스템(ICMS; Integrated Control & Monitoring System)으로 분류된다. 전기 추진 시스템은 수소연료전지시스템에서 생산된 전력을 선체 추진동력으로 전환하는 시스템이며, 배전·전력 변환 시스템, 추진 전동기를 포함한 동력 전달 시스템으로 구성된다.

통합제어·모니터링 시스템은 응답성을 확보하고 안정적인 운영을 위해 선박을 통합제어하는 시스템으로 전력 관리 및 배분 최적화하는 전력관리시스템(PMS; Power Management System), 시스템 모니터링, 비상정지시스템 등으로 구성된다.

연습문제

1. 전지구적 기후 변화에 대한 관심이 증대되고 있으며, 해운 시장에서도 이러한 추세에 따라 친환경 연료 추진선에 대한 연구가 활발히 진행되고 있다. 현재 우리나라에서 친환경 선박연료로 고려되고 있는 연료들은 무엇이 있으며 각각의 장단점은 무엇인가?

2. 선박에서 나오는 온실가스는 지구 전체 배출량의 몇 %인가?

3. 선박 분야에서 탄소배출을 저감하기 위한 개발되거나 개발된 기술이 어떠한 것들이 있는지 설명하고 각각의 기술의 내용과 장단점을 구체적으로 설명하시오.

4. 대형 액화수소 저장탱크의 설계할 때 고려해야 하는 3가지 주요 요건에 대해 구체적으로 설명하시오.

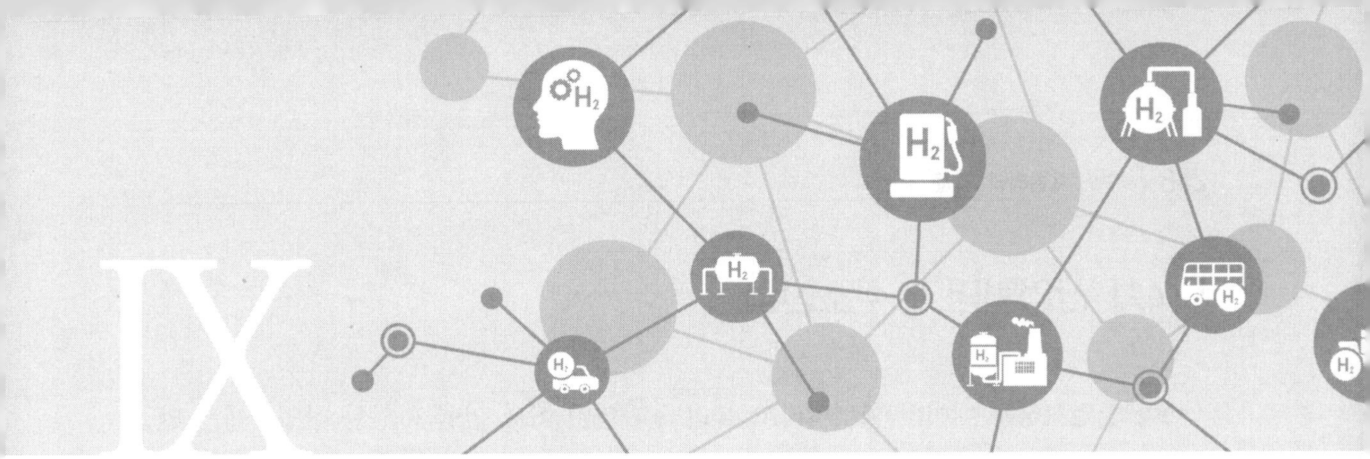

IX

수소산업과 인공지능

박승환

1. 4차 산업혁명과 수소산업

4차 산업혁명은 데이터 혁명이라고 불려도 과언이 아닐 만큼 다양한 산업군에서 발생되는 데이터의 효율적인 적재, 분석, 모델링, 최적화를 통해 산업 및 시스템의 지속적인 개선을 추구한다. [그림 IX-1]과 같이 역사를 거슬러 올라가면 1차 산업혁명은 18세기부터 19세기 초반에 증기기관을 중심으로 한 기계화 혁명으로 시작되었으며 2차 산업혁명은 19세기 후반 전기 및 내연 기관을 중심으로 대량생산 체계가 확립되는 생산화 혁명을 의미한다. 20세기 후반 시작된 3차 산업혁명은 컴퓨터 및 인터넷의 발달로 디지털 및 자동화가 구축이 되었으며 21세기 들어 인공지능, 사물인터넷(Internet of Things), 사이버 물리시스템의 융합을 통한 정보화 체계가 구축이 되고, 지금의 4차 산업혁명 시대가 도래하였다. 또한 코로나로 인하여 언택트, 뉴노말, 위드코로나 등 신조어들이 등장하면서 또 한번 새로운 전환기를 맞고 있다.

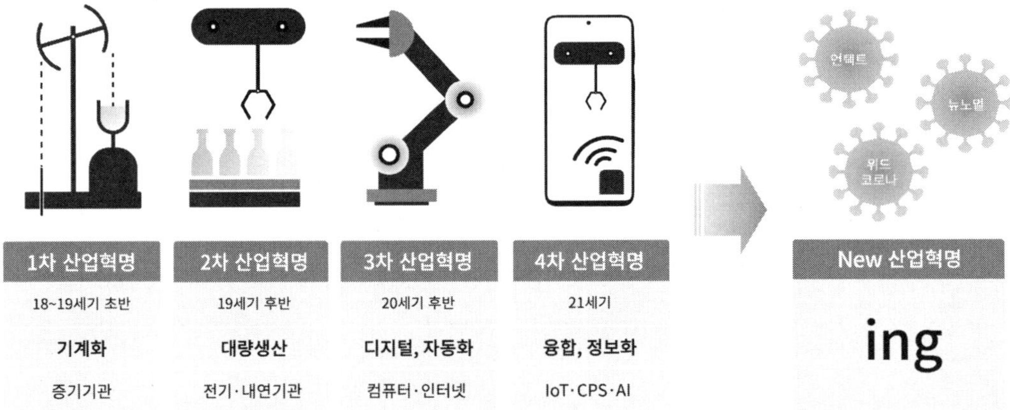

*IoT : Internet of Things *CPS : Cyber Physical System *AI : Artificial Intelligence

[그림 IX-1] 산업혁명의 역사

수소 산업도 예외는 아니다. 수소는 새로운 에너지원으로 주목받고 있으며 이를 위한 수소 생산, 소재, 배터리, 모빌리티 등 다양한 산업 및 응용분야들이 발전하고 있다. 또한, 수소경제 관점으로 접근했을 때 수소 산업은 더욱 가치가 있다. 다양한 산업의 융합으로 발전하고 있는 4차 산업혁명 시대에 공통적인 핵심 인프라는 에너지라고

해도 과언이 아닐정도로 안정적이고 효율적인 공급을 위해 수소 산업의 역할이 매우 크다고 할 수 있다. 특히, 4차 산업혁명을 견인하는 제조업에서는 에너지의 절대적인 사용량이 높기 때문에 안정적이고, 효율적인 에너지 공급은 필수적이다. 이처럼 수소 산업은 수소를 활용한 자체 기술(생산, 저장, 운반 등) 관점에서도 중요하지만 에너지를 필요로 하는 기타 산업과의 융합 측면에서도 매우 중요하다.

2. 산업 인공지능

(1) 인공지능 개요

인공지능은 단순히 인간이 하는 단순한 행동을 모사하는 것에서 시작되었다. 인간의 행동을 모사한다는 것은 인간의 수고를 덜어주는 것으로 볼 수 있다. 과거 1980년대에 국내에서 개발된 버튼만 누르면 작동하는 가전제품도 인간 행동 모사 관점에서는 인공지능 기술이 적용되었다고 볼 수 있다. 현재의 인공지능과의 차이는 단순히 인간의 수고를 덜어주는 기능을 구현한 데 그치지 않고 인간처럼 학습할 수 있도록 하는 기술을 구현했다는 점에 있다. 현재의 인공지능은 끊임없이 생산 및 수집되는 대규모 데이터를 바탕으로 관심있는 현상을 모델링하여 미래의 다양한 조건에 따른 의사결정을 내릴 수 있도록 학습된 기술을 의미한다. 하지만 미래의 조건은 환경에 따라 지속적으로 변하기 때문에 인간처럼 학습하고, 판단하는 인공지능의 구현을 위해서는 인공지능 기술의 핵심이 되는 학습 모델의 선정이 중요하다. 인공지능 구현을 위한 전통적인 기술 가운데 하나인 전문가 시스템은 말 그대로 기술은 전문가 시스템이다. 전문가 시스템은 말 그대로 인간이 보유하고 있는 전문적인 지식을 if-then 규칙에 따라 데이터베이스에 저장해두고, 질문에 대한 답을 데이터베이스에 저장된 규칙에서 찾아주는 기술을 활용한다. 저장된 규칙에 대한 질문에 대해서는 완벽한 정답(전문가의 지식)을 찾아주는 장점이 있지만 규칙에 없는 질문은 답을 할 수 없고, 이를 보완하기 위해서는 무수히 많은 if-then 규칙을 생성해야 하는 단점이 존재한다. 따라서 규칙 기반이 아닌 모델을 기반으로 하는 기계학습 방법이 각광받게 되었고, 이는 대규모 데이터로부터 패턴을 찾아 학습하는 기법으로 대규모 데이터를 통해 최적의 의사결정을 할 수 있게 도와준다. 하지만 기계학습 기법 또한 환경이 변함에 따라 지속적인 데이터가 수집이 되며 이를 모델에 반영할 수 있도록 모델의 지속적인 업데이트 및 최적화가 필수적이다. 즉, 인공지능의 완성은 단순히 모델을 개발하는 것이 아니라 동적으로 변하는 주변 환경과 지속적인 소통으로 개발된 모델을 최적화 하는 것이라 할 수 있다.

(2) 산업 인공지능

산업 인공지능은 생산, 제조 환경을 비롯한 다양한 산업에서 문제 해결을 위해 모델링, 최적화, 업데이트 기술을 적용 및 개발하는 것을 목표로 한다. 모델링, 최적화, 업데이트 기술은 기계가 학습을 하는 기본 절차를 의미하며 인간의 학습 과정과 다르지 않다. [그림 IX-2]는 인간의 학습과 기계의 학습이 서로 유사함을 보여준다. 인간이 태어나서 지능을 얻기 까지의 과정이 학습, 판단, 적응을 거치게 된다면 기계가 인간의 지능을 얻기 위해서는 모델링, 최적화, 업데이트 기술 개발이 필요하다. 언급한 모델링, 최적화, 업데이트 기술에 대해 보다 상세히 살펴보면 다음과 같다.

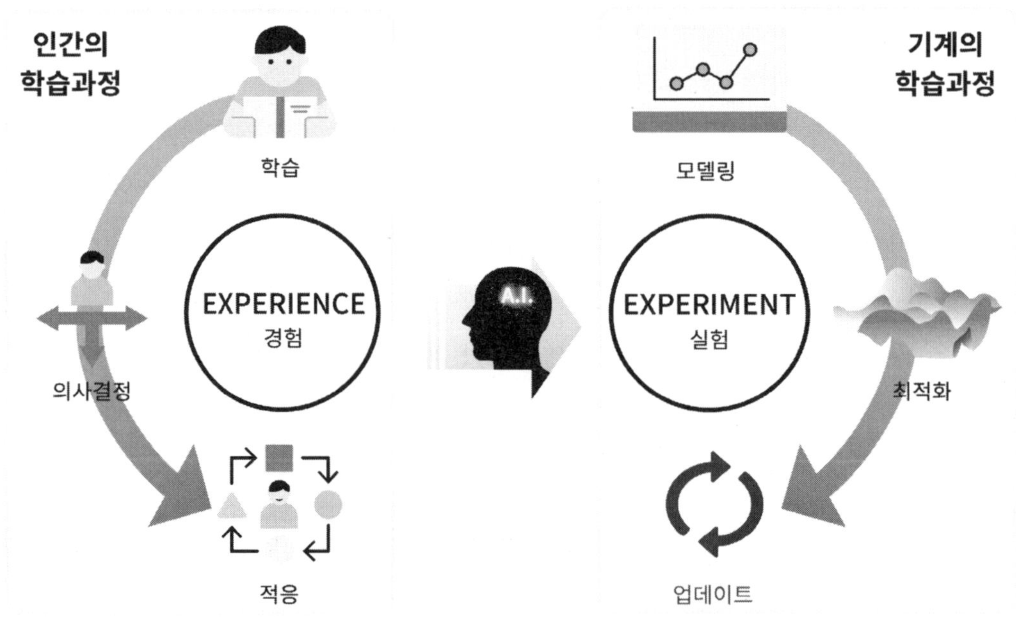

[그림 IX-2] 인간의 학습과 기계의 학습

모델링 기술은 현상에 대한 입력변수 X와 출력변수 Y를 정의하고 각 변수들 간의 관계를 다양한 함수의 형태로 기술하는 것을 의미한다. 즉, 모델링은 X의 변화에 대한 Y의 유의미한 변화가 존재하는지 혹은 존재한다면 그 변화량이 어느 정도인지 발견하는 것을 목표로 한다. 모델링에는 주로 전통적인 수치해석, 빅데이터 기반 머신러닝, 확률모델 등이 보편적으로 활용되고 있으며, 최근 들어 컴퓨터의 계산 성능 향상 및 사물인터넷 기술의 대중화로 인한 센서 빅데이터의 획득 및 처리가 수치해석을 통한 모델링 및 머신러닝 기반 현상 모델링의 발전 속도를 가속화 시키고 있다.

최적화 기술은 모델링을 통해 만들어진 함수를 기반으로, 특정 현상의 목적함수를 최대화 혹은 최소화하는 문제를 의미한다. 예컨대, 모델링을 통해 만들어진 함수가 Y=AX+B의 형태라고 한다면 A와 B에 따라서 다양한 모델이 존재할 수 있다. 다양한 모델들 가운데 특정 목적함수를 최적화 할 수 있는 A와 B를 찾는 것이 최적화 기술의 기본 개념이다. 모델링이 자연(Nature)에 대해 서술하고 미래를 예측할 수 있도록 현상을 표현한다면, 최적화 기술은 표현된 현상에 대한 해석(Interpretation)과 대안(Prescription)을 제시한다.

업데이트 기술은 모델링과 최적화 기술로 정립된 인공지능 방법론에 대한 장기적 신뢰성을 확보하는 것을 목적으로 한다. 특히, 시간에 따라 변동이 심한 현상과 데이터 자체의 정보 변화 및 신뢰도 감소, 산업 시스템 주변 환경적인 변화 등은 구축한 모델의 성능 및 최적화 방법론의 신뢰성을 저하시킬수 있는 주요 요인이기에 적합한 모델 업데이트 기술 확보가 필수적이고, 이 기술 구현을 위해서는 현재 모델의 성능에 대한 객관적이고, 지속적인 모니터링이 가능해야 한다. 또한, 시간에 따라 변하는 신규 데이터와의 상호작용 시스템을 통한 업데이트 기술 개발이 필요하다. 결론적으로 산업 인공지능의 구현을 위해 가장 중요한 기술은 첫 단계인 모델링 기술이며 구현을 위한 대표적인 기술은 기계학습이다. 기계학습은 대규모 데이터로부터 패턴과 규칙을 발견할 수 있도록 최적화하는 기술을 의미하며 다음 장에서 상세히 알아본다.

3. 기계학습 모델

(1) 기계학습의 역사

기계학습은 인공지능 구현을 위한 대표적인 기술로써 컴퓨터가 특정과업(분류, 예측)을 수행하기 위해 데이터를 학습하여 최적의 모델을 도출하는 알고리즘을 개발하는 분야를 나타내며 혹은 그 기술 자체를 의미하기도 한다. 이를테면 [그림 IX-3]과 같이 이메일 제목을 보고, 스팸메일의 여부를 판단할 수 있도록 학습하는 것과 개와 고양이 사진을 학습시켜 사진이 주어지면 동물 이름을 맞추는 기술은 기계학습 분류 모델을 통해 이루어질 수 있다. 이때도 모델링의 개념이 적용된다. 동물 분류를 위해서는 동물 이미지가 입력변수가 되고, 출력변수는 동물의 이름이 된다. 동물의 이름을 맞추기 위한 함수는 Y=AX+B의 형태로 모델링이 되며, 이메일의 제목을 보고, 스팸메일을 구분하는 함수도 Y=AX+B로 모델링이 될 수 있다. 이때 함수의 형태는 Y=AX+B로 동일하더라도 Y와 X가 달라지기 때문에 A와 B가 달라질 수 있고, 결국 동일한 함수로 시작하였지만 입력, 출력 변수에 따라 서로 다른 모델이 생성된다. 이처럼 다양한 입력변수, 출력변수, 모델의 형태(일차함수, 이차함수, 그 밖의 복잡한 함수 등)를 통해 다양한 모델을 생성함으로써 기계학습 모델링 및 최적화 방법이 발전하였다.

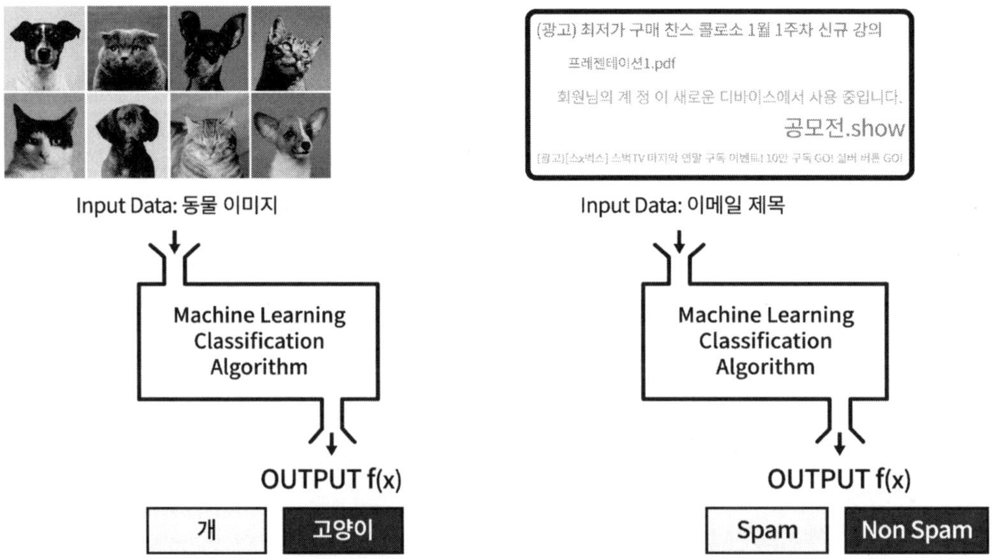

[그림 IX-3] 머신러닝 학습 모델 사례

기계학습의 역사를 살펴보면 다음과 같다. 1949년 Hebb에 의해 발표한 Hebbian Learning Theory가 최초의 머신러닝이다. 1950년대부터 조건부확률을 활용한 Bayes 정리를 기반으로 한 확률적 분류기가 만들어졌다. 그 후 1957년에 현재 머신러닝의 발전에 크게 기여하였고, 딥러닝의 전신이 되는 퍼셉트론(Perceptron)이 Frank Rosenblatt에 의해 개발되었다. 이후 퍼셉트론의 성능을 높이기 위한 다양한 방법이 시도 되었고, 1981년 P.J. Werbos가 역전파(Back Propagation) 알고리즘으로 다층 퍼셉트론을 학습하는 방법을 발표하면서 신경망을 통한 머신러닝의 연구는 더욱 발전하였다. 또한, 1986년에는 R. Quinlan이 마치 스무고개처럼 학습데이터에 대해 변수별 질문을 생성하여 이진 결정을 하는 의사결정나무 알고리즘을 발표하였다. 의사결정나무는 모델 정확도 측면에서는 신경망보다 불리하지만 모델 해석이 가능한 장점을 가지고 있어 현재까지도 활발히 활용되고, 의사결정나무의 앙상블 버전인 랜덤포레스트(Random Forest)도 개발이 되었다. 1995년에는 신경망을 뛰어넘는 SVM(Support Vector Machine) 알고리즘이 Vapnik과 Cortes에 의해 개발되었고, 이 알고리즘에 커널함수를 적용한 SVM은 2000년에 발표되었다.

딥러닝은 심층학습이라고 불리며 머신러닝에서 추구하는 비선형 모델링의 깊은 조합을 통해 높은 수준의 추상화를 시도하는 머신러닝 알고리즘을 의미함. 대표적인 머신러닝 알고리즘인 신경망이 발전되어 딥러닝 알고리즘이 개발되었으며 기본적인 동작원리는 유사함. 아래와 같은 특징들로 인해 머신러닝과 딥러닝이 구분된다. [그림 Ⅸ-4]는 인공지능, 기계학습, 심층학습의 시대별 포함 관계를 나타낸 것으로 인공지능의 큰 범주안에 기계학습이 존재하고, 심층학습은 새로운 기술이 아닌 기계학습에 포함되는 기술임을 알 수 있다. 인공지능의 개념이 생겨난 1950년대에는 사람과 체커 게임을 할 수 있는 기술이 개발되었다. 이때는 단순히 인간이 게임하는 체커게임을 흉내내도록 만든 것이 전부였다. 하지만 1980년대 기계학습 개념이 생겨나면서 이메일 제목을 학습하여 스팸메일을 필터링 할 수 있는 인공지능이 생겨났다. 더 나아가 2010년대부터는 대규모 데이터를 학습하여 최적의 의사결정을 할 수 있는 심층학습(딥러닝)기술이 발전하기 시작하였다. 딥러닝 기술을 통한 인공지능은 2016년 이세돌과 알파고의 대국을 통하여 세상에 널리 알려지게 되었다.

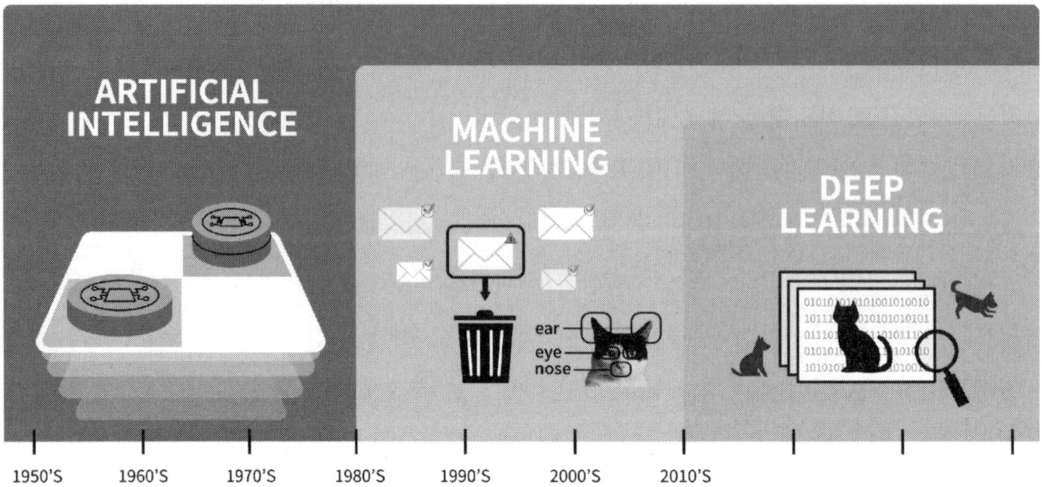

[그림 IX-4] 인공지능 및 기계학습의 역사

(2) 기계학습 모델링

머신러닝 모델을 위한 학습방법은 지도학습(Supervised Learning), 비지도학습(Unsupervised Learning), 강화학습(Reinforcement Learning)으로 구분된다. 지도학습은 학습 데이터에 대한 부류(Class 혹은 Label)정보를 학습에 활용한다. 이는 학습 과정에서 질문(X 변수)에 대한 정답(Y 변수)을 제공하여 분류(Classification)나 회귀(Regression)의 과업을 수행할 수 있는 학습 방법을 제공한다. Y변수가 연속형(Continuous)일 경우에는 회귀모델을 학습하고, 명목형(Categorical)일 경우에는 분류모델을 학습한다. 다음 [그림 IX-5]는 연속형 변수를 활용한 회귀 모델과 명목형 변수를 활용한 분류 모델의 예시를 보여준다. 날씨 예보를 위해 기온을 제공하는 모델은 온도라는 연속형 변수를 학습하기 때문에 Regression이라 불리우고, 날씨가 추울지 따뜻할지, 비가 올지 안올지를 예측하는 모델은 Yes 또는 No의 명목형 변수를 학습하기 때문에 Classification이라 불리운다. 이처럼 연속형 변수 또는 명목형 변수를 Y로 두고, 학습하는 방법을 지도학습이라고 한다.

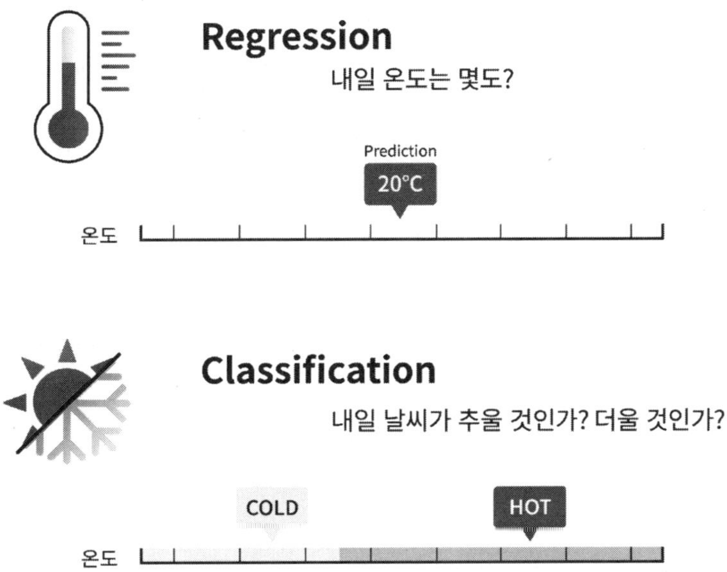

[그림 IX-5] 회귀(Regression)와 분류(Classification)

대표적 지도학습 알고리즘으로 선형모델(Generalized Linear Model), K-최근접이웃(K-Nearest Neighbor), 신경망(Neural Network), 의사결정나무(Decision Tree), 서포트벡터머신(Support Vector Machine), 랜덤포레스트(Random Forest) 등이 있다. 선형모델은 모델의 파라미터(선형회귀계수)가 선형식으로 표현되는 회귀 모델을 의미한다. 모델의 독립변수가 일차식이면 선형모델, 이차식이면 비선형모델로 혼동할 수 있다. 하지만 모델을 위해 추정할 대상인 회귀 계수가 선형식으로 표현될 수 있으면 모두 선형 모델이다. 예컨대 다음 식 (x)은 이차항, 삼차항이 존재하여 비선형 모델인 것 같지만 선형 모델이다.

$$y = \beta_0 + \beta_1 x + \beta_2 x^2 + \beta_3 x^3 \qquad \text{식(x)}$$

선형성을 결정하는 것은 독립변수 x, x^2, x^3가 아니라 회귀계수인 $\beta_0, \beta_1, \beta_2, \beta_3$ 이기 때문에 회귀계수 기준으로는 선형모델이라 할 수 있다. 그러면 반대로 비선형 모델은 데이터를 다양하게 변환하더라도 회귀계수를 선형 결합식으로 표현할 수 없는 모델을 의미한다. 결과적으로 데이터의 패턴이 곡선의 형태를 갖는다고 해서 반드시 비선형 모델은 아니다. 선형 모델의 장점은 가볍고, 해석이 용이하지만 표현 가능한 모델의 수에 제약이 있기 때문에 정교한 모델 구축은 어렵다. 따라서 모델의 해석보다는 예측의 정밀도를 높이기 위해 인공신경망과 같은 비선형 모델을 활용할 수 있다.

K-최근접이웃(Nearest Neighbor)은 새로운 데이터가 주어졌을 때, 주변의 데이터들의 속성을 통하여 주어진 데이터의 속성을 결정하는 알고리즘이다. [그림 IX-6]을 살펴보면 새로운 데이터 P가 주어졌을 때, P로부터 가까운 K개의 점들에 대해 다수결 방식으로 점 P의 속성을 결정한다. 예를 들어 K=3일 때는 점 P에서 가까운 점 3개를 고려할 때, 삼각형 샘플이 많기 때문에 점 P의 속성을 삼각형으로 결정한다. K=5인 경우에는 주변 점 5개의 속성들을 고려할 때, 원형의 수가 더 많으므로 점 P의 속성을 원형으로 결정한다.

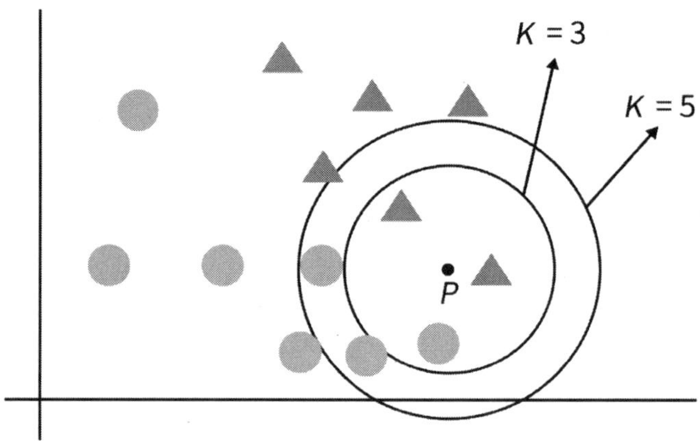

[그림 IX-6] K-최근접이웃 알고리즘

K-최근접이웃 알고리즘은 다른 기계학습 알고리즘과 달리 학습을 통한 최적화 과정이 필요없다. 즉, 데이터 샘플 자체가 모델이 되며 K의 값(단, K는 홀수를 사용함)과 거리 계산을 위한 방법을 결정하는 것으로 모델이 만들어진다.

의사결정나무(Decision Tree)는 마치 스무고개 놀이처럼 데이터의 변수를 활용한 질문을 던져서 대상을 좁혀나가는 형태로 학습을 한다. 예를 들어 기상 정보(풍속, 기온, 강수량)에 따른 운동 경기 유무에 대한 데이터가 존재할 때, [그림 IX-7]과 같이 의사결정 나무를 활용하면 풍속, 기온, 강수량이 어떤 조건이냐에 따라 운동 경기가 열

렸는지 알 수 있도록 학습이 가능하다.

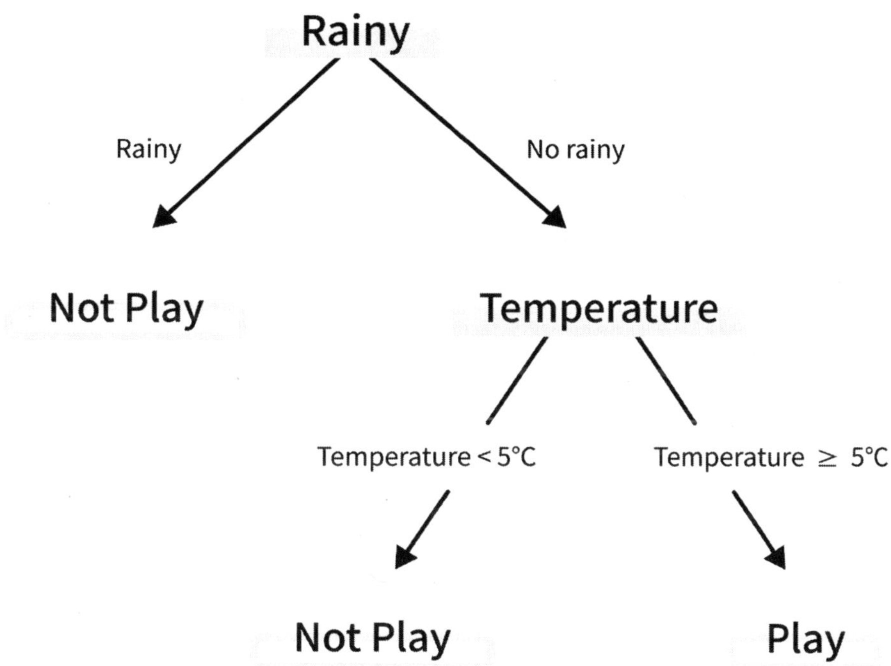

[그림 Ⅸ-7] 의사결정나무

학습원리는 간단하다. 변수 한 개를 선정 후, 해당 변수에 대한 임의의 임계값을 설정해 임계값 이하 그룹의 샘플과 이상 그룹의 샘플을 확인하여 운동 경기가 열린 샘플과 열리지 않은 샘플의 비율을 계산한다. 기계학습의 목적은 테니스 경기가 열리는 기상조건 혹은 열리지 않는 기상 조건을 찾는 것이기 때문에 샘플을 조건에 따라 분할했을 때, 동일한 속성(운동 경기 유/무)의 샘플들끼리 묶일 수 있는 기준값을 찾도록 반복한다. 변수 한 개로 기준값을 변경해 가면서 동일한 속성을 가진 샘플끼리 묶을 수 있다면 학습은 끝나지만 그렇지 않다면 다른 변수에 대해서도 가지를 늘려가면서 학습을 시도한다. 그룹 내 동일한 속성을 정량화하기 위해 불순도 라는 척도를 사용한다. 불순도는 [그림 Ⅸ-8]과 같이 두 개의 속성 A-어두운 색, B-밝은 색이 존재할 때, 한 항아리 내에 A와 B의 개수가 동일하게 있다면 최대가 되고, A, B중 한 개의 샘플만 존재한다면 최소가 된다.

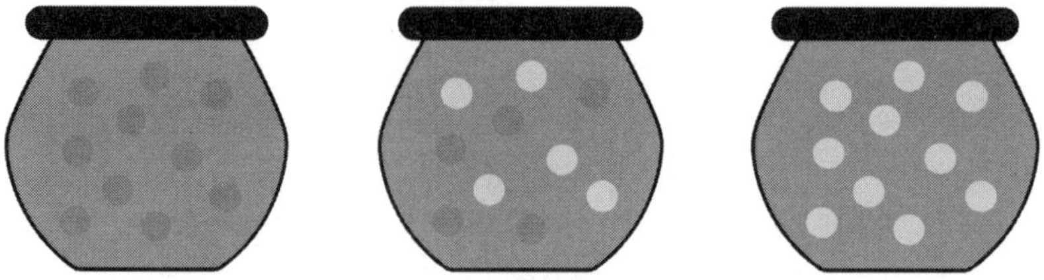

[그림 IX-8] 불순도

즉, 의사결정나무는 각 변수 및 변수에 따른 기준값을 변경해가면서 가지를 뻗어나가는 방법으로 학습한다. 이 학습 방법을 따르면 이론적으로 가지는 얼마든지 뻗어나갈 수 있고, A, B속성의 분류를 완벽하게 해낼 수 있는 모델은 만들어진다. 하지만, 이 경우는 학습데이터에 대해서만 최적화를 시킨 모델이기 때문에 미래의 데이터에 대한 성능은 보장할 수 없다. 이 문제를 오버피팅(Over-fitting)이라고 부르고, 오버피팅을 방지하기 위해서 의사결정나무에서는 가지치기(Pruning)를 활용하여 모델의 성능이 일반화 될 수 있도록 한다.

랜덤포레스트(Random Forest)는 말 그대로 무작위로 생성된 숲이라는 의미로써 임의의 의사결정나무들을 통한 앙상블 학습 알고리즘이다. 앙상블 학습은 여러 개의 모델을 통해 보다 정확한 모델의 성능을 도출하기 위해 사용되는 방법이다. 앞서 설명한 바와 같이 의사결정나무는 가지를 무수히 뻗어나가면 과적합 되는 문제가 발생하고, 이를 가지치기로 해결을 한다. 하지만 모델은 변수별 분기 규칙이 정해진 상태에서 규칙을 제거하는 방식이기 때문에 일반화 성능이 떨어지고, 이는 모델의 성능 저하로 이어진다. 따라서 [그림 IX-9]와 같이 다양한 변수 및 샘플을 대상으로 다수의 의사결정나무를 생성하고, 이를 통해 보다 일반화 성능이 높은 모델을 생성한다. 랜덤포레스트는 앙상블 학습이라는 특징도 있지만 학습과정에서 변수 중요도를 계산하여 모델에 기여한 변수들을 순서화 할 수 있다. 이는 무작위로 생성되는 의사결정나무의 입력 변수가 매번 달라지는 구조로 학습을 하기 때문에 변수가 모델에 기여한 정도를 쉽게 파악할 수 있다.

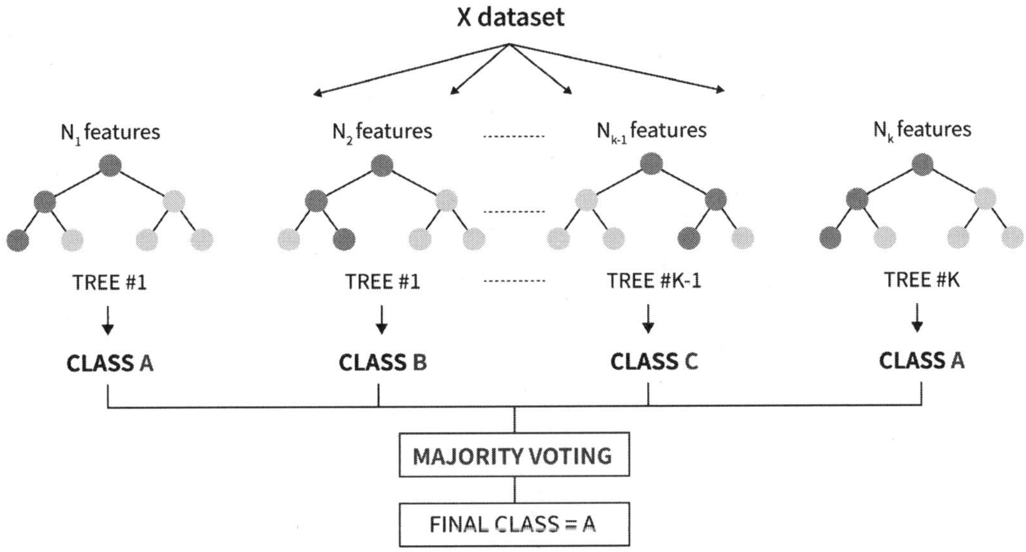

[그림 Ⅸ-9] 랜덤포레스트

인공신경망(Artificial Neural Network)은 생물학적 신경망에서 영감을 얻은 학습 알고리즘으로써 시냅스와 뉴런의 결합으로 네트워크를 형성하고, 학습을 통해 뉴런과 뉴런을 연결하는 시냅스의 결합 세기를 변화시켜 최적의 모델을 생성한다. 인공신경망의 기본 모델은 퍼셉트론으로써 [그림 Ⅸ-10]과 같이 입력층과 출력층으로 이루어진 단순한 모델이다. 퍼셉트론의 동작은 인공신경망, 딥러닝에서 필요한 기본 동작으로써 입력층 각 노드들의 입력 벡터 $X(x_1, x_2, \dots x_n)$와 가중치 벡터 $W(w_1, w_2, \dots w_n)$와의 선형결합을 통해 계산된 값에 대해 활성함수를 적용하여 출력층의 출력값을 얻는다. 활성함수는 Sigmoid, ReLu(Rectifier Linear Unit) 등 다양하게 존재하지만 퍼셉트론에서는 임계값 θ를 기준으로 이분법적인 결정을 해주는 계단함수를 사용한다.

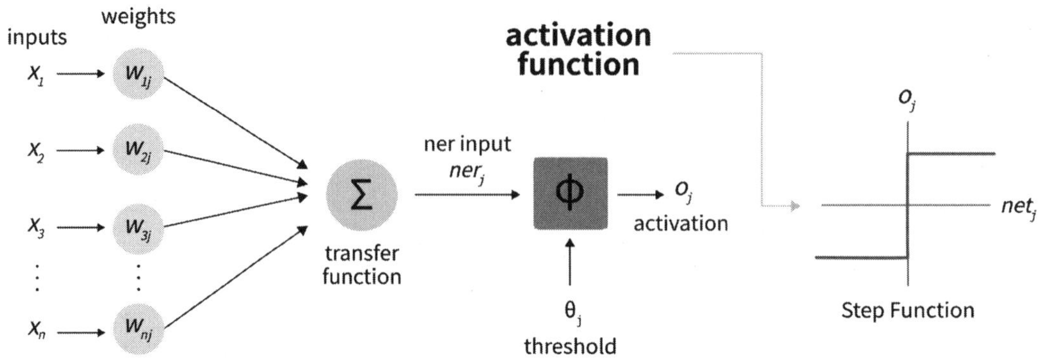

[그림 IX-10] 퍼셉트론의 구조

지금까지는 가중치 벡터가 결정되었다는 전제로 출력값을 얻는 방법을 살펴보았다. 그러면 퍼셉트론은 어떻게 학습을 할까? 학습을 한다는 것은 최적의 가중치 벡터 W를 찾아가는 과정이기 때문에 퍼셉트론에서도 가중치 벡터 W를 변경해가며 최적의 W를 찾아야한다. 이는 최적화 문제이며 적절한 목적함수에 따라 W를 결정할 수 있다. 퍼셉트론은 계단함수를 활용하는 단순한 모델이기 때문에 이진분류문제에 적용가능하다. 즉, 분류 성능이 최대가 되도록 하는 가중치 벡터를 찾아가는 방식으로 학습을 진행한다. 하지만 퍼셉트론은 선형결합을 통해 출력값을 만들어내기 때문에 선형 분류기 역할만 가능하다. 따라서 [그림 IX-11]과 같은 단순한 문제(XOR 문제)조차도 풀 수 없다.

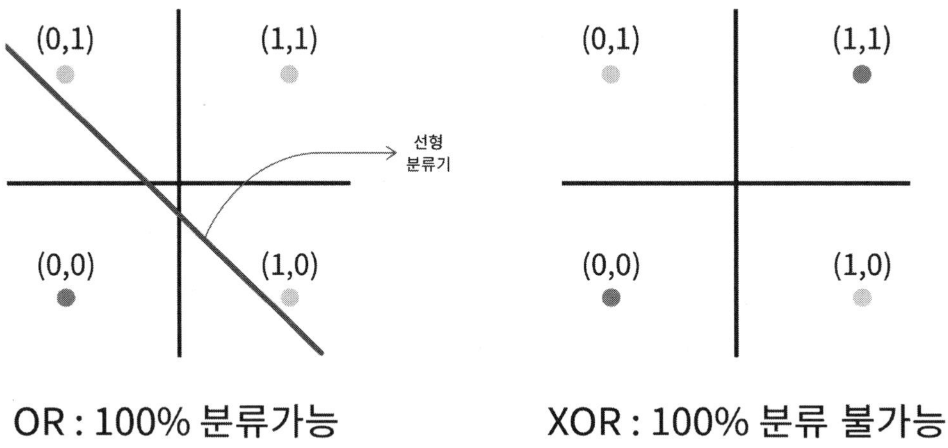

[그림 IX-11] XOR Problem

XOR 분류 문제 해결을 위하여 비선형 분류기를 사용하거나 두 개의 퍼셉트론(선형 분류기)를 사용하는 방법이 있을 수 있다. 하지만 인공신경망은 두 개의 퍼셉트론을 결합하여 새로운 특징공간을 정의하는 방법을 통해 XOR 문제를 해결할 수 있다. 이것은 입력층과 출력층 사이에 은닉층을 추가함으로써 만들어지는 새로운 구조의 신경망이고, 다층 퍼셉트론(Multilayer Perceptron)이라 불리운다. 다층 퍼셉트론은 계단함수가 아닌 다양한 활성함수를 통해 보다 정교한 모델을 생성할 수 있다. 아이디어는 다음과 같다. 두 퍼셉트론의 출력값을 새로운 특징 변수로 간주하는 것이다. 그러면 기존 변수 공간이 아닌 새로운 변수 공간이 정의되고, 해당 변수로 선형 분류기를 통해 XOR문제를 해결한다. 이후 퍼셉트론과 마찬가지로 XOR 분류가 가능한 다양한 가중치 벡터 W를 업데이트하는 과정이 필수적이다. 즉, 학습을 하는 것은 목적함수가 최적에 도달할 때까지 가중치 벡터를 갱신 및 추정해 나가는 과정이라 할 수 있다. 다층 퍼셉트론에서 추정해야 할 가중치 벡터는 입력노드 개수, 은닉층 개수, 각 은닉층별 노드의 개수에 따라 급격하게 증가하기 때문에 최적의 가중치 벡터를 찾기 매우 어려웠다. 하지만 역전파(Back Propagation)알고리즘이 개발되면서 이 문제를 해결하였고, 현재까지도 인공신경망의 최적화를 위한 필수적인 알고리즘으로 알려져있다. 역전파 알고리즘은 인공신경망의 출력값과 실제값이 같아지도록 경사하강법(Gradient Descent)을 통해 가중치를 갱신하는 알고리즘으로써 출력층으로부터 역방향으로 오차를 전파시키면서 순차적으로 가중치를 업데이트한다. 즉, 인공신경망은 전방향으로 모델의 출력값을 얻고, 얻어진 출력값과 실제값의 차이를 줄이는 방향(경사하강방향)으로 가중치 벡터를 갱신함으로써 학습이 이루어진다. 역전파 알고리즘에 대한 자세한 설명은 1992년 출판된 ROBERTHECHT-NIELSEN의 논문 Theory of Back propagation neural network를 참고해보기 바란다.

비지도학습은 학습 데이터에 대한 클래스정보가 없는 경우에 학습하는 방법으로써 주어진 데이터의 그룹화를 수행하는 군집화(Clustering) 알고리즘과 시각화 및 변수 경량화를 위해 차원을 축소하는 차원축소(Dimension Reduction)알고리즘으로 구성된다. 대표적인 군집화 알고리즘으로써 가장 속도가 빠르고, 간단하게 사용할 수 있는 K-평균군집화(K-Means Clustering), 군집의 개수 설정으로부터 자유로운 계층적 군집화(Hierarchical

Clustering), 데이터의 밀도를 반영한 군집화 방법인 DBSCAN(Density Based Spatial Clustering of Application with Noise)와 OPTICS(Ordering Points to Identify the Clustering Structure)가 있다. 본 장에서는 군집화와 차원축소에 대해서 알아본다.

군집화(Clustering)는 앞서 설명한 바와 같이 비지도학습이기 때문에 클래스정보가 없는 데이터에 대한 그룹화를 수행한다. 간단한 예제를 통해 군집화의 원리를 살펴보자. [그림 IX-12]는 새 학기 첫 수업이 있는 대학 강의실에서 학생들이 앉아 있는 상황을 나타낸다. 강단에 선 교수자는 학생들이 왜 저렇게 무리를 지어 앉았는지 궁금하여 비지도 학습을 적용해 보기로 했다. 왼쪽의 데이터 테이블은 오른쪽 그림의 상황을 X_1, X_2 좌표 변수를 활용해 데이터로 나타낸 것이다. 학생들이 어떤 위치에 앉았는지에 대한 정보만 있을 뿐 어떤 속성을 갖고 있는지 알 수 없는 상황에서 군집화 알고리즘을 적용하면 좌표 변수에 대해 거리가 가까운 샘플(학생)끼리 군집화가 이루어진다. 아래 예제에서는 4개의 군집으로 나누어 질 수 있고, 각 군집들로부터 공통된 특성이 있는지 파악한다. 예를 들어 동일한 학년인지 동일한 학과인지 등에 대한 정보를 수집하여 그룹화가 될 수 있었던 원인 변수를 찾아낸다. 이처럼 Y변수에 대한 정보가 없을 때, X변수만을 통해 그룹화 한 후, 각 그룹에 대한 공통된 특성을 찾아내는 학습 방법이 비지도 학습이다.

X 변수		*Y* 변수
X_1	X_2	Y
1	0	?
1	1	?
2	0	?
2	1	?
2	3	?
2	4	?
2	6	?
3	3	?
3	4	?
4	5	?
4	6	?
5	5	?
5	6	?

Unlabeled dataset

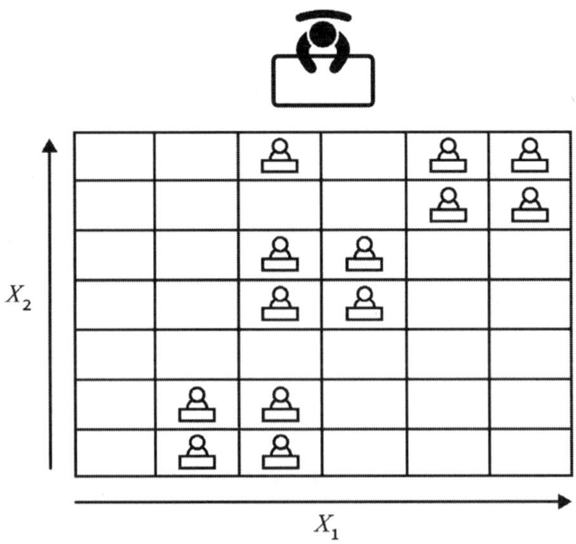

[그림 IX-12] 군집화: 비지도학습 예제

비지도학습과 지도학습의 차이를 확인하기 위해 동일한 예제에 대해서 지도학습을 적용하는 경우를 살펴보면 다음과 같다. 지도학습은 비지도학습과 달리 X변수애 대한 클래스정보 Y가 존재한다. [그림 Ⅸ-13]처럼 학생들에 대한 속성 정보(학년)가 존재하고, 이는 데이터 테이블에 라벨링 되어 있다. 지도학습을 적용하면 X_1, X_2 변수에 대한 Y변수의 관계를 학습하여 모델을 생성하고, 추후 새로운 샘플(학생)이 입력되면 몇 학년일 확률이 높은지 예측한다. 여기서 모델은 동일한 학년의 학생들을 에워싸는 영역을 설정하는 것을 의미한다. 지도 학습 모델이 제에서는 새로운 학생이 X_1=5, X_2=4 위치에 앉았다면 3학년 그룹과의 거리가 가까우므로 3학년일 가능성이 높다고 판단할 수 있다.

X_1	X_2	Y
1	0	1학년
1	1	1학년
2	0	1학년
2	1	1학년
2	3	2학년
2	4	2학년
2	6	4학년
3	3	2학년
3	4	2학년
4	5	3학년
4	6	3학년
5	5	3학년
5	6	3학년
5	4	?

Unlabeled dataset

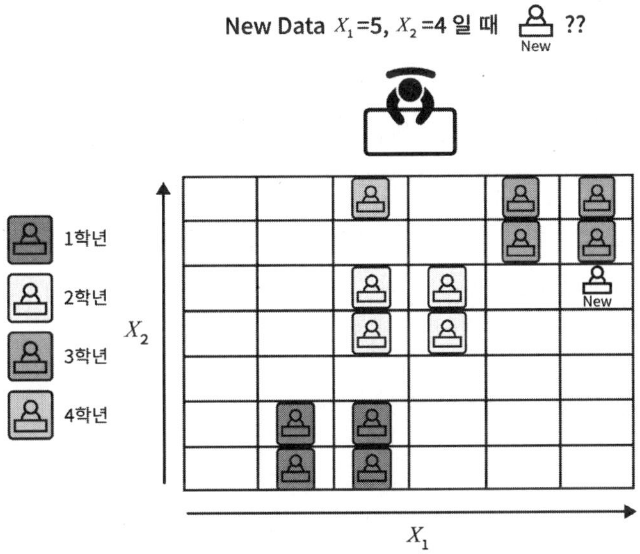

[그림 Ⅸ-13] 군집화문제와의 비교를 위한 지도학습 예제

샘플 데이터에 대한 클래스 정보는 사람이 일일이 경험을 통해 수기로 입력해야 하는 경우가 많기 때문에 매우 어렵고, 시간 소모적이다. 클래스 정보를 얻는 다는 것은 시행착오를 통한 경험을 얻는 것을 의미하기 때문에 학습을 위한 충분한 데이터를 축적하기에는 어려움이 따른다. 따라서 비지도학습을 통한 데이터의 패턴과 규칙을 통해 현상을 설명하고자 하는 노력도 중요하다.

차원축소(Dimension Reduction)는 데이터가 대용량화되고, 변수가 증가하면서 적은 변수로 데이터의 분포를 기술하기 위해 필요한 기법이다. 차원이 커지면 차원의 저주(Curse of Dimensionality) 문제에 빠지게 되는데 차원의 저주란 [그림 IX-14]와 같이 차원이 증가할수록 주어진 샘플들이 차지하는 공간의 절대적인 크기가 감소되는 현상을 의미한다. 동일한 샘플수를 가정할 때, [그림 IX-14]의 a)는 한 개 변수 공간에서 분포하므로 충분한 샘플이 있다고 볼 수 있다. X축으로만 공간이 존재하므로 4개의 영역으로 나누면 샘플이 없는 영역 없이 각 영역별로 골고루 샘플들이 분포해 있다. 하지만 [그림 IX-14]의 b)는 두 개 변수 공간 X, Y에 존재하고, 16개의 영역으로 나누게 되면 샘플들이 존재하지 않는 영역들이 생겨나게 된다. [그림 IX-14]의 c)는 경우는 더욱 심하다. 새 개 변수 공간에 존재하고, 64개의 영역에서 샘플이 전혀 없는 영역들이 매우 많은 것을 확인할 수 있다. 만약 3차원 보다 훨씬 큰 공간이라면 데이터 샘플수는 기하급수적으로 많아야 비어있는 영역 없이 분포할 것이다. 이는 변수 공간이 많아질수록 충분한 샘플이 있어야 모델링의 일반화 성능을 확보할 수 있는데, 변수의 개수가 더욱 많아지면 훨씬 더 많은 샘플을 필요로 한다는 점에서 차원의 저주라고 불리운다. 이를 해결하기 위한 방법이 주어진 변수들을 통해 전체 데이터를 설명할 수 있도록 다차원 변수로부터 새로운 차원을 생성하여 변수의 개수를 줄이는 차원축소 방법이다. 차원 축소를 위한 대표적인 방법론은 주성분분석(PCA: Principal Component Analysis)이다.

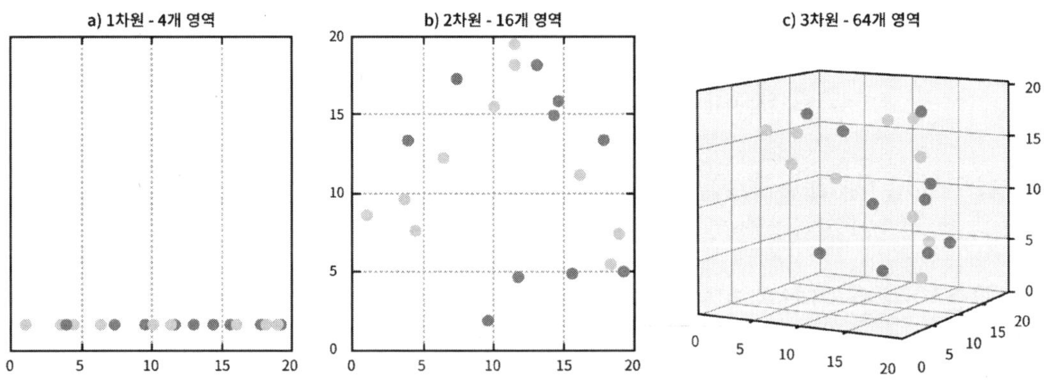

[그림 IX-14] 차원의 저주

강화학습은 컴퓨터가 주어진 상태(State)에 대해 최적의 행동(Action)을 선택하고, 보상(Reward)를 받는 과정을 반복하며 최적의 정책을 학습하여 최선의 선택을 할 수 있도록 학습하는 방법을 의미한다. 강화학습은 결정을 순차적으로 내려야 하는 상황에 적용되기 때문에 컴퓨터 게임의 규칙을 터득하면서 익숙해지게 되는 상황에 활용된다. 테트리스 게임을 통하여 강화학습의 개념을 이해해보자. 테트리스는 누구나 다 알고 있는 게임이지만 컴퓨터에게 학습을 시켜서 테트리스를 잘하게 만드는 것은 강화학습을 통해 가능하다. 테트리스를 처음 하는 사람은 규칙을 잘 모르기 때문에 블록을 쌓다가 낮은 점수를 얻고, 짧은 시간에 종료될 것이다. 그러다가 게임을 오래 유지하기 위해서 블록을 꼼꼼히 쌓게 될 것이고, 그 과정에서 한 줄을 모두 채우면 한 층이 사라지고, 점수를 얻는 다는 것을 알게 될 것이다. 혹은 세로 한 줄을 남겨 놓고, 블록을 여러 차례 쌓다가 남겨 놓은 한 줄에 긴 블록을 넣을 경우 아주 높은 점수를 얻는 다는 것을 깨닫게 될 것이다. 이 때, 앞서 설명한 강화학습의 주 요소인 상태, 행동, 보상, 정책의 개념을 대입하면 다음과 같다.

상태는 플레이어가 현재 블록을 어느 위치에 놓을지 결정하는 순간을 의미하고, 행동은 어느 위치에 어떤 모양으로 쌓을지를 결정하는 것을 나타낸다. 보상은 블록을 쌓은 뒤 얻게 되는 점수를 나타내고, 정책은 상태에서 액션을 통한 보상을 정의한 것을 의미한다. 즉, 블록 한 줄을 없앴을 때 몇 점을 부여할지, 여러 줄을 한꺼번에 없앴을 때 몇 점을 부여할지를 정의해 놓은 것이 강화학습의 정책을 의미한다. 즉, 상태, 행동, 보상을 반복하며 어떤 선택들을 하는 것이 최고의 보상을 받을 수 있는지 학습한다.

하지만 학습과정에서 경우의 수가 너무 많기 때문에 전체 탐색이 어렵다. 따라서 최적의 정책(누적보상액 최대화)을 찾기 위한 가치 함수를 활용하는 전략을 사용한다. 2016년 세상에 처음 공개된 알파고는 강화학습 알고리즘의 성공적인 적용사례로 프로바둑 기사들의 기보를 학습하고, 매일 128만번에 이르는 반복학습을 통해 바둑을 두는 과정을 짧은 시간에 깨우쳤고, 이 과정은 강화학습에서 가치함수 최적화를 통해 최적의 정책을 찾는 과정이며 이세돌과의 대국에서 최적의 의사결정을 통해 4승 1패를 기록하였다.

(3) 심층학습 모델링

딥러닝이라고 불리우는 심층학습 모델링은 머신러닝 모델링과 유사하지만 몇 가지 요인으로 인해 차이가 있다. 대표적인 기술혁신 요인은 다음과 같다. 첫째, 빅데이터 시대가 도래하고, 컴퓨팅 성능(GPU기반 병렬연산) 및 메모리 용량 증대로 복잡한 구조의 알고리즘을 통해 학습이 가능해졌다. 둘째, 합성곱 신경망(Convolutional Neural Network)의 등장으로 특징학습이 부각되었다. 셋째, 신경망의 초기버전인 퍼셉트론(Perceptron)에서 활용하던 계단(Step), 시그모이드(Sigmoid), 탄젠트 하이퍼볼릭(Tangent Hyperbolic) 함수보다 계산은 단순한데, 성능이 우수한 활성함수 Relu(Rectified Linear Unit) 함수를 활용했다. 넷째, 과잉적합을 방지하기 위한 다양한 규제 기법(Drop out 등)들이 개발되었다. 다섯째, 과거의 폐쇄적인 개발환경이 아닌 소스코드를 오픈하며 서로 상생해 나가는 오픈소스 문화가 발달하여 더욱 우수한 규제 기법 및 알고리즘들의 개발 속도가 가속화되었다.

딥러닝 모델링을 소개하기 위해 딥러닝 알고리즘의 근간이 되는 인공신경망과 대표적 딥러닝 알고리즘인 합성곱 신경망(Convolutional Neural Network)을 비교하면 다음과 같다. 퍼셉트론은 최초의 신경망 모델로서 [그림 IX-15]와 같이 입력층(Input Layer), 은닉층(Hidden Layer), 출력층(Output Layer)으로 구성되고, 은닉층의 개수와 층별 노드의 개수는 사용자가 지정해주는 하이퍼 파라미터이다. 입력 변수와 가중치와의 선형결합을 활성함수에 적용하여 출력값을 만들어내고, 다음 층으로 전달하고, 출력층까지 계산을 반복한다. 퍼셉트론에서는 계단함수를 사용하지만 은닉층을 갖는 다층퍼셉트론에서는 주로 시그모이드, 하이퍼볼릭탄젠트 함수를 사용한다.

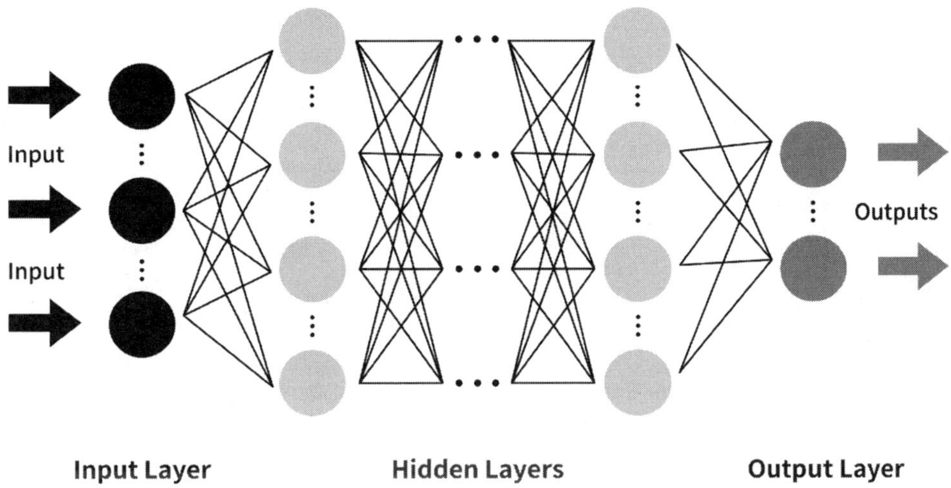

[그림 Ⅸ-15] 신경망 모델(다층퍼셉트론)의 구조

앞서 설명한대로 퍼셉트론은 XOR 문제와 같은 단순한 문제도 풀지 못하는 한계로 인하여 Sigmoid 활성함수, 은닉층의 추가(다층 퍼셉트론), 역전파(Back Propagation) 알고리즘의 개발을 통해 신경망이 더욱 발전하였다. 하지만 대규모 데이터를 학습하기 위해 신경망 구조가 복잡해지면서 그레이디언트 소실로 인해 학습이 어려워지는 문제가 생겨났다. 따라서 이러한 데이터를 학습하기 대용량의 데이터 및 복잡한 구조의 학습을 위하여 여러 가지 규제기법을 활용하는 딥러닝 알고리즘을 개발하였고, 대표적인 딥러닝 알고리즘인 합성곱 신경망 알고리즘은 영상데이터의 특징을 추출하여 학습한다. [그림 Ⅸ-16]과 같이 입력값으로 숫자 영상을 입력하게 되는데 기존의 신경망과 차이점은 구조의 복잡도가 높고, 컨볼루션, 풀링 연산을 반복하면서 가중치를 갱신하는 과정이 필수적이다. 이 과정에서 ReLu(Rectifier Linear unit) 함수를 활용하여 그레이디언트 소실 문제를 해결하였다. 컨볼루션과 풀링 연산 반복이 끝나는 층에서는 2차원 데이터(이미지)를 1차원 데이터로 확장(Flatten)하여 출력층과 완전연결하여 학습을 수행한다. 단, 이 과정에서도 계산 복잡도가 증가하므로 드롭아웃 규제기법을 활용하여 개선하였다. 이처럼 신경망의 심층학습 버전인 합성곱 신경망은 일반적인 신경망과 기본 골격은 유사하나 구조가 복잡해지면서 학습이 불가능한 요소를 해결하기 위해 새로운 알고리즘 및 함수를 도입하여 더욱 복잡한 계산을 효율적으로 수행할 수 있도록 설계된 방법이다.

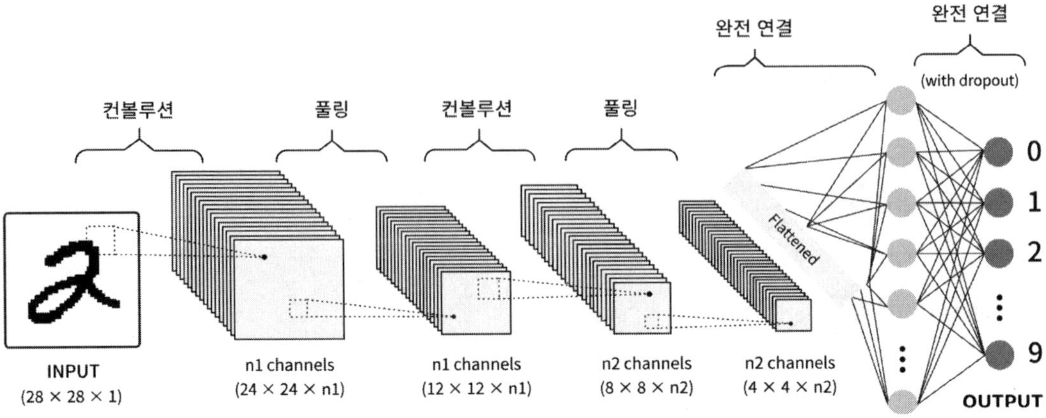

[그림 IX-16] 합성곱 신경망 모델의 구조

이처럼 딥러닝 모델링은 머신러닝 모델링과 구조적 차이만 존재할 뿐 동작원리는 유사하다. 그렇다면 딥러닝과 머신러닝을 구별하는 가장 큰 특징은 무엇이고, 왜 딥러닝은 잘 동작하는 것인지 살펴보자. [그림 IX-17]은 손으로 쓴 필기 숫자 영상을 컴퓨터가 인식할 수 있도록 하는 숫자 분류 알고리즘의 구조를 보여준다. 이 예제에서는 숫자 3에 대한 손글씨 영상이 분류 알고리즘의 입력으로 사용되고, 출력값은 영상의 정답에 해당되는 3이라는 숫자이다. 머신러닝학습과 딥러닝 학습의 목표는 영상으로부터 변수를 정의하고, 해당 변수와 정답(숫자값)과의 관계를 모델링하는 것이기 때문에 영상으로부터 컴퓨터가 이해할 수 있도록 값을 만드는 과정을 특징추출(Feature Extraction)이라고 한다. 이때 특징추출을 위해서 머신러닝에서는 숫자 영상을 격자로 나누고, 격자의 픽셀값의 평균이나 합 같은 대표 통계량 값을 신경망 모델의 입력으로 사용하지만, 딥러닝에서는 영상을 그대로 모델의 입력으로 사용한다. 즉, 머신러닝에서는 격자를 나누는 것은 모델의 입력 변수를 몇 개 만들지를 결정하는 요소이고, 평균이나 합을 사용하는 것은 변수의 값으로 무엇을 사용할지 결정하는 과정이다. 이 과정을 특징추출이라고 부르며, 사람의 노력이 들어간다. 따라서 사람은 숫자 영상을 컴퓨터가 잘 이해할 수 있도록 좋은 특징추출 방법을 만들어야 한다. 하지만 딥러닝에서는 이러한 과정이 필요 없고, 학습 과정에서 영상을 표현할 수 있는 변수를 자동으로 생성한다. 이러한 관점에서 딥러닝을 표현학습이라고도 부른다.

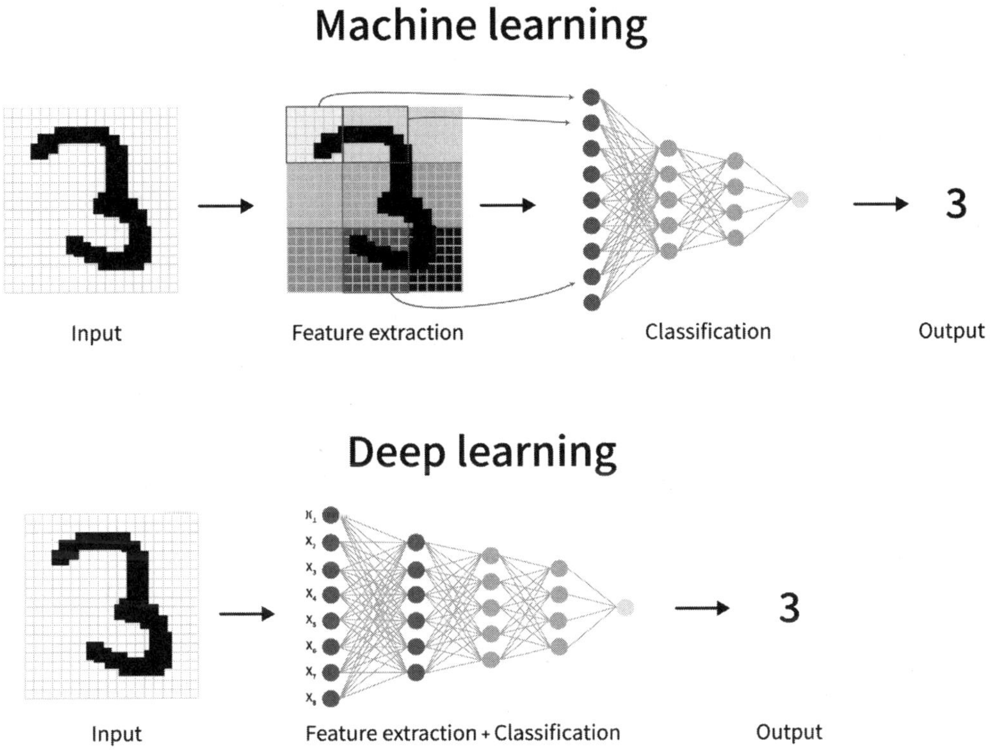

[그림 IX-17] 머신러닝과 딥러닝의 비교

이러한 영상뿐만 아니라 음성 등과 같은 자연어 데이터들은 비정형 속성이 있기 때문에 특징추출 과정이 필수적이고, 이로 인해 영상과 음성인식 분야에서 딥러닝이 우위를 점할 수 있다. 단순히 데이터가 많다고 해서 딥러닝이 꼭 필요한 것은 아니며 데이터의 종류, 크기, 변수의 개수, 시계열 여부 등의 판단을 통해 학습 모델을 결정하는 것이 합리적일 것이다.

4. 수소산업 인공지능 적용 사례

(1) 수소산업의 개요

수소산업은 수소의 생산, 운반, 저장, 충전, 그리고 활용의 측면에서 다양한 기술들이 존재하고, 다양한 산업군과 연계 및 융합될 수 있다. 수소 생산을 위해서는 경제성도 중요하지만 환경에 미치는 영향을 최소화하는 것도 중요하다. 주요 기술에는 전통적 방법인 화석연료 개질반응을 통한 생산과 재생가능한 방법인 바이오매스 및 물을 이용한 생산으로 구분된다. 이를 통해 태양광과 풍력 등과 같은 신재생 에너지 산업의 길이 열릴 수 있다. 또한, 운반과 저장을 위한 기술은 물리적 방식과 화학적 방식으로 구분되는데 대표적인 물리적 방식인 압축방식은 현재 수소차에서 활용하고 있는 방법이다. 또 다른 물리적 방법은 액화방식으로 압축방식에 비해 저장 효율은 높으나 대규모 시설 투자가 필요하며 장기간 저장이 어렵다는 단점이 있다. 저장 및 운반 기술은 조선업과 교통 산업 전반에 새로운 시장이 형성될 수 있다. 또한, 철강, 화학 등의 굴뚝산업에서 수소환원을 활용한 기술로 친환경 산업으로 변화를 꾀할 수 있고, 승용차, 버스, 기차 등의 교통수단도 수소연료전지를 활용한 친환경 교통수단으로 변화할 가능성도 적지 않다. 특히, 수소 에너지는 스마트 공장 및 빌딩의 전력 및 난방 공급 시스템에 활용하면 더욱 효율적이고 경제적인 에너지 공급이 가능하다.

(2) 수소산업의 인공지능 활용 사례

인공지능(AI)에 기반한 한국형 수소공급망 설계 플랫폼

차세대 연료인 수소의 생산, 저장, 운송, 충전, 공급 등 전주기에 대한 최적화 모델을 실시간으로 설계할 수 있는 플랫폼을 개발하는 것이 목표이다. 수소공급망의 전 과정 데이터를 활용하여 수소 생산기지의 위치, 규모, 생산 방법을 결정하고, 최적 운송 경로 및 수소 충전소 위치를 최적화 하는 기술을 개발한다. 또한, 인공지능을 활용한 동적 수소 공급망 설계 플랫폼을 개발하고, GIS(지리정보시스템)를 기반으로 읍면동 단위까지 정밀화하는 것을 목표로 기술개발을 수행하고 있다.

수소생산 공정의 디지털 트윈

디지털 트윈이란 컴퓨터를 활용하여 실제 현실에서 발생 가능한 상황을 시뮬레이션함으로써 결과를 미리 예측하는 기술을 의미한다. 특히, 생산 현장에서 디지털 트윈의 역할은 매우 중요하다. 생산의 가장 큰 목적은 단시간에 공정 및 장비의 최적화를 통해 안정적인 생산 운영 및 품질을 향상하는 것이다. 하지만 현실에서 실험을 통해 최적화하는 것은 시간 소모적이고, 비용이 많이 든다. 따라서 공정 및 장비와 같은 생산 현실에 대한 디지털 트윈을 통해 결과값을 미리 예측하고, 공정의 최적화를 추구한다. 수소 생산 공정에서도 이와 같은 디지털 트윈의 역할이 중요해지고 있다. 한화 솔루션은 연구개발 시스템과 인공지능을 접목하여 초고속으로 대량의 실험 데이터를 축적 및 분석하여 시행착오를 최소화하기 위한 길을 열었다. 특히, 저장된 데이터를 통해 지난해 수소첨가 석유수지 생산 공정의 전 과정을 디지털 트윈화해 공정 설계를 최적화 하였다. 이러한 성공을 바탕으로 수전해 연구개발에도 디지털 트윈 공정을 도입할 예정이다. 그린수소의 전력원인 재생에너지는 변동성이 커 안정적인 수소 생산을 위해 특화된 수전해조 운전기술이 요구된다. 따라서 수전해조 공정을 디지털 트윈화하는 가상 운전 체계를 통해 실증시설을 대체할 수 있도록 노력하고 있다.

탈탄소를 위한 인공지능 기반 촉매 소재 최적화

탄소배출량을 줄이는 방법은 설비 최적화로 배출량 자체를 줄이거나 제품의 소재 일부를 친환경 품목으로 대체하는 것이다. 일본의 최대 정유업체인 ENEOS는 2030년까지 인공지능 기반 합성 연료를 개발하겠다고 밝혔다. 휘발유를 대체하는 새로운 연료를 만들겠다는 것이다. 석유의 주성분이 탄소와 수소의 화합물인 것에 착안해 수소와 이산화탄소를 촉매제와 함께 합성하여 석유와 유사한 성분을 개발 계획을 선언하였다.

이 기술의 핵심은 촉매제의 성능 및 효율인데, 연료를 만드는 화학반응 과정에서 적용되는 촉매제의 재료 조합은 원자 단위로 보면 무수히 많은 경우의 수가 존재한다. 따라서 기존에 수작업에 의존하던 한계를 인공지능 기술을 통해 극복하는 시도를 하고 있다. 개념은 간단하다. 과거에 수작업에 의존하던 실험 데이터(실험 조건 및 결과)를 인공지능을 활용해 학습하고, 반응표면 분석 및 민감도 분석을 활용해 최적 재료 조합 예측하였다. 이를 토대로 방대한 경우의 촉매 원자 조합을 가상공간에서 실험하고, 최적의 값을 찾아내는 방식이다. 국내에서도 인공지능 기술을 활용해 숨겨진 소재 공간을 탐색하고, 새로운 물질을 예측하는 기술을 개발하는 데 성공하였다. 소재 연구의 궁극적인 목표는 원하는 물성을 갖는 소재를 발견하는 것이다. 이를 위해서는 가능한 모든 조성과 결정구조를 고려하기 위해 무한대에 가까운 경우의 수를 낱낱이 탐색해야하는데 이는 현실적으로 불가능하다. 그리고 컴퓨터 스크리닝 소재 탐색 방법을 적용하지만 원하는 소재가 스크리닝 후보군에 존재하지 않을 때는 유망한 물질 후보들을 놓치는 경우가 발생한다. 따라서 소재 역설계(Materials Inverse Design)방법을 통해 데이터 학습을 수행하고, 주어진 조성을 갖는 결정구조를 새롭게 생성하게 함으로써 기존 데이터베이스에 없는 신물질을 발견할 수 있다. 이 기술을 위하여 적대적 생성 신경망(Generative Adversarial Network)이라는 인공지능 학습 기법을 활용했다.

앞서 살펴본 사례들은 일부에 불과하지만 보다 많은 분야에서 활용 가능성이 있다. 수소산업도 생산, 저장, 운반, 활용등 다양한 분야에서 기술 개발이 성공적으로 이루어질 것이고, 추후 대규모 데이터가 축적될 것이기 때문에 인공지능 기술의 활용은 필연적이다. 따라서 수소 저장, 운반, 활용 등 전주기 관점에서의 최적화, 생산 기술 개발을 위한 설계 최적화, 생산 공정의 모니터링 최적화 등 다양한 분야에서 빅데이터 축적 및 인공지능 기술 활용을 통해 수소산업의 가치가 더욱 빛날 것이다.

연습문제

1. 인간의 학습과 기계학습의 차이를 기술하시오.

2. 기계학습은 지도학습, 비지도학습, 강화학습으로 구분된다. 각각의 주요 특징을 설명하시오.

3. 의사결정나무가 다른 기계학습모델에 비해서 갖는 가장 큰 장점은?

4. 수소산업에 적용될 수 있는 인공지능 사례들을 조사하시오.

5. 신경망의 사례를 통해 딥러닝과 머신러닝을 비교하시오.